高分子材料分析与性能检测

主　编　陈绍军
副主编　叶　旋　钟燕辉　梁国栋

中国石化出版社

内 容 提 要

本书以“企业岗位的典型工作任务及工作过程知识”作为编写主线，包含高分子材料分析测试基础、高分子材料物理性能检测、高分子材料力学性能检测、高分子材料热性能测试、高分子材料老化性能测试、高分子材料光电性能测试、高分子材料仪器分析等七章。精心选取了高分子材料力、热、光、电等方面的31个典型的检测项目作为教学内容。教材采用工学一体活页式教材编写体例，包括学习目标、工作任务、知识准备、实践操作、应知应会、实验记录、技能操作评分表、目标检测等，强调职业能力的养成，凸显职业教育教材特色。

本书主要适用于高职院校高分子材料相关专业的教学，也可作为相关企业的职业培训教材。

图书在版编目(CIP)数据

高分子材料分析与性能检测 / 陈绍军主编．—北京：中国石化出版社，2023.7
ISBN 978-7-5114-7069-0

Ⅰ．①高… Ⅱ．①陈… Ⅲ．①高分子材料-化学分析-高等职业教育-教材 ②高分子材料-性能试验-高等职业教育-教材 Ⅳ．①TB324.02

中国国家版本馆 CIP 数据核字(2023)第 120259 号

中国石化出版社出版发行

地址：北京市东城区安定门外大街 58 号
邮编：100011　电话：(010)57512500
发行部电话：(010)57512575
http://www.sinopec-press.com
E-mail：press@sinopec.com
北京富泰印刷有限责任公司印刷
全国各地新华书店经销

*

787×1092 毫米 16 开本 17 印张 396 千字
2023 年 7 月第 1 版　2023 年 7 月第 1 次印刷
定价：49.80 元

前言

本书落实立德树人根本任务，贯彻落实《国家职业教育改革实施方案》《职业院校教材管理办法》等要求，依据教育部《高等职业学校高分子材料智能制造技术专业教学标准》，并参照最新的高分子材料分析与性能检测标准规范编写而成。

本书为广东省精品在线开放课程、职业教育高分子材料加工技术专业国家教学资源库在线开放课程、全国高分子材料(橡胶)职业教育集团职业教育在线精品课程配套教材，编者为用书教师提供了课程整体设计、单元设计、参考教案、PPT 课件、测试题库及答案(含 100 道课程思政试题)、微课视频、动画等教学资源(见二维码)。此外，读者可以登录本课程在线学习网站 https：//www. xueyinonline. com/detail/227649612，根据实际情况开展线上和线下混合式教学及自学。

本书以培养符合新时代相关行业、企业对高分子材料分析与性能检测人才知识技能的需求为导向，坚持把立德树人作为教材编写的根本任务，重点体现“精益求精”“职业素养”“工匠精神”等核心价值理念。

本书采用模块项目任务式编写，强调理论知识和操作技能并行，重构了高分子材料分析与性能检测知识体系，模块之间层次递进，项目界定清晰，每个任务都与企业真实工作场景紧密衔接，能够满足职业教育对高分子材料分析与性能检测人才培训的需求，适用于各级各类高职高专教育、职业教育等院校相关专业。

本书以大量案例为驱动，通过任务知识寻求解决问题的工作方案，符合以学生为中心的“学中做，做中学”教育理念，同时通过思考讨论和课后任务等拓展学生的视野。

教材编排科学合理，图文并茂，生动活泼，形式新颖。教材体例具有创新性，学生学完一个小节就能掌握相关职业技能，具有新活页式教材的典型特征。

本教材配套了丰富的视频资源，包括项目的操作演示、原理讲解和项目拓展等内容，既适合课堂教学，也便于读者自学。我们希望通过这些视频资源，使大家获得全面、深入、优质的课程学习体验。每节后均配有习题，读者可以扫二维码获取答案。

本书由河源职业技术学院陈绍军主编，叶旋、钟燕辉、梁国栋副主编，邱志文、王凌云、林东杰(华测检测认证集团股份有限公司)、林泽鹏(广东鑫达新材料科技有限公司)、高炜斌(常州工程职业技术学院)、张世玲(昆明冶金高等专科学校)、孙永红(广东轻工职业技术学院)、左常江(青岛职业技术学院)、罗超云(深圳职业技术学院)、林少芬(黎明职业大学)参与编写。

由于编者专业技术水平和编写经验有限，书中不足之处在所难免，恳请广大读者批评指正。

编　者

扫一扫获取更多学习资源

目录

第一章　高分子材料分析测试基础

第一节　游标卡尺的使用

一、学习目标

① 了解游标卡尺的结构、测量原理；
② 掌握各种游标卡尺的操作及使用方法。

学会使用游标卡尺迅速、准确测量零件的尺寸。

① 培养良好的职业素养；
② 培育学生严谨的科学精神。

二、工作任务

本项目工作任务见表 1-1。

表 1-1　游标卡尺测量工作任务

编号	任务名称	要　求	实验用品
1	试样尺寸测量	1. 了解游标卡尺结构； 2. 能利用游标卡尺进行试样尺寸的测量	试样、游标卡尺、带表卡尺和数显卡尺
2	数据分析与整理	1. 对测量结果进行分析与处理； 2. 完成实验报告	实验报告

三、知识准备

（一）测试标准

GB/T 21389—2008《游标、带表和数显卡尺》。

（二）相关名词解释

响应速度：数显卡尺能正常显示数值时，尺框相对于尺身的最大移动速度。
最大允许误差：由技术规范、规则等对卡尺规定的误差极限值。

（三）测量原理

游标原理是法国人 P. 韦尼埃于 1631 年提出的，它常用于长度测量工具的长度和角度的细分读数机构中。

游标卡尺利用主尺上的刻线间距(简称线距)和游标尺上的线距之差来读出小数部分,例如:主尺上的线距为1mm,游标尺上有10格,其线距为0.9mm。当两者的零刻线重合时,若游标尺移动0.1mm,则它的第1根刻线与主尺的第1根刻线重合;若游标尺移动0.2mm,则它的第2根刻线与主尺的第2根刻线重合。依此类推,可从游标尺与主尺上刻线重合处读出量值的小数部分。主尺与游标尺线距的差值0.1mm就是游标卡尺的最小读数值。同理,若它们的线距的差值为0.05mm或0.02mm(游标尺上分别有20格或50格),则其最小读数值分别为0.05mm或0.02mm。

(四)测量方法及读数

1. 测量方法

(1)测量外径

如图1-1所示,使用外测量爪夹紧物品并获得测量数据。

(2)测量内径

如图1-2所示,使用内测量爪来测量被测物体的内径。移动游标,让夹子能撑住物体然后记录测量数据。

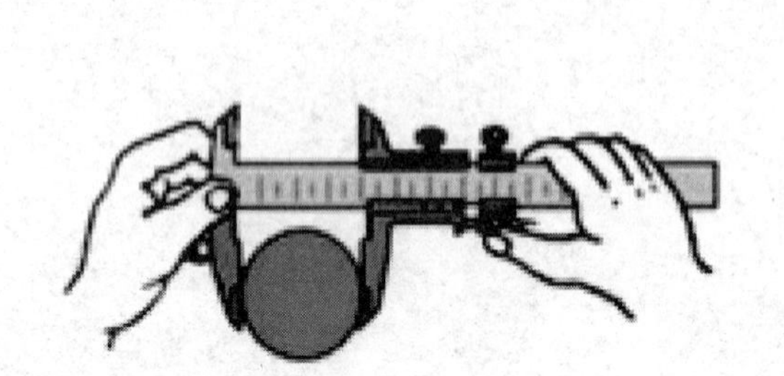

图1-1 使用外测量爪测量外径

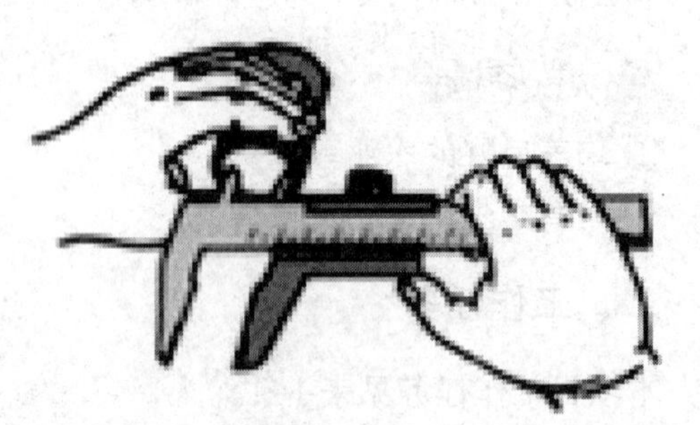

图1-2 使用内测量爪测量内径

(3)测量深度

如图1-3所示,确认刻度并在放置深度尺后记录测量数据。

2. 读数方法

以图1-4测量内径为例,演示读数方法。

图1-3 使用深度尺测量深度

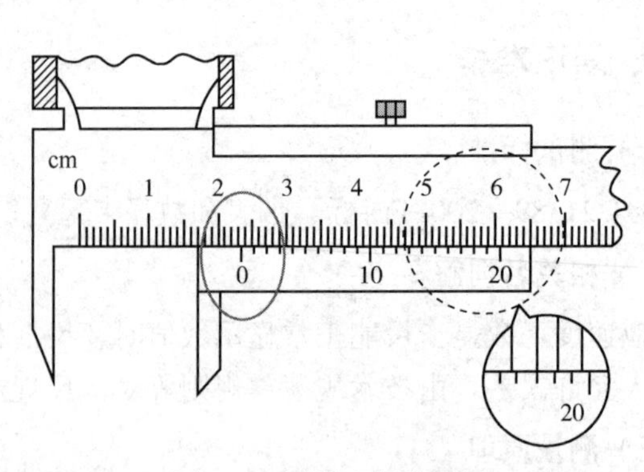

图1-4 测量内径演示图

1）根据游标尺零线以左的主尺上的最近刻度读出整毫米数。

如图 1-4 所示，主尺读数为 23mm。

2）查看所使用游标卡尺的精度值。

游标尺格数为 20，其精度值即为 1/20=0.05(mm)，如图 1-4 所示。

3）根据游标尺零线以右与主尺上的刻度对准的刻线数乘上精度值读出小数。

如图 1-4 所示，游标尺零线以右与主尺上的刻度对准的刻线数为 17，精度值 0.05mm，小数部分读数为 17×0.05=0.85(mm)。

4）将整数和小数两部分加起来，即为总尺寸。

测量出的物体内径为 23+0.85=23.85(mm)。

四、实践操作

1. 操作方法

(1) 机械式游标卡尺(精度 0.02mm)

打开仪器盒，轻轻取出游标卡尺，合拢量爪，检查游标尺的零刻度线和尺身零刻度线是否对齐，若不对齐，记下误差。测量时，右手拿住尺身，大拇指移动游标，左手拿待测试样，使试样位于外测量爪之间，卡脚测量面与试样的表面平行或垂直，不得歪斜，且用力不能过大，当与量爪紧紧相贴时，即可读数，试样的尺寸等于游标零刻线左侧主尺读数加上游标尺与主尺重合的线的格数乘以精度 0.02。读数时，视线要垂直于尺面，否则测量值不准确。测量完毕后，用软布擦拭干净测量面，放回仪器盒。

(2) 带表式游标卡尺(精度 0.01mm)

打开仪器盒，轻轻取出带表式游标卡尺，合拢量爪，检查表盘零刻线和指针是否对齐，若不对齐，进行调零。测量时，右手拿住尺身，大拇指移动闭式辅轮，左手拿待测试样，使试样位于外测量爪之间，卡脚测量面与试样的表面平行或垂直，不得歪斜，且用力不能过大，当与量爪紧紧相贴时，即可读数。试样的尺寸等于游标尺左侧主尺读数加上表盘指针指示的格数乘以精度 0.01。读数时，视线要垂直于尺面，否则测量值不准确。测量完毕后，用软布擦拭干净测量面，放回仪器盒。

2. 读数方法

1）根据游标尺零线以左的主尺上的最近刻度读出整毫米数。

2）根据游标尺零线以右与主尺上的刻度对准的刻线数乘以该游标尺的精度值读出小数部分。

3）将上面整数和小数两部分加起来，即得总尺寸。

五、应知应会

(一) 结构

游标卡尺的结构由尺身(主尺)、内测量爪、紧固螺钉、深度尺、游标尺(副尺)、外测量爪组成。游标卡尺的主尺和游标尺上有两副活动量爪，分别是内测量爪和外测量爪，内测量爪通常用来测量内径，外测量爪通常用来测量长度和外径。

游标卡尺各组成部件如图 1-5 所示。

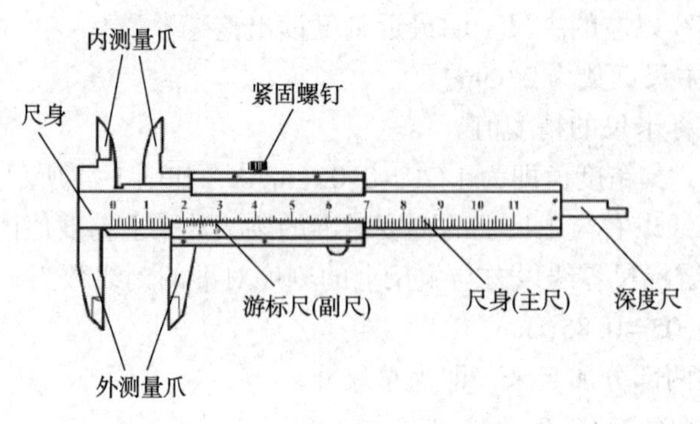

图 1-5　游标卡尺各组成部件图

(二) 规格及精度

常用的规格有 0~125mm、0~150mm、0~200mm、0~300mm、0~500mm 等多种。游标卡尺按其精度可分为 0.1mm、0.05mm、0.02mm、0.01mm 四种。

(三) 注意事项

1) 测量前应把游标卡尺擦拭干净，检查游标卡尺的两个测量面和测量刃口是否平直无损，当两个量爪紧密贴合时，应无明显的间隙，同时游标和主尺的零刻线要相互对准。

2) 移动尺框时，活动要自如，不应过松或过紧，更不能有晃动现象。用固定螺钉固定尺框时，游标卡尺的读数不应有所改变。在移动尺框时，不要忘记松开固定螺钉，亦不宜过松。

3) 当测量零件的尺寸时，先把游标卡尺的活动量爪张开，使量爪能自由地卡进工件，把零件贴靠在固定量爪上，然后移动尺框，用轻微的压力使活动量爪接触零件。不允许过分地施加压力，所用压力应使两个量爪刚好接触零件表面。

4) 卡尺两测量面的连线应垂直于被测量表面，不能歪斜。测量时，可以轻轻摇动卡尺，放正垂直位置。如卡尺带有微动装置，此时可拧紧微动装置上的固定螺钉，再转动调节螺母，使量爪接触零件并读取尺寸。

5) 在游标卡尺上读数时，应在光线明亮的地方，人的视线尽可能和卡尺的刻线表面垂直，以免由于视线的歪斜造成读数误差。

六、实验记录

实 验 报 告

项目：游标卡尺的使用

姓名：　　　　　　　　　　　　　　　　　　　　　　实验日期：

一、实验材料

所选用的试样：

二、实验条件

游标卡尺的分度值：

三、实验数据的记录与处理

序号	试样尺寸/mm	
	宽度	厚度
1		
2		
3		
平均值		

七、技能操作评分表

技能操作评分表

项目：游标卡尺的使用

姓名：

项目	考核内容	分值	考核过程		扣分说明	扣分标准	扣分
仪器操作（40分）	游标卡尺的检查	5.0	有			0	
			没有			5.0	
	游标卡尺的校正	5.0	正确、规范			0	
			不正确			5.0	
	动作规范	10.0	正确、规范			0	
			不正确			10.0	
	材料是否垂直于游标卡尺	10.0	设置合理			0	
			设置不合理			10.0	
	读数规范	10.0	正确、规范			0	
			不正确			10.0	
记录与报告（20分）	读数是否准确	10.0	完整、规范			0	
			欠完整、不规范			10.0	
	报告(完整、明确、清晰)	10.0	规范			0	
			不规范			10.0	
文明操作（20分）	操作时游标卡尺及周边环境	5.0	整洁			0	
			脏乱			3.0	
			乱扔乱倒			5.0	
	结束时游标卡尺及周边环境	5.0	清理干净			0	
			未清理、脏乱			5.0	
	工具摆放	10.0	已归位			0	
			未归位			10.0	
结果评价（20分）	记录结果	10.0	正确			0	
			不正确			10.0	
	有效数字记录	10.0	符合要求			0	
			不符合要求			10.0	

续表

项目	考核内容	分值	考核过程	扣分说明	扣分标准	扣分
重大错误 （否定项）		1. 不得损坏仪器，否则为0分； 2. 造成人身伤害且较为严重，总分不得超过50分； 3. 伪造数据，记录与报告项、结果评价项得分均为0分				
合计						

评分人签名：

日期：

八、目标检测

（一）单选题

1）如下图所示，下列读数正确的是(　　)。

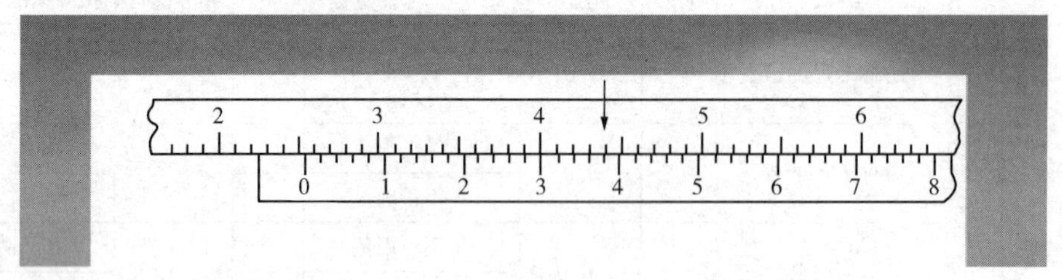

A. 25+19×1/50=25.38(mm)　　B. 25+18×1/50=25.36(mm)

C. 24+19×1/50=24.38(mm)

2）如下图所示，下列读数正确的是(　　)。

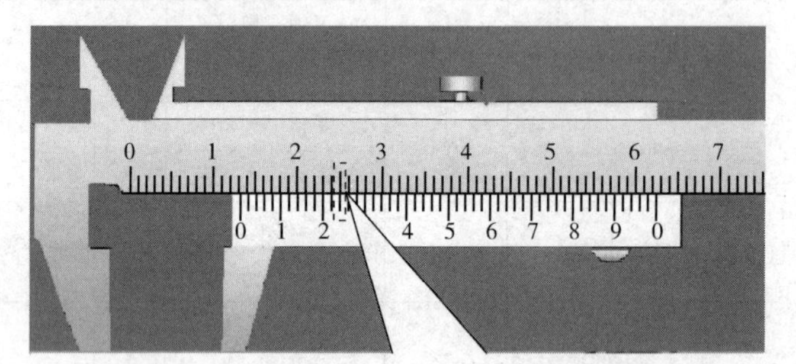

A. 13+12×0.02=13.24(mm)　　B. 12+12×0.02=12.24(mm)

C. 13+11×0.02=13.22(mm)

3）如下图所示，下列读数正确的是(　　)。

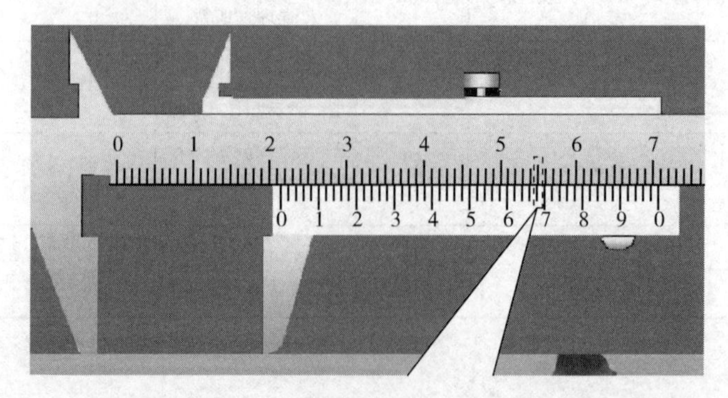

A. 21+33×0. 02=21. 66(mm)　　B. 21+34×0. 02=21. 68(mm)
C. 22+34×0. 02=22. 68(mm)

4）游标卡尺一般分为(　　)三种。
A. 10 分度、25 分度和 50 分度　　B. 15 分度、20 分度和 50 分度
C. 10 分度、20 分度和 40 分度　　D. 10 分度、20 分度和 50 分度

5）10 分度的游标卡尺可以精确到(　　)。
A. 0. 2mm　　B. 0. 3mm　　C. 0. 1mm　　D. 0. 5mm

6）20 分度的游标卡尺可以精确到(　　)。
A. 0. 06mm　　B. 0. 08mm　　C. 0. 05mm　　D. 0. 03mm

7）50 分度的游标卡尺可以精确到(　　)。
A. 0. 03mm　　B. 0. 05mm　　C. 0. 04mm　　D. 0. 02mm

(二) 多选题

1）对带表游标卡尺描述正确的有(　　)。
A. 带表游标卡尺两外测量爪紧密接触时，指针应指向圆标尺上的“零”标尺标记
B. 处于正上方 12 点钟方位，左右偏位不应大于 1 个标尺分度
C. 毫米读数部位至主标尺“零”标记的距离不应超过标记宽度
D. 压线不应超过标记宽度的 1/3

2）数显游标卡尺的指示装置包括(　　)。
A. 功能按钮　　B. 圆表尺　　C. 电子数显器　　D. 游标尺

3）对游标卡尺结构基本参数的遵循原则描述正确的有(　　)。
A. 游标卡尺尺身应具有足够的长度，以保证在测量范围上限时尺框及微动装置不至于伸出尺身之外，并宜具有 3~15mm 的测量长度裕量，以方便使用
B. 测量爪测量面的长度宜为测量爪伸出长度的 3/5~3/4
C. 圆弧内测量爪圆弧半径不应大于合并宽度的 1/2
D. 外测量爪的最大伸出长度不限

4）卡尺圆弧内测量爪合并宽度的公称尺寸应为(　　)。
A. 10mm　　B. 20mm　　C. 30mm　　D. 40mm

5）对游标卡尺外观说法正确的有(　　)。
A. 游标卡尺表面不应有影响外观和使用性能的裂痕、划伤、碰伤、锈蚀、毛刺等缺陷
B. 游标卡尺表面的镀、涂层不应有脱落和影响外观的色泽不均等缺陷
C. 游标卡尺标记不应有目力可见的断线、粗细不均及影响读数的其他缺陷
D. 指示装置的表盘、显示屏应透明、清洁，无划痕、气泡等影响读数的缺陷

(三) 判断题

1）测量时，应用手握住游标卡尺主尺，四个手指抓紧，大拇指按在游标卡尺的右下侧半圆轮上，并用大拇指轻轻移动游标使活动量爪抓紧被测物体，略旋紧固定螺钉再进行读数。(　　)

2）游标卡尺测量不宜在工件上随意滑动，以防止量爪面磨损。(　　)

3）用量爪卡紧物体时，用力应尽量大，否则会使测量不准确，并容易损坏卡尺。(　　)

4）游标卡尺使用完毕后，要擦干净，将两爪零刻线对齐，检查零点误差有无变化，再小心放入卡尺专用盒内，并存放在干燥的地方。(　　)

5）数显卡尺的抗静电干扰能力和电磁干扰能力均不应低于1级。(　　)

第二节　电子分析天平的使用

一、学习目标

① 熟悉电子分析天平相关名词；
② 熟悉使用电子分析天平称量的基本操作方法；
③ 熟悉了解称量中有效数字的运用。

能用电子分析天平准确称取实验用品。

① 培养良好的职业素养；
② 培养学生严谨的科学精神；
③ 培养学生的团队协作、团队互助等意识。

二、工作任务

本项目工作任务见表1-2。

表1-2　电子分析天平的使用工作任务

编号	任务名称	要　求	实验用品
1	试样质量称量	1. 了解电子分析天平的原理与注意事项； 2. 能利用加重法、减重法、直接称量法进行不同材料的质量称量； 3. 能按照测试标准对实验结果进行数据处理	分析天平、滤纸、烧杯、试样
2	实验数据记录与整理	1. 记录实验数据，对实验结果进行评估； 2. 完成实验报告	实验报告

三、知识准备

(一) 相关标准

GB/T 26497—2022《电子天平》规定了电子天平的术语和定义、计量单位、基本参数、要求、试验方法等内容，电子天平按照检定分度值 e 和检定分度数 n，划分特种准确度级、高准确度级、中准确度级和普通准确度级四个准确度级别。

(二) 相关名词解释

1）置零装置：当天平秤盘上无载荷时，将示值设置为零的装置。

2）去皮装置：当天平秤盘上有载荷时，将示值设置为零的装置。

3）最大称量：不计添加皮重时的最大称量能力。

4）最小称量：小于该载荷值时，称量结果可能产生过大的相对误差。

（三）称量原理

电子分析天平根据电磁力平衡的原理，将秤盘与通电线圈相连接，置于磁场中，当被称物置于秤盘后，因重力向下，线圈上就会产生一个电磁力，与重力大小相等、方向相反。传感器输出电信号，由此产生的电信号通过模拟系统后，将被称物品的质量显示出来。

四、实践操作

1）首先检查电子分析天平是否有损坏，调整电子分析天平到水平位置。

2）检查电源的电压是否和电子分析天平匹配，天平要提前预热。

3）预热一定的时间后，打开天平开关，天平会进入自检程序。待指示器显示数值稳定后，即可进行称量。

4）当电子分析天平首次使用、更换天平位置，或温度、湿度、气压大幅度变化时，需要对天平进行校准。

5）天平清零后，根据所采用的称量方法分别进行称量。

6）称量完后，应立刻记录数据，关闭电子分析天平电源，清扫电子分析天平，填写使用记录单，将电子分析天平摆放好。

五、应知应会

（一）称量方法

（1）直接称量法

直接称量物体的质量。称量时，当天平显示“0.0000g”时，将所称物体放在称量盘上，屏幕将会显示该物体的质量。此法适用于称量洁净、干燥不易潮解或升华的固体试样。

（2）固定质量称量法(增量法)

此法用于称量某一固定质量的试剂(如基准物质)。称量时，将容器放到秤盘，扣除皮重，天平显示“0.0000g”时，按要求添加样品直至显示所需的质量。加样时，应用手指轻轻振落样品。要求被称物为粉末状或细丝状，以便容易调节质量。此法不适合在空气中不稳定、容易吸湿的物质。

（3）递减称量法(减量法)

主要针对的是一些易挥发或容易吸收空气中的水或二氧化碳等物质的样品。样品应放在干燥密闭的器皿中，待称量时，将其放置于称量瓶中，先将称量瓶及药品总质量记录下来(取用时要注意，戴上手套或用试纸握住瓶盖和瓶身，以免手部汗渍等污染称量瓶，使称量结果不准确)。再用称量瓶盖子的侧面敲击称量瓶外壁口，药品用容器盛接，敲击出少量药品后，将称量盖重新放到瓶身上并保证密封(注意要回敲，即敲取一定药品后将未敲出的黏在内壁磨口处的药品敲回来，注意瓶盖不要沾到药品，以免产生称量误差)，用电子分析天平称量并读取读数，用最初读数减去当前电子分析天平读数就是现在样品的质量，反复操作直至达到想取的样品的质量为止。

（二）仪器

1. 天平结构

电子分析天平的基本结构由秤盘、传感器、位置检测器、PID 调节器、功率放大器、低通滤波器、模数转换器、微计算机、显示器、机壳、底脚等组成。电子分析天平如图 1-6 所示。

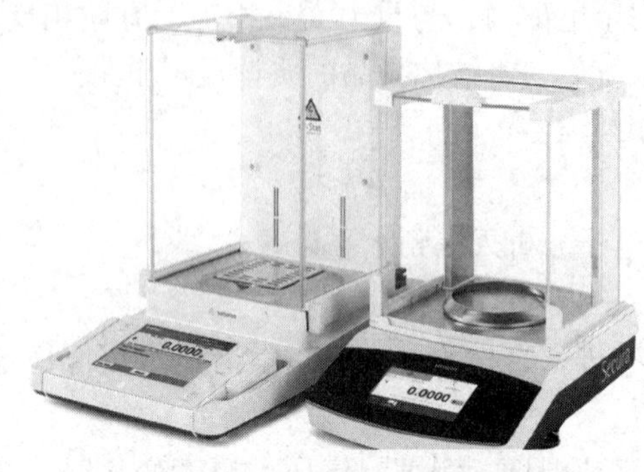

图 1-6　电子分析天平实物图

2. 使用注意事项

1）称重过程中必须关闭分析天平。切勿在天平开启时添加或移除重物，或将砝码秤置于称量盘中。

2）称重时应适当增加质量，不可称质量超过其称量范围的物体。

3）使用电子分析天平进行称量时应小心操作，天平台面不可振动。

4）电子分析天平使用前，应根据要求进行校准。

5）使用电子分析天平进行称量前，根据称量物质的性质，选择正确的称量方法。

6）搬动或运输天平时，应将秤盘取下。

3. 维护保养

天平应保持清洁干燥，将变色硅胶干燥剂置于天平箱内，如果发现变色硅胶呈粉红色，应立即更换。天平不应频繁移动、搬动，运输天平时，应将秤盘取下。因存放时间较长、位置移动、环境变化或为获得精准测量，电子分析天平在使用前一般都应进行校准。

六、实验记录

实 验 报 告

项目：电子分析天平的使用

姓名：　　　　　　　　　　　　　　　　　　测试日期：

一、实验材料

所选用的试样：

二、实验条件

环境温度：

环境湿度：

三、实验数据记录与处理

序号	直接称量法	加重法	减重法
1			
2			
3			
平均值			

七、技能操作评分表

技能操作评分表

项目：电子分析天平的使用

姓名：

项目	考核内容	分值	考核过程		扣分说明	扣分标准	扣分
原料准备（5分）	试样准备（适合不同称量方法）	5.0	正确			0	
			不正确			5.0	
仪器操作（50分）	分析天平的检查	10.0	有			0	
			没有			10.0	
	天平校正	10.0	正确、规范			0	
			不正确			10.0	
	天平的调节	10.0	设置合理			0	
			设置不合理			10.0	
	取样与称量	10.0	正确、规范			0	
			不正确			10.0	
	天平清理	10.0	正确、规范			0	
			不正确			10.0	
记录与报告（10分）	原始记录	5.0	完整、规范			0	
			欠完整、不规范			5.0	
	报告（完整、明确、清晰）	5.0	规范			0	
			不规范			5.0	
文明操作（15分）	操作时天平及周边环境	5.0	整洁			0	
			脏乱			3.0	
			乱扔乱倒			5.0	
	结束时天平及周边环境	5.0	清理干净			0	
			未清理、脏乱			5.0	
	工具摆放	5.0	已归位			0	
			未归位			5.0	
结果评价（20分）	读数	10.0	正确			0	
			不正确			10.0	
	有效数字运算	10.0	符合要求			0	
			不符合要求			10.0	
重大错误（否定项）		1. 不得损坏仪器，否则为0分； 2. 造成人身伤害且较为严重，总分不得超过50分； 3. 伪造数据，记录与报告项、结果评价项得分均为0分					
合计							

评分人签名：

日期：

八、目标检测

(一) 单选题

1) 电子分析天平是重要的精密测量仪器，常用于分析工作，质量准确性对(　　)分析结果有重大影响。

A. 定性　　B. 定量　　C. 理论　　D. 标准

2) 天平有机械天平和电子天平等，机械天平利用的是杠杆原理，电子分析天平利用的是(　　)原理，电子天平可直接显示质量读数。

A. 第一性　　B. 杠杆　　C. 伽利略　　D. 电磁力平衡

3) 通常通过天平测量物体的质量，以(　　)为单位表示。

A. g　　B. kg　　C. mg　　D. t

4) 准确称取 200mg 样品时，选用电子分析天平的感量应为(　　)。

A. 10mg　　B. 1mg　　C. 0.1mg　　D. 0.01mg

5) 分析天平主要用于含量测定中供实验用样品、对照品的称量和(　　)的标定等。

A. 质量　　B. 样品　　C. 滴定液　　D. 重量

(二) 多选题

1) 药物分析实验使用的电子分析天平的感量有(　　)mg、(　　)mg 和(　　)mg 三种，当取样量大于 10mg 时，选用量程为(　　)mg 的天平。

A. 0.1　　B. 0.01　　C. 0.002　　D. 0.001

2) 使用分析天平称量的方法有(　　)等几种方法。

A. 减重法　　B. 加重法　　C. 直接称量法　　D. 衡量法

3) 天平按其检定分度值和检定分度数，划分成(　　)几个准确度级别。

A. 特种准确度级　　B. 高准确度级　　C. 中准确度级　　D. 普通准确度级

4) 天平的检验分为(　　)。

A. 出厂检验　　B. 定型检验　　C. 周期检验　　D. 定时检验

5) 天平在包装完整的条件下，允许用一般交通工具运输，但在运输过程中应防止受到(　　)。

A. 剧烈振动　　B. 空气接触　　C. 雨淋　　D. 暴晒

(三) 判断题

1) 天平室要经常敞开门窗通风，以防室内过于潮湿。(　　)

2) 常用的电子分析天平称量最大负荷是 200g。(　　)

3) 天平需要周期进行检定，砝码不用进行检定。(　　)

4) 称量物体时，物体的温度不必等到与天平室温度一致即可进行称量。(　　)

5) 使用电子分析天平进行称量前，应根据称量物质的性质，选取正确的称量方法。(　　)

第三节　试样状态调节和试验标准环境

一、学习目标

知识目标

① 了解塑料试样状态调节和试验标准环境相关名词；
② 熟悉使用恒温恒湿箱进行塑料试样状态调节的操作；
③ 熟悉高分子材料性能测试的试验标准环境。

能力目标

能使用恒温恒湿箱进行塑料试样的状态调节。

素质目标

① 养成良好的自我学习和信息获取能力；
② 培养学生的科学精神和态度；
③ 培养学生遵章守纪、按章操作的工作作风。

二、工作任务

本项目工作任务见表 1-3。

表 1-3　试样状态调节和试验标准环境工作任务

编号	任务名称	要　求	实验用品
1	试样状态调节	1. 了解相关测试标准对试样状态调节的规定； 2. 能利用恒温恒湿箱进行试样状态调节； 3. 能按照测试标准对试验结果进行数据处理	恒温恒湿箱、试样、相关测试标准
2	试验标准环境	1. 了解试验标准环境、标准环境等级等内容； 2. 完成试验报告	试验报告

三、知识准备

（一）相关标准

GB/T 2918—2018《塑料　试样状态调节和试验的标准环境》。

（二）相关名词解释

1）标准环境：标准环境是指优先选用的、规定了空气温度和湿度且限制了大气压强和空气循环速度范围的恒定环境，该空气中不含明显的外加成分，且环境未受到任何明显的外加辐射影响。

2）状态调节环境：进行试验前保存样品或试样的恒定环境。

3）试验环境：在整个试验期间样品或试样所处的恒定环境。

4）状态调节：为使样品或试样达到温度和湿度的平衡状态所进行的一种或多种操作。

5）状态调节程序：状态调节环境和状态调节周期的结合。

6）室温：相当于没有控制温、湿度的实验室一般大气条件的环境。

（三）测试原理

如果把试样暴露在规定的状态调节环境或温度中，那么试样与状态调节环境或温度之间即可达到可再现的温度和/或含湿量平衡的状态。

四、实践操作

1）根据测试标准确定试样状态调节需设置的温度、湿度、调节周期等参数。

2）恒温恒湿箱开机之前，检查并确认水泵是否浸入水面以下，若未浸入水面以下，请添加适量蒸馏水。

3）打开样品室密封门，放入待调节试样，再关好密封门。

4）插上仪器电源，打开仪器开关，仪器自检后会进入工作界面。

5）点击“设置”按钮，进入参数设置界面，液晶屏上方显示的是当前的温度和湿度值，下方显示的是设定的温度和湿度值。

6）通过“设置”键、“光标移动”键、“数字加减”键设置好状态调节时间、温度、湿度参数。

7）设置完成后，点击“运行”按钮，打开空调压缩机开关，实验开始。

8）进行状态调节后，关闭仪器，取出试样，即可进行相关性能测试。

9）做好5S(整理、整顿、清扫、清洁、素养)相关工作。

五、应知应会

（一）标准环境

使用表1-4所给的条件作为标准环境，除非另有规定。

表1-4 标准环境

标准环境代号	空气温度 t/℃	相对湿度 U/%	备注
23/50	23	50	应该使用这种标准环境，除非另有规定
27/65	27	65	对于热带地区，如各方商定使用，则可以使用

注：表1-4中的数值适用于大气压强在86~106kPa之间的一般海拔高度及空气循环速度≤1m/s的场合。

（二）标准环境的等级

表1-5给出了标准环境的两种不同等级，对应于温度和相对湿度的不同容差(即容许偏差)水平。表1-5给出的容差适用于试验环境内或状态调节环境内试样所处的空间，并且包括了对时间和对环境内试样位置两方面的偏差。

表1-5 对应于不同容许偏差的标准环境等级

等级	温度容许偏差 Δt/℃	相对湿度容许偏差 ΔU/%	
		23/50	27/65
1(加严)	±1	±5	±5
2(一般)	±2	±10	±10

（三）标准温度和室温

如果湿度对所测性能没有影响或其影响可忽略不计，则不必控制相对湿度。相应的两个环境称作“温度 23”和“温度 27”。

同样，如果温度和湿度对所测性能都没有任何显著影响，则温度和相对湿度都不必控制。在这种情况下，该环境称为“室温”。

“室温”指的是这样一种环境：其空气温度保持在规定范围内，而不考虑相对湿度、大气压或空气循环流速的影响。通常，空气温度范围为 18～28℃，应称作“18～28℃的室温”。

（四）仪器

恒温恒湿箱主要由五大系统即控制系统、加热系统、制冷系统、湿度系统、空气循环系统等组成。恒温恒湿箱实物如图 1-7 所示。

（1）控制系统

控制系统是恒温恒湿箱的核心，决定了恒温恒湿箱的升降温速率、精度等重要指标。现有恒温恒湿箱的控制器多采用 PID（比例、积分、微分）控制，少数采用 PID 与模糊控制相结合的控制方式。

（2）制冷系统

制冷系统是恒温恒湿箱的重要组成部分之一。一般来说，其制冷方式主要以机械制冷来完成，机械制冷采用的是蒸汽压缩式制冷，它们主要由压缩机、冷凝器、节流机构和蒸发器组成。恒温恒湿箱的制冷方式有两种，分别是单级制冷以及双级制冷，-40℃以下温度一般以双级制冷为佳。

图 1-7　恒温恒湿箱实物图

（3）加热系统

恒温恒湿箱的加热系统主要由大功率电阻线组成，比制冷系统简单。由于机箱要求较高的加热速率，加热系统功率相对较大，试验箱底板也配有加热器。

（4）湿度系统

湿度系统分为加湿和除湿两个子系统。加湿方式一般采用蒸汽加湿法，即将低压蒸汽直接注入试验空间加湿。这种加湿方法速度快，加湿控制灵敏，尤其在降温时容易实现强制加湿。

除湿方式有两种：机械制冷除湿和干燥器除湿。

① 机械制冷除湿的除湿原理是将空气冷却到露点温度以下，冷凝沉淀超过饱和湿度的水分，降低湿度；

② 干燥器除湿是利用气泵抽出试验箱内的空气，注入干燥的空气，同时将湿气送入可回收的干燥器进行干燥，干燥后送入试验箱内，反复循环除湿。

目前，大多数综合试验箱采用机械制冷除湿方法。干燥器除湿方法，可使露点温度低于 0℃，适用于有特殊要求的场合，但成本较高。

（5）空气循环系统

恒温恒湿箱的空气循环系统一般由离心式风扇和驱动其运转的电机构成，它提供了恒温恒湿箱内空气的循环。

六、试验记录

试 验 报 告

项目：试样状态调节和试验标准环境

姓名：　　　　　　　　　　　　　　　　　　　　　　　　　测试日期：

一、测试标准

依据的材料性能测试标准：

二、状态调节参数及试验标准环境

项目	温度	湿度	时间
试验标准环境			
状态调节参数			

七、技能操作评分表

技能操作评分表

项目：试样状态调节和试验标准环境

姓名：

项目	考核内容	分值	考核过程		扣分说明	扣分标准	扣分
试样准备（5分）	依据选择的测试标准选择试样	5.0	正确			0	
			不正确			5.0	
仪器操作（50分）	水泵的检查	10.0	有			0	
			没有			10.0	
	仪器开机	10.0	正确、规范			0	
			不正确			10.0	
	参数设置	10.0	设置合理			0	
			设置不合理			10.0	
	密封门开关	10.0	正确、规范			0	
			不正确			10.0	
	空气压缩机开关	10.0	正确、规范			0	
			不正确			10.0	
记录与报告（10分）	试样状态调节参数记录	5.0	完整、规范			0	
			欠完整、不规范			5.0	
	试样标准环境记录	5.0	规范			0	
			不规范			5.0	
文明操作（15分）	操作时天平及周边环境	5.0	整洁			0	
			脏乱			3.0	
			乱扔乱倒			5.0	
	结束时天平及周边环境	5.0	清理干净			0	
			未清理、脏乱			5.0	
	工具摆放	5.0	已归位			0	
			未归位			5.0	

续表

项目	考核内容	分值	考核过程		扣分说明	扣分标准	扣分
结果评价（20分）	试样状态调节参数	10.0	正确			0	
			不正确			10.0	
	试样标准环境选择	10.0	符合要求			0	
			不符合要求			10.0	
重大错误(否定项)		1. 不得损坏仪器，否则为0分； 2. 造成人身伤害且较为严重，总分不得超过50分； 3. 伪造数据，记录与报告项、结果评价项得分均为0分					
合计							

评分人签名：

日期：

八、目标检测

(一) 单选题

1）《塑料　试样状态调节和试验的标准环境》国家标准是(　　)。

A. GB/T 2918—2018　　B. GB/T 2918—1988

C. GB/T 1918—1988　　D. GB/T 1918—1998

2）进行试验前保存样品或试样的恒定环境称为(　　)。

A. 试验环境　　B. 标准环境　　C. 状态调节环境　　D. 室温条件

3）进行塑料试样状态调节常用到的仪器是(　　)。

A. 恒温恒湿箱　　B. 干燥箱　　C. 老化试验箱　　D. 热电炉

4）标准环境等级1(加严)级对应的温度容许偏差为(　　)℃。

A. ±10　　B. ±2　　C. ±5　　D. ±1

5）如果温度和湿度对所测性能都没有任何显著影响，则温度和相对湿度都不必控制。在这种情况下，该环境称为(　　)。

A. 标准温度　　B. 室温　　C. 标准环境　　D. 试样环境

(二) 多选题

1）标准环境是指优先选用的、规定了空气(　　)且限制了大气压强和空气循环速度范围的恒定环境，该空气中不含明显的外加成分，且环境未受到任何明显的外加辐射影响。

A. 温度　　B. 湿度　　C. 大气压　　D. 气体含量

2）状态调节程序是(　　)的结合。

A. 标准环境　　B. 状态调节环境　　C. 试验环境　　D. 状态调节周期

3）通过(　　)设置好状态调节时间、温度、湿度参数。

A.“设置”键　　B.“光标移动”键　　C.“数字加减”键　　D.“预热”键

(三) 判断题

1）试验环境为在整个试验期间样品或试样所处的恒定环境。(　　)

2）如果把试样暴露在规定的状态调节环境或温度中，那么试样与状态调节环境或温度之间可达到不可再现的温度和/或含湿量平衡的状态。(　　)

3）对于热带地区，可使用代号 27/65 的标准环境。(　　)

4）标准环境等级分为 1(加严)、2(一般)、3(不严)三种。(　　)

5）恒温恒湿箱主要由五大系统，即控制系统、动力输出系统、制冷系统、湿度系统、空气循环系统等组成。(　　)

第四节　测量误差、结果评定及数据处理

一、学习目标

① 了解测量方法与结果的准确度相关知识；

② 了解可疑数据取舍常用方法；

③ 熟悉平均值、标准偏差计算方法；

④ 熟悉数据修约与有效数字相关规则；

⑤ 了解置信概率和平均值置信区间的计算方法。

能进行可疑数据取舍，平均值、标准偏差、置信概率和平均值置信区间计算及数据修约和有效数字处理。

① 培养学生严谨的科学精神；

② 培养学生自我学习的习惯和能力。

二、工作任务

本项目工作任务见表 1-6。

表 1-6　测量误差、结果评定及数据处理工作任务

编号	任务名称	要　求	相关准备
1	1. 平均值计算； 2. 标准偏差计算； 3. 置信概率和平均值置信区间的计算	1. 能进行平均值、标准偏差的计算； 2. 能进行置信概率和平均值置信区间的计算	拟定的测试结果
2	1. 可疑数据的取舍； 2. 数据修约和有效数字处理	1. 能利用 Q 检验法和 $4\bar{d}$ 检验法进行可疑数据的取舍； 2. 能根据数据修约和有效数字相关规则对结果进行数据处理	拟定的测试结果

三、知识准备

（一）相关标准

GB/T 6379.2—2004《测量方法与结果的准确度（正确度与精密度） 第2部分：确定标准测量方法重复性与再现性的基本方法》；GB/T 8170—2008《数值修约规则与极限数值的表示和判定》；ISO 2602：1980《测试结果的统计解释 均值的估计和置信区间》；GB/T 6380—2019《数据的统计处理和解释 Ⅰ型极值分布样本离群值的判断和处理》。

（二）相关名词解释

1）误差：某量值误差定义为某量值的给出值与真实值之差。

2）给出值：指测量值、实验值、计算近似值、标称值、示值、预置值。

3）真实值：指某一时刻或某一状态下，某量的效应体现出的客观值或实际值（用最可靠的方法和高精度仪器测量所得值）。

4）绝对误差：测量结果的算术平均值与真实值的差值。

5）相对误差：表示误差在测量结果中所占的百分率。

6）系统误差：在重复的条件下，对同一被测量进行无限多次测量所得结果的平均值与被测量的真值之差，又称可测误差。

7）随机误差：测量结果与同一待测量的大量重复测量的平均结果之差。

8）公差：指生产部门对分析结果允许误差的一种限量，又称为允许误差。

9）有效数字：数据中能够正确反映一定量（物理量和化学量）的数字叫有效数字，包括所有的确定数字和最后一位不确定的数字。

10）数值修约：为了简化计算，使各测定数据或参数的有效数字彼此相适应，常常需要舍去某些测定数据多余的有效数字，舍弃多余的有效数字的过程称为数值修约。

11）中位数：将一组测定数据（n 个数）按由小到大的顺序排列，若 n 为奇数，中位数就是位于中间的数；若 n 为偶数，中位数则是中间两数的平均值。

（三）测量误差、结果评定及数据处理意义

由于在分析测试过程中客观上存在着难以避免的误差，因此人们在进行定量分析时，不仅要得到被测组分的准确含量，而且必须对分析结果进行评价，判断分析结果的可靠性，检查产生误差的原因，以便采取相应的措施减少误差，使分析结果尽量接近客观真实值。

（四）结果计算

（1）算术平均值

$$\bar{x} = \frac{x_1 + x_2 + \cdots + x_n}{n} = \frac{\sum x_i}{n}$$

式中 $\bar{x}$——测量值的算术平均值；

x_n——第 n 个测量值；

n——测量值个数。

（2）绝对误差

$$E=\bar{x}-T$$

式中　E——绝对误差；

$\bar{x}$——测量值的算术平均值；

T——真实值。

（3）相对误差

$$RE=\frac{E}{T}\times 100\%$$

式中　RE——相对误差；

E——绝对误差；

T——真实值。

（4）单次测量值的绝对偏差

$$d_i=x_i-\bar{x}$$

式中　d_i——第 i 个测量值的绝对偏差；

x_i——第 i 个测量值；

$\bar{x}$——测量值的算术平均值。

（5）单次测量值的平均偏差

$$\bar{d}=\frac{\sum_{i=1}^{n}|d_i|}{n}$$

式中　$\bar{d}$——单次测量值的平均偏差；

d_i——第 i 个测量值的绝对偏差；

n——测量值个数。

（6）标准偏差

$$s=\sqrt{\frac{\sum(x_i-\bar{x})^2}{n-1}}$$

式中　s——标准偏差；

x_i——第 i 个测量值；

n——测量结果个数；

$\bar{x}$——测量值的算术平均值。

（7）相对标准偏差

$$CV=\frac{s}{\bar{x}}\times 100\%$$

式中　CV——相对标准偏差；

s——标准偏差；

$\bar{x}$——测量值的算术平均值。

（8）平均值的置信区间

$$\mu=\bar{x}\pm\frac{ts}{\sqrt{n}}$$

式中　μ——平均值的置信区间；

$\bar{x}$——测量值的算术平均值；

t——选定的某一置信概率下的概率系数；

s——标准偏差；

n——测量结果个数。

四、实践操作

1）利用 Q 检验法进行数据 2.58、3.87、3.96、3.98、4.20 中可疑数据的取舍(置信概率 95%)。

① 可疑数据 x_1(2.58)、x_5(4.20)；

② 若 x_1 为可疑值，计算统计因子：

$$Q=\frac{x_2-x_1}{x_5-x_1}=\frac{3.87-2.58}{4.20-2.58}=\frac{1.29}{1.62}=0.80$$

$Q>Q_{表}$[指 Q 值检验表(表 1-7)中对应的 Q 值，下同]，此值应舍弃；

③ 若 x_5 为可疑值，计算统计因子：

$$Q=\frac{x_5-x_4}{x_5-x_1}=\frac{4.20-3.98}{4.20-2.58}=\frac{0.22}{1.62}=0.14$$

$Q<Q_{表}$，此值应保留。

2）在测量冲击试样宽度时，测定结果为 9.85、9.89、9.94、9.96、10.02，请计算标准偏差。

① 计算结果的算术平均值：

$$\bar{x}=\frac{9.85+9.89+9.94+9.96+10.02}{5}=9.93$$

② 计算标准偏差：

$$s=\sqrt{\frac{\sum(x_i-\bar{x})^2}{n-1}}$$

$$=\sqrt{\frac{(9.85-9.93)^2+(9.89-9.93)^2+(9.94-9.93)^2+(9.96-9.93)^2+(10.02-9.93)^2}{5-1}}$$

$=6.54\%$

3）在测量冲击试样宽度时，测定结果为 9.85、9.89、9.94、9.96、10.02，请计算平均值的置信区间(置信概率为 95%)。

① 计算结果的算术平均值：

$$\bar{x}=\frac{9.85+9.89+9.94+9.96+10.02}{5}=9.93$$

② 计算标准偏差:

$$s = \sqrt{\frac{\sum (x_i - \bar{x})^2}{n-1}}$$

$$= \sqrt{\frac{(9.85-9.93)^2+(9.89-9.93)^2+(9.94-9.93)^2+(9.96-9.93)^2+(10.02-9.93)^2}{5-1}}$$

$= 6.54\%$

③ 查表 1-8，置信概率为 95%，$n=5$ 时，$t=2.776$；

④ 平均值的置信区间 $\mu=\bar{x}\pm\frac{ts}{\sqrt{n}}=9.93\pm\frac{2.776\times 6.54\%}{\sqrt{5}}=(9.93\pm 0.08)\%$，结果说明，若平均值的置信区间为(9.93±0.08)%，则真值在其中出现的概率为 95%。

4）将数字 0.76832、203.25、806.15、8.04251 修约为四位有效数字。

0.76832→0.7683　203.25→203.2　806.15→806.2　8.04251→8.043

5）计算 30.1+4.05+1.4713。

方法 1：30.1+4.05+1.4713=30.1+4.0+1.5=35.6

方法 2：30.1+4.05+1.4713=30.1+4.05+1.47=35.62=35.6

6）计算 0.0138×21.45×1.47123。

0.0138 仅有三位有效数字，有效数字最少，结果应只保留三位有效数字，0.0138×21.45×1.47123=0.0138×21.4×1.47=0.434。

7）计算 0.0898×21.46÷1.4715。

0.0898 的首数是大于或等于 8 的，可视为四位有效数字，所以保留四位有效数字，0.0898×21.46÷1.4715=0.0898×21.46÷1.472=1.309。

五、应知应会

（一）可疑数据的取舍

在重复多次测定时，如出现特大或特小的离群值，即可疑值时，又不是由明显的过失造成的，就要根据随机误差分布规律决定取舍。这里介绍两种常用的检验法。

1）Q 检验法：将数据由小到大排列为 x_1、x_2、x_3、…、x_{n-1}、x_n，其中，x_1、x_n 可能为可疑值。

若 x_1 为可疑值，统计因子 $Q=\frac{x_2-x_1}{x_n-x_1}$；

若 x_n 为可疑值，统计因子 $Q=\frac{x_n-x_{n-1}}{x_n-x_1}$；

查阅 Q 值检验表（表 1-7）。

若 $Q\geqslant Q_{表}$，则应舍弃可疑值；若 $Q\leqslant Q_{表}$，则应保留可疑值。

表 1-7　Q 值检验表(置信概率 90%和 95%)

测定次数 n	2	3	4	5	6	7	8	9	10
$Q_{0.90}$	—	0.94	0.76	0.64	0.56	0.51	0.47	0.44	0.41
$Q_{0.95}$	—	0.98	0.85	0.73	0.64	0.59	0.54	0.51	0.48

2) $4\bar{d}$ 检验法：求出可疑值以外的其余数据的平均值 $\bar{x}$ 和平均偏差 $\bar{d}$，然后将可疑值与平均值进行比较，如绝对差值大于 $4\bar{d}$，则应舍弃可疑值，否则保留。

（二）数据修约与有效数字

在定量分析中，为了得到准确的分析结果，不仅要准确地进行各种测量，而且还要正确记录和计算。分析结果需反映分析的准确程度，因此，实验记录和结果的计算，保留几位数字不是任意的，而是要根据分析仪器和分析方法的准确度来确定。这就涉及数值修约和有效数字。

(1) 数据修约

① 现在通行“四舍六入五成双”的规则，即在运算中除应保留的有效数字外，如果有效数字后面的数小于5(不包括5)就舍去，如果大于5(不包括5)就进位；

② 如果有效数字后面的数等于5，5后面没有数字或5后面有数字但都是0，看5的前位数，是奇数进位，是偶数(包括0)舍去，不进位；

③ 如果有效数字后面的数等于5，5后面有数字，不管5前面是奇数还是偶数都进位。

(2) 有效数字

① 有效数字的保留原则：必须与所用的分析方法和使用仪器的准确度相适应；

② 有效数字位数的多少，不仅表示其数值的大小，而且还表示测定的准确度；

③ 一个数据的有效数字位数，应该是从该数据左边第一个非“0”的数字开始，到右边最后一个数字为止的数字个数。

(3) 数据运算规则

① 加减法：以各数中小数点后位数最少者为准。即以绝对误差最大的数字的位数为准(向小数点最近者看齐)。具体运算时，可按两种方法处理：一种是将所有数据修约到小数后一位，再具体运算；另一种是先将其他数据修约到小数点后两位，即暂时多保留一位有效数字，运算后再进行最后修约。两种计算方法的结果在尾数上可能差1，这是允许的，只要运算前后保持一致。

② 乘除法：以有效数字最少的作为保留依据，即以相对误差最大者的位数为准(向有效位数最少者看齐)。

③ 目前，计算器应用十分普遍，由于计算器上显示的数值位数较多，虽然不必对每一步的计算结果修约，但应注意正确保留最后计算结果的有效数字的位数。

（三）分析结果数据处理

在分析工作中，最后处理分析数据时，都要消除因系统误差和剔除由于明显原因而与其他测定结果相差甚远的那些错误的测定结果后进行。

在例行分析中，一般对单个试样平行测定两次，两次测定结果差值如果不超过2倍公差，可以取其平均值得出分析结果，否则需要重做。

在常量分析实验中，一般对单个试样平行测定2~4次，此时测定结果可做简单处理；计算出相对平均偏差，若其相对平均偏差≤0.1%，可以认为符合要求，可以取其平均值得出分析结果，否则需要重做。

对要求非常准确的分析，如标准试样成分测定，同一试样由于实验室不同、操作者不同或其他原因，得到的一系列测定数据会有差异，因此需要用统计的方法进行结果处理。首先把数据加以整理，剔除由于明显原因而与其他测定结果相差甚远的错误数据，对于一些精密度似乎不甚高的可疑数据按照有关规则决定取舍，然后计算 n 次测定数据的平均值与标准偏差，即可表示出测定数据的集中趋势和离散情况，就可以进一步对总体平均值可能存在的区间做出估计。

1）数据集中趋势的表示方法：无限次测定数据中用总体平均值描述数据集中趋势，那么在有限次测定数据中则用算术平均值或中位数描述数据的集中趋势来估计真值。

中位数不受离群值大小的影响，但用于表示数据集中趋势不如平均值好，通常只有当平行测定次数较少而又有离群较远的可疑值时，才用中位数来表示分析结果。

2）数据离散程度的表示方法：无限次测定数据中用总体标准偏差描述数据的离散程度，那么在有限次测定数据中则用平均偏差、相对平均偏差、标准偏差或相对标准偏差描述数据的离散程度。

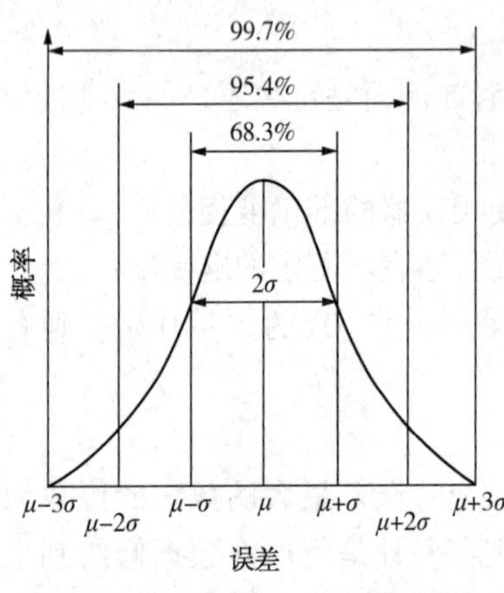

图 1-8　误差的正态分布曲线

3）置信概率和平均值的置信区间：对于无限次测定，图 1-8 中曲线与横坐标从 $-\infty$ 到 $+\infty$ 之间所包围的面积代表具有各种大小误差的测定值出现的概率总和，设为 100%。由数学计算可知，在 $(\mu-\sigma)\sim(\mu+\sigma)$ 区间内，曲线所包围的面积为 68.3%，真值落在此区间内的概率为 68.3%，此概率称为置信概率。亦可计算出在 $(\mu\pm2\sigma)\sim(\mu\pm3\sigma)$ 区间内的置信概率分别为 95.4% 和 99.7%。

在实际分析工作中，不可能也不必要做无限多次测定。进行有限次的测定，只能知道 $\bar{x}$ 和 s。由统计学可以推导出有限次测定的平均值和总体平均值(真值)μ 的关系：

$$\mu=\bar{x}\pm\frac{ts}{\sqrt{n}}$$

式中，t 为在选定的某一置信概率下的概率系数，可根据测定次数从表 1-8 中查得，根据上式可以估算出在选定的置信概率下，真值在以平均值为中心的多大范围内出现，这个范围就是平均值的置信区间。

表 1-8　不同测定次数及不同置信概率的 t 值

测定次数 n	置信概率				
	50%	90%	95%	99%	99.5%
2	1.000	6.314	12.706	63.657	127.32
3	0.816	2.920	4.303	9.925	14.089
4	0.765	2.353	3.182	5.841	7.453
5	0.741	2.132	2.776	4.604	5.598
6	0.727	2.015	2.571	4.032	4.773
7	0.718	1.943	2.447	3.707	4.317

续表

测定次数 n	置信概率				
	50%	90%	95%	99%	99.5%
8	0.711	1.895	2.365	3.500	4.029
9	0.706	1.860	2.306	3.355	3.832
10	0.703	1.833	2.626	3.250	3.690
11	0.700	1.812	2.228	3.169	3.581
12	0.687	1.725	2.086	2.845	3.153
∞	0.674	1.645	1.960	2.576	2.807

六、实验记录

实 验 报 告

项目：测量误差、结果评定及数据处理

姓名：　　　　　　　　　　　　　　　　　　　　　　　　日期：

一、数据修约及有效数字

二、算术平均值计算

三、标准偏差计算

四、置信区间计算

七、技能操作评分表

技能操作评分表

项目：测量误差、结果评定及数据处理

姓名：

项目	考核内容	考核过程	扣分说明	扣分标准	扣分
有效数字（10分）	有效数字	正确、规范		0	
		不正确		10.0	
数据修约（15分）	数据的加减、乘除修约	正确、规范		0	
		不正确		15.0	
算术平均值计算（15分）	算术平均值计算	正确、规范		0	
		不正确		15.0	

续表

项目	考核内容	考核过程		扣分说明	扣分标准	扣分
标准偏差计算（20分）	标准偏差计算	正确、规范			0	
		不正确			20.0	
置信区间计算（20分）	置信区间计算	正确、规范			0	
		不正确			20.0	
可疑数据取舍（20分）	可疑数据取舍	正确、规范			0	
		不正确			20.0	
合计						

评分人签名：

日期：

八、目标检测

（一）单选题

1）数据修约时，如果有效数字后面的数等于5，5后面有数字，不管5前面是奇数还是偶数都应(　　)。

A. 舍弃　　B. 进位　　C. 无须处理　　D. 保留

2）数值修约规则与极限数值的表示和判定的国家标准是(　　)。

A. GB/T 8160—2008　　B. GB/T 8170—2008

C. GB/T 8160—2006　　D. GB/T 8170—2006

3）为了简化计算，使各测定数据或参数的有效数字彼此相适应，常常需要舍去某些测定数据多余的有效数字，舍弃多余的有效数字的过程称为(　　)。

A. 系统误差　　B. 真实值　　C. 测量结果　　D. 数据修约

（二）多选题

1）下边值是给出值的有(　　)。

A. 测量值　　B. 实验值　　C. 近似值　　D. 真实值

2）根据误差产生的原因及其性质的差异，可将其分为(　　)。

A. 系统误差　　B. 标准误差　　C. 标准公差　　D. 随机误差

3）有效数字位数正确的有(　　)。

A. 0.382→3位　　B. 1.080→3位　　C. 0.001→1位　　D. 0.0108→3位

4）下面数字修约为四位有效数字正确的有(　　)。

A. 0.38253→0.3825　　B. 301.25→301.2　　C. 301.35→301.4　　D. 4.06251→4.063

5）对于标准偏差公式 $s=\sqrt{\frac{\sum(x_i-\bar{x})^2}{n-1}}$ 描述正确的是(　　)。

A. s 标准偏差　　B. x_i 第 i 个测量值

C. s 平均值的置信区间　　D. 可疑点之外的 $\bar{x}$ 测量值的算术平均值

（三）判断题

1）相对误差是指测量结果的算术平均值与真实值的差值。(　　)

2）系统误差是指在重复的条件下，对同一被测量进行无限多次测量所得结果的平均值与被测量的真值之差，又称不可测误差。(　　)

3）公差是指生产部门对分析结果允许误差的一种限量，又称为允许误差。(　　)

4）如果有效数字后面的数等于5，5后面没有数字或5后面有数字但都是0，看5的前位数，是偶数进位，是奇数(包括0)舍去，不进位。(　　)

5）一个数据的有效数字位数，应该是从该数据左边第一个非“0”的数字开始，到右边最后一个数字为止的数字个数。(　　)

扫一扫获取更多学习资源

第二章　高分子材料物理性能检测

第一节　高分子材料密度测定

一、学习目标

① 掌握电子密度计的结构；
② 熟练掌握电子密度计的操作方法；
③ 掌握电子密度计的测试原理。

能利用电子密度计进行多种类型高分子材料密度的测定。

① 养成良好的职业素养；
② 培养学生严谨的科学精神；
③ 提升学生创新设计能力。

二、工作任务

密度是高分子材料重要的物理参数之一，其作用有：一是作为对原料物理结构、物理组成的参考；二是作为分析试样均一性的依据。密度可作为橡塑材料鉴别、分类、命名、划分牌号和质量控制的重要依据，为产品加工应用提供基本性能指标。密度的测定方法有浸渍法、滴定法、密度梯度法等，应根据情况进行合理选择。

本项目工作任务见表 2-1。

表 2-1　高分子材料密度测定工作任务

编号	任务名称	要　求	试验用品
1	试样密度测试（浸渍法）	1. 能利用电子密度计测量不同类型试样材料密度； 2. 掌握电子密度计测试操作方法及测试原理； 3. 能推导电子密度计测试计算过程并对测试影响因素进行分析； 4. 能按照测试标准进行结果的数据处理	电子密度计、浸渍液、烧杯、试样、纸巾、相关配件
2	试验数据记录与整理	1. 将试验结果填写在试验数据表格中，给出结论并对结果进行评价； 2. 完成试验报告	试验报告

三、知识准备

(一) 测试标准

GB/T 1033. 1—2008《塑料　非泡沫塑料密度的测定　第 1 部分：浸渍法、液体比重瓶法和滴定法》。

(二) 测试原理

电子密度计密度测试基于阿基米德定律，阿基米德定律是流体静力学的一个重要原理，它指出，浸入静止流体中的物体受到一个浮力，其大小等于该物体所排开的流体重量，方向竖直向上并通过所排开流体的形心。

$$F_{浮}=G_{排液}=m_{排液}g=\rho_{液}gV_{排}$$

式中　$V_{排}$——物体排开液体的体积；

$\rho_{液}$——液体的密度；

g——重力加速度。

(三) 密度计算推导过程

① 设塑料颗粒在空气中的质量为 m_1；

② 塑料颗粒在溶液中的质量为 m_2；

③ 由于浮力的作用，$m_2<m_1$，重量显示的差值即为浮力大小，$F_{浮}=(m_1-m_2)g$；

④ 根据阿基米德定律，$F_{浮}=G_{排液}=\rho_{液}gV_{排}$；

⑤ 可计算出 $V_{排}=\dfrac{(m_1-m_2)g}{\rho_{液}g}=\dfrac{(m_1-m_2)}{\rho_{液}}$；

⑥ 又因塑料颗粒完全浸入溶液，$V_{排}=V_{塑料}$；

⑦ $\rho_{塑料}=\dfrac{m_{塑料}}{V_{塑料}}=\dfrac{m_1\rho_{液}}{m_1-m_2}$。

四、实践操作

(一) 启动前检查

打开电子密度计主机电源之前须检查各插接电线是否正确无误，检查操作盒与电源之间是否接线无误；检查主机是否保持水平，不平时可通过调整四个支撑脚来调节；检查并避免测量台与水槽底座产生接触。

(二) 温机

1) 温机的时间一般为插上电源后 30min。为确保密度计电路的稳定，应在完成温机后立刻关闭电源。

2) 若显示的“-----”没有变成“0. 000g/0. 00g”，则表示零点已漂移或处于有风的环境中。此时，可以先尝试按归零键恢复，若仍不能使其显示“0. 000g/0. 00g”，则需要重新校正。

(三) 校正

1) 采用电子密度计进行材料密度测试时，为保证测试结果的准确性，应用校正砝码对仪器进行校正。应进行校正的情况有：

① 当电子密度计首次使用时；

② 当电子密度计被移动到别处时；

③ 当四周环境发生改变时；

④ 定期的调试。

2）插上电源，暖机 30min（针对北方较冷地区），显示屏显示“0.00g”。

3）当密度仪显示“0.00g”的时候，长按“→0←”键。

4）屏幕出现闪烁的“300.00g”，此时在秤盘上放入 300.00g 的标定砝码，等到停止闪烁后，校正完成。

5）取下砝码，回到待测模式。

（四）试验前的准备

准备好试验需要的试样、浸渍溶液、记录表。

（五）开始试验

1）开机。

2）若显示屏上数值不是“0.00g”，则通过按“→0←”键归零。

3）显示“0.00g”时，将试样放上测量台，称量试样在空气中的质量，等闪烁停止后按“Memory”键，显示“SAV-A”，表示已完成称量，此时屏幕的黑色箭头会跳到 W2。

4）按清零键使其显示“0.00g”后，将试样放入浸渍液中的吊栏台上，试样要完全浸入溶液中，称量试样在浸渍液中的质量。

5）数值显示稳定后再按“Memory”键，屏幕上的数值即为试样的密度值。此时按“F”键可进行密度、体积的切换，测试完成后按“SET”键则可进行下一个样品测试（测试中按“SET”键则可返回到上一步骤）。

6）每个样品需要进行 3 次测试，取其数值的平均值作为最后得出的数值。

7）试验完毕之后，取出试样，关闭开关，拔掉电源，把容器里面的浸渍液倒掉，整理好仪器、台面，做好 5S 相关工作。

五、应知应会

（一）试样

试样的取样要求：第一，尺寸大小以满足样品和浸渍液容器的适量空间为宜；第二，质量应≥1g；第三，采用不影响试样性质的设备切取试样，试样不能采用粉末的，不能有气孔；第四，为避免浸入浸渍液中的试样因表面凹陷而存在气泡导致误差，要求试样的表面光滑、平整。

（二）测试仪器

电子密度计是利用浸渍法原理进行材料密度测试的精密仪器，其结构简单、操作方便、可直接读数，应用范围越来越广。其主要结构及配件见图 2-1。

（三）浸渍液

浸渍液是进行试样密度检测时，不会与浸入的试样产生反应的液体。浸渍液的选择很多，除了新鲜的蒸馏水和去离子水之外，其他由 0.1%的润湿剂去除气泡后经检验合格的液

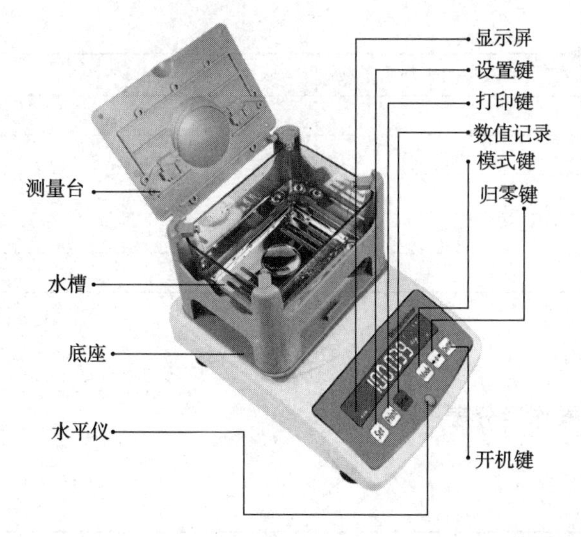

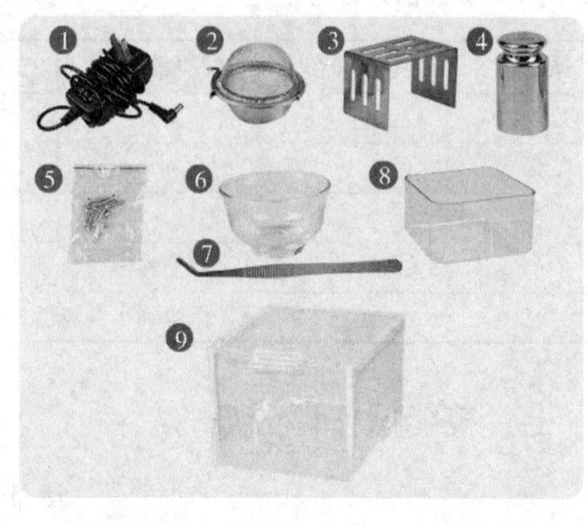

1—充电器；2—茶球；3—平台支架；4—砝码；5—螺丝；6—透明水杯；7—镊子；8—水容器；9—防风罩

图 2-1　电子密度计主要结构及配件图

体均可作为本试验的浸渍液。为了降低浸渍液表面张力对测试结果的影响，常用酒精作为浸渍液，测试前需在仪器中重新设置浸渍液密度。

（四）影响因素

1）悬丝直径的影响：直径太大需考虑悬丝在浸渍液中受到的浮力，太小则强度不够，应选择较合适的直径，使在浸渍液中所受到的浮力忽略不计。通常选择不带漆膜的铜丝作为悬丝。

2）试样在浸渍液中距液面的高度影响：在各国的方法中，对试样在浸渍液中距液面的高度，大都有明确的规定。太靠近液面，受液面张力的影响，会导致数据不准确，通常规定距液面的高度大于 10mm。

3）试样吸附气泡影响：由于试样在浸渍液中受到的浮力是通过测量试样的质量和试样在浸渍液中的表观质量求得的，如果吸附有气泡或试样本身有气泡，都会严重影响试验结果。如果试样本身有气泡，应重新取样。

六、试验记录

试 验 报 告

项目：高分子材料密度测定

姓名：　　　　　　　　　　　　　　　　　　　　　　　　　测试日期：

一、试验材料

所选用的材料：

所选用的浸渍液密度：

二、试验条件

温度：

三、计算公式

四、试验数据记录与处理

序号	试样在空气中的质量/g	试样在浸渍液中的表观质量/g	试样的密度/(g/cm³)
1			
2			
3			
平均值			
结果表示(保留到小数点后三位)			

七、技能操作评分表

技能操作评分表

项目：高分子材料密度测定

姓名：

项目	考核内容	分值	考核记录		扣分说明	扣分标准	扣分
原料准备(4分)	原料选择	4.0	正确			0	
			不正确			4.0	
仪器操作(50分)	仪器检查	5.0	有			0	
			没有			5.0	
	仪器开机	5.0	正确、规范			0	
			不正确			5.0	
	校正机器	5.0	正确、规范			0	
			不正确			5.0	
	取样与称量	10.0	设置合理			0	
			设置不合理			10.0	
	操作过程	10.0	正确、规范			0	
			不正确			10.0	
	仪器清理	10.0	正确、规范			0	
			不正确			10.0	
	仪器停机	5.0	正确、规范			0	
			不正确			5.0	
记录与报告(10分)	原始记录	5.0	完整、规范			0	
			欠完整、不规范			5.0	
	报告(完整、明确、清晰)	5.0	规范			0	
			不规范			5.0	
文明操作(16分)	操作时机台及周围环境	4.0	整洁			0	
			脏乱			4.0	
	试样、测量溶液的处理	4.0	按规定处理			0	
			乱扔乱倒			4.0	
	结束时机台及周围环境	4.0	清理干净			0	
			未清理、脏乱			4.0	
	工具处理	4.0	已归位			0	
			未归位			4.0	

续表

项目	考核内容	分值	考核记录		扣分说明	扣分标准	扣分
结果评价（20分）	计算公式	10.0	正确			0	
			不正确			10.0	
	有效数字运算	10.0	符合要求			0	
			不符合要求			10.0	
重大错误(否定项)		1. 仪器操作过程中若造成仪器损坏，则计为0分； 2. 试验中若造成较严重的人身伤害事故，则总分≤50分； 3. 若进行试验数据伪造，则将记录、报告、结果评价等三项计0分					
合计							

评分人签名：

日期：

八、目标检测

（一）单选题

1）在非泡沫塑料密度测定试验中，适用于除粉料外无气孔的固体塑料的测试方法是(　　)。

A. 液体比重瓶法　　B. 浸渍法　　C. 滴定法　　D. 以上均可以

2）物体所含物质质量的单位可以用(　　)。

A. g　　B. cm　　C. L　　D. dm

3）试验结果采用的试样密度的平均值是由(　　)次测定结果中选取的。

A. 1　　B. 2　　C. 3　　D. 4

4）GB/T 1033. 1—2008 中规定密度测定的结果应保留(　　)位有效数字。

A. 2　　B. 1　　C. 4　　D. 3

5）试样密度<浸渍液密度，应该使用(　　)来使试样沉到液面下。

A. 重块　　B. 重锤　　C. 用东西压　　D. 比重瓶

6）对浸渍液密度另行检测时，浸渍液不属于(　　)。

A. 浴液　　B. 蒸馏水　　C. 自来水　　D. 硝酸钙水溶液

7）当浸渍液不是水的时候，称量空比重瓶质量要在(　　)的温度下进行测量。

A. 23℃±0. 5℃　　B. 24℃±0. 5℃　　C. 23℃±0. 1℃　　D. 24℃±0. 1℃

8）电子密度计的测试原理是(　　)。

A. 牛顿定律　　B. 阿基米德定律　　C. 能量守恒定律　　D. 杠杆原理

（二）多选题

1）浸渍法测试塑料材料的密度时，如果在温度受控制的环境中测试，整个仪器温度，包括浸渍液的温度都应控制在(　　)范围内。

A. 23℃±2℃　　B. 24℃±0. 5℃　　C. 25℃±0. 5℃　　D. 27℃±2℃

2）利用浸渍法测试塑料的密度时，试样的质量大小符合测试要求的有(　　)。

A. 5g　　B. 6g　　C. 7g　　D. 8g

E. 10g

3）对于塑料密度（浸渍法）试验，下列说法正确的是（　　）。

A. 测试的试样应该为无气孔材料　　B. 对非水浸渍液，需重新测定密度

C. 试验时的温度可为任何值　　D. 每个试样只需要测定一次就可以

4）密度试验过程中不必规定的选项是（　　）。

A. 试样的形状　　B. 试样的大小　　C. 试样的材质　　D. 测试的温度

E. 浸渍液的种类

5）在材料的密度测试过程中，影响测试结果的因素有（　　）等。

A. 试样在浸渍液中表面是否有气泡　　B. 测试环境温度

C. 浸渍液的种类　　D. 试样的大小

E. 测试环境湿度

（三）判断题

1）同一种塑料，其质量一样，则形状越大密度越高。（　　）

2）当试样太大时，切取试样后表面有凹陷也可以用来测试。（　　）

3）当浸渍液不是水时，应重新测定浸渍液，用液浴来调节浸渍液的温度。（　　）

4）在温度控制的环境中测试，整个仪器的温度，包括浸渍液的温度都应该控制在 23℃±2℃或 27℃±2℃范围内。（　　）

5）当使用的浸渍液不是水时，可直接进行密度试验。（　　）

6）对于每个试样的测定，至少进行 3 次测定，取平均值作为试验结果。（　　）

7）密度测定试验的结果应保留小数点后两位数字。（　　）

8）当试样密度小于浸渍液密度时，测试时应使用重锤让试样浸入液面以下。（　　）

9）在试样随重锤一起沉下液面时，浸渍液对重锤产生的向上的浮力是不允许的。（　　）

10）密度的测定方法有浸渍法、液体比重瓶法、滴定法。（　　）

第二节　高分子材料黏度测定

一、学习目标

① 了解高聚物溶液的特点；

② 掌握数显黏度计的结构及测定原理；

③ 掌握数显黏度计的规范操作使用方法。

能利用数显黏度计进行高聚物黏度的测定。

① 培养良好的职业素养；

② 培养学生严谨的科学精神；

③ 培养学生良好的自我学习和信息获取能力。

二、工作任务

本项目工作任务见表 2-2。

表 2-2　高分子材料黏度测定工作任务

编号	任务名称	要　求	试验用品
1	甘油黏度的测定	用 NDJ-8S 数字黏度计测定甘油黏度	甘油、烧杯、NDJ-8S 数字黏度计及配件、纸巾、螺丝刀等
2	试验数据记录与整理	1. 将试验结果填写在试验数据表格中，给出结论并对结果进行评价； 2. 完成试验报告	试验报告

三、知识准备

黏度是衡量液体抵抗流动能力的一个重要的物理参数。黏度的测量和石油、化工、电力、冶金及国防等领域关系非常密切，是工业过程控制、提高产品质量、节约与开发能源的重要手段。在物理化学、流体力学等科学领域中，黏度测量对了解流体性质及研究流动状态起着重要的作用。

（一）测试标准

GB/T 21059—2007《塑料　液态或乳液态或分散体系聚合物/树脂　用旋转黏度计在规定剪切速率下黏度的测定》。

（二）相关名词解释

1）动力黏度：又称绝对黏度，表示流体在流动过程中，单位速度梯度下所受到的剪切应力的大小。

2）运动黏度：液体的绝对黏度与其密度的比值。

3）黏度比：又称溶液溶剂黏度比或相对黏度，指在相同温度下，溶液黏度 η 与纯溶剂黏度 η_0 的比值。

4）特性黏度[η]：表示单位质量聚合物在溶液中所占流体力学体积的大小，其值与浓度无关，其量纲是浓度的倒数。

（三）测试原理

旋转黏度计测量黏度的基本原理是基于浸入流体中的物体（如圆筒、圆锥、圆板、球及其他形状的刚性体）旋转，或这些物体静止而使周围的流体旋转时，这些物体将受到流体的黏性力矩的作用，黏性力矩的大小与流体的黏度成正比，通过测量黏性力矩及旋转体的转速求得黏度。

四、实践操作

（1）启动前检查

打开 NDJ-8S 数字黏度计主机电源之前，须检查各插接电线是否正确无误；检查仪器的安装是否错误；检查黄色保护帽是否安装好；检查升降柱和升降控制螺钉是否拧紧；检查并调节仪器底座旋钮使仪器保持水平。

(2) 启动 NDJ-8S 数字黏度计

检查无误后，打开 NDJ-8S 数字黏度计电源开关。

(3) 试样溶液准备

将待测甘油溶液倒入准备好的烧杯中，倒入的量要足够，保证测试时液面能够达到转子刻痕处。

(4) 选择合适量程的转子

根据待测液体预估其黏度值，选择适合的转子、量程和转速。

(5) 取下黄色保护帽

用十字螺丝刀，慢慢取下黄色保护帽，注意不要让保护帽受污染或丢失，同时切忌在黄色保护帽取下之前打开电源开关，因为在取下黄色保护帽前打开电源开关可能会导致误触，使转子保护帽与转子保护壳刮碰，对黏度计造成损害，从而影响测量结果的准确性。

(6) 安装保护腿，并将其浸入试样液

将转子保护腿装上并旋紧，而后调节上下旋钮将保护腿浸入试样液一定深度。

(7) 安装转子

选择适合的转子并安装，安装转子时要注意以下几点：第一，检查转子是否清洁干净；第二，安装转子时需要将转子倾斜浸入试样液，以减少气泡引入；第三，安装时用左手轻轻捏住芯轴，右手捏住转子再逆时针旋紧。

(8) 调节仪器上下旋钮

使转子凹槽刻线与试样液面水平。

(9) 设置量程、转子、转速

根据仪器控制面板各功能键作用，分别设置好选择的量程、转子、转速。

(10) 开始测定

在控制面板按下"启动键"开始测定，转子开始旋转，稍等几秒后就会显示数据，再次按"启动\ 停止"按钮，转子停止转动。

(11) 记录数据并填写记录表

记录数据，然后按"百分比"，查看测得的黏度百分比，将数据填入记录表中。

(12) 重复试验

重复 3 次试验，结果取平均值。

(13) 关闭电源开关，进行整理

关闭 NDJ-8S 数字黏度计电源开关后，将转子及转子保护腿取下，用干净的纸巾擦拭干净，清洁干净后将转子及保护腿放回仪器盒，盖上黄色保护帽，整理干净桌面，把仪器等工具摆放回原位，做好 5S 相关工作。

五、应知应会

(一) 试样

样品不应含有任何可见杂质和气泡。如样品易吸潮或含有任何挥发性成分，应密闭样品容器以使对黏度的任何影响减至最低程度。

（二）测试仪器

1. NDJ-8S 数字黏度计

NDJ-8S 数字黏度计，采用高精度驱动步进电机、16 位微处理器和带夜视功能液晶屏，其特点是数字显示、转速平稳、精确、按键标识明确，如图 2-2 所示。

和同类仪器相比较，NDJ-8S 数字黏度计具有操作简单、测量精度高、转速稳定、工作电压范围宽等优点，广泛应用于溶剂型胶黏剂、乳胶、生化制品、油漆、涂料、化妆品、淀粉等黏度的测量。

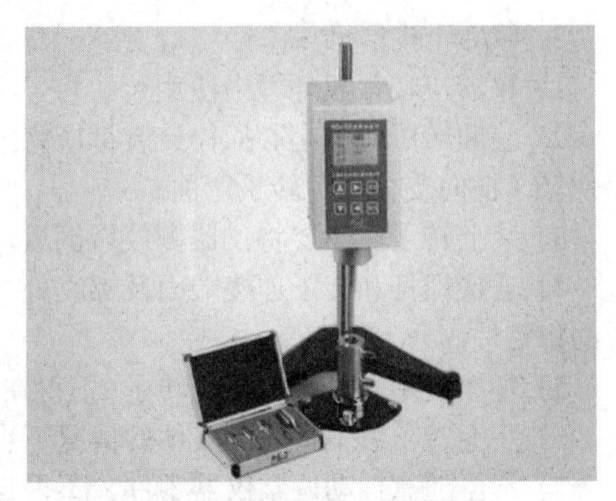

图 2-2　NDJ-8S 数字黏度计

NDJ-8S 数字黏度计黏度的测量范围为 10~2000000mPa·s，在配选 0 号转子测量时下限可到 1mPa·s(共配有 4 个转子，1~4 号，0 号为选配件)；测量精度：±1%(满量程状态)；黏度测量重现性：±0.5%(满量程状态)；转速分为 0.3r/min、0.6r/min、1.5r/min、3r/min、6r/min、12r/min、30r/min、60r/min，共 8 挡；温度测量范围：-50~99℃；使用环境温度：5~35℃，推荐使用温度为 20℃；使用环境相对湿度：80%。仪器附近无强电磁干扰，不能有剧烈振动，无腐蚀性气体。

2. NDJ-8S 数字黏度计操作注意事项

1）由于黏度是温度的函数，仪器在室温下工作时，温度偏差应该控制在±0.1℃，否则会影响测量的精确度，必要时可以采用恒温槽。

2）保持转子表面清洁，否则转子表面会被腐蚀。

3）游丝具有一定的线性区，测量时应注意张角百分比处于 20%~85%，当张角不在此范围时，应当更换转子或者更改转速，以避免准确性降低。

4）装卸转子时应小心操作，将万向接头微向上抬起，不可用力过度，不要让转子横向受力，切不可将转子下拉，否则会损坏转子。

5）保持万向头清洁。

6）仪器使用完之后要将黄色保护帽盖好，将清洁转子放回转子盒中，以免被腐蚀。

转子量程所对应测量的黏度范围见表 2-3。

表 2-3　转子量程选择表

转速/(r/min)	1 号转子	2 号转子	3 号转子	4 号转子	0 号转子
60	100	500	2000	10000	10
30	200	1000	4000	20000	20
12	500	2500	10000	50000	50
6	1000	5000	20000	100000	100
3	2000	10000	40000	200000	200
1.5	4000	20000	80000	400000	400

续表

转速/(r/min)	1号转子	2号转子	3号转子	4号转子	0号转子
0.6	10000	50000	200000	1000000	1000
0.3	20000	100000	400000	2000000	2000

3. 黏度计的维护与保养

1）仪器应在常温环境中使用。

2）装卸转子时应小心操作，装拆应将连接螺杆微微抬起进行操作，不要用力过大，不要使转子横向受力以免转子弯曲。

3）装上转子后不要将仪器侧放后倒放。

4）连接螺杆和转子连接端面及螺纹处应保持清洁，否则将影响转子的正确连接及转动时的稳定性。

5）每次使用完毕及时清洗转子(不得在仪器上进行转子清洗)。

6）装上转子后不得在无液体的情况下启动，以免损坏轴尖。

7）不得随意拆动调整仪器零件，不得自行加注润滑油。

（三）影响因素

1）在规定的温度下进行，将温度波动严格控制在检定温度要求的范围内，因为温度对测定值具有十分重要的影响。温度升高，黏度下降，对于精确测量，最好不要超过0.1℃。

2）连接螺杆和转子处应该保持清洁，否则将影响转子的正确连接和转动的稳定性，转子每次用完后要及时清洗。

3）正确选择转子或调整转速，扭矩值在10%~95%之间。

4）转子放入样品中时要避免产生气泡，否则测量出的黏度值会降低，具体方法是将转子倾斜地放入样品中，然后再安装转子，转子不能碰到杯壁和杯底，被测量的样品必须没过规定的刻度。

六、试验记录

试 验 报 告

项目：高分子材料黏度测定

姓名：　　　　　　　　　　　　　　　　　　　　　测试日期：

一、试验材料

所选用的试验材料：

二、试验条件

室温：　　　　　　　　　　　　　　　　　　　　　选用转子：

转子量程：　　　　　　　　　　　　　　　　　　　转速：

三、试验数据记录与处理

序号	黏度/mPa·s	黏度百分比/%
1		
2		
3		
平均值		

七、技能操作评分表

技能操作评分表

项目：高分子材料黏度测定

姓名：

项目	考核内容	分值	考核记录		扣分说明	扣分标准	扣分
原料准备（5 分）	原料选择	2.0	正确			0	
			不正确			2.0	
	原料称量	3.0	正确、规范			0	
			不正确			3.0	
仪器操作（50 分）	仪器检查	5.0	有			0	
			没有			5.0	
	仪器开机	5.0	正确、规范			0	
			不正确			5.0	
	安装原料	5.0	正确、规范			0	
			不正确			5.0	
	试验参数设置	10.0	设置合理			0	
			设置不合理			10.0	
	取样与称量	10.0	正确、规范			0	
			不正确			10.0	
	仪器清理	10.0	正确、规范			0	
			不正确			10.0	
	仪器停机	5.0	正确、规范			0	
			不正确			5.0	
记录与报告（10 分）	原始记录	5.0	完整、规范			0	
			欠完整、不规范			5.0	
	报告（完整、明确、清晰）	5.0	规范			0	
			不规范			5.0	
文明操作（15 分）	操作时机台及周围环境	3.0	整洁			0	
			脏乱			3.0	
	废样、棉布处理	4.0	按规定处理			0	
			乱扔乱倒			4.0	
	结束时机台及周围环境	4.0	清理干净			0	
			未清理、脏乱			4.0	
	工具处理	4.0	已归位			0	
			未归位			4.0	

续表

<table>
<tr><th>项目</th><th>考核内容</th><th>分值</th><th colspan="2">考核记录</th><th>扣分说明</th><th>扣分标准</th><th>扣分</th></tr>
<tr><td rowspan="4">结果评价
(20分)</td><td rowspan="2">结果判定</td><td rowspan="2">10.0</td><td>正确</td><td></td><td rowspan="2"></td><td>0</td><td rowspan="2"></td></tr>
<tr><td>不正确</td><td></td><td>10.0</td></tr>
<tr><td rowspan="2">操作要求</td><td rowspan="2">10.0</td><td>符合要求</td><td></td><td rowspan="2"></td><td>0</td><td rowspan="2"></td></tr>
<tr><td>不符合要求</td><td></td><td>10.0</td></tr>
<tr><td colspan="2">重大错误(否定项)</td><td colspan="6">1. 损坏测试仪器，仪器操作项得分为0分；
2. 引发人身伤害事故且较为严重，总分不得超过50分；
3. 伪造数据，记录与报告项、结果评价项得分均为0分</td></tr>
<tr><td colspan="7">合计</td><td></td></tr>
</table>

评分人签名：

日期：

八、目标检测

(一) 单选题

1）依据标准 GB/T 21059—2007 进行的黏度测定是由确定(　　)之间的关系构成的。

A. 剪切力、剪切速度　　B. 剪切强度、剪切速率

C. 剪切力、剪切速率　　D. 运动黏度、相对黏度

2）依据标准 GB/T 21059—2007 进行黏度测定时，黏度用(　　)表示。

A. η　　B. β　　C. Φ　　D. σ

3）NDJ-8S 数字黏度计测量液态样品的黏度时，可同时测量(　　)。

A. 剪切速率、相对黏度　　B. 剪切速率、剪切力

C. 运动黏度、相对黏度　　D. 剪切强度、剪切力

4）NDJ-8S 数字黏度计的测量系统应包括(　　)个刚性对称的同轴表面。

A. 2　　B. 3　　C. 4　　D. 5

5）NDJ-8S 数字黏度计的正确使用环境为(　　)。

A. 附近有其他腐蚀性物品　　B. 附近有强电磁

C. 温度稳定在 20℃　　D. 剧烈振动

6）利用数字黏度计测定高分子材料相对分子质量时的注意事项正确的是(　　)。

A. 保持转子表面清洁　　B. 随意装卸转子

C. 让转子横向受力　　D. 测试腐蚀性液体

(二) 多选题

1）黏度的单位可用(　　)表示。

A. Pa · s　　B. $N \cdot s/m^2$　　C. g/m^2　　D. g/mL

2）使用数字黏度计前的检查步骤有哪些？(　　)

A. 检查室温　　B. 检查使用环境　　C. 检查保护帽　　D. 检查电源开关

3）利用数字黏度计测定黏度试样中，结果表示描述正确的有(　　)。

A. 用仪器附带的操作手册、明细表或计算图给出的关系计算黏度

B. 计算 3 次测定结果的算术平均值

C. 当表述黏度值时，在括号内给出黏度测定所用的温度和剪切速率

D. 当采用不同温度和剪切速率测定黏度时，用坐标曲线表示这些关系

4）数字黏度计安装转子时的正确做法有（　　）。

A. 保持转子表面清洁　　B. 随意装卸转子

C. 让转子横向受力　　D. 保持一定角度倾斜安装

5）下列说法正确的是（　　）。

A. 黏度计应定期校准

B. 如果在方法的精确度范围内连接标准流体的测定点的最佳直线不通过坐标系的原点，应根据制造商的说明书更彻底地检查操作步骤和仪器

C. 用于校准的标准流体的黏度应在待测样品的黏度范围内

D. 由于黏度与温度相关，用于比较目的的测定应在相同的温度下进行。如果需要在室温下进行测定，测定温度应选择(23.0±0.5)℃

（三）判断题

1）高聚物的相对分子量通常可达 $10\sim10^6$。（　　）

2）NDJ-8S 数字黏度计操作简单，测量精度高，转速稳定，工作电压范围宽。（　　）

3）用数字黏度计进行黏度测试时，标准中规定温度计的测量精度应为±0.10℃。（　　）

4）用数字黏度计进行黏度测试时，仪器不调水平即可使用。（　　）

5）用数字黏度计进行黏度测试时，选择好要使用的转子，轻轻捏住接头后，将转子微微倾斜浸入液体后逆时针安装。（　　）

第三节　高分子材料透湿性测试

一、学习目标

知识目标

① 掌握常见的高分子材料透湿性相关名词；

② 了解高分子材料透湿性能测试原理；

③ 掌握高分子材料透湿性能测试方法；

④ 了解高分子材料透湿性能影响因素。

能力目标

能进行高分子材料的透湿性能测试。

素质目标

① 培养良好的职业素养；

② 培养学生严谨的科学精神；

③ 养成良好的自我学习和信息获取能力、勇于探究与实践的科学精神；

④ 构建安全意识、提高现场管理能力；

⑤ 提升学生创新设计能力。

二、工作任务

高分子材料薄膜、涂层、织物等对气体的透湿性是高聚物的重要物理性能之一，与聚合物的结构、相态及分子运动情况有关。目前高分子材料已在水果、蔬菜、食品等的保鲜，农作物的保温、催熟，食品、药物的包装、储存，医用材料、分离膜的制备等方面得到广泛应用。

本项目的工作任务见表 2-4。

表 2-4　高分子材料透湿性测试工作任务

编号	任务名称	要　求	试验用品
1	试样透湿性能测试	1. 能利用裁样器裁取薄膜样品； 2. 能进行水汽透过率测定仪的操作； 3. 能进行水蒸气透过量和水蒸气透过系数计算； 4. 能按照测试标准进行结果的数据处理	裁样器、水汽透过率测定仪、试样、密封脂、针筒
2	试验数据记录与整理	1. 将试验结果填写在试验数据表格中，给出结论并对结果进行评价； 2. 完成试验报告	试验报告

三、知识准备

(一) 测试标准

GB/T 1037—2021《塑料薄膜与薄片水蒸气透过性能测定　杯式增重与减重法》。

(二) 相关名词解释

1) 水蒸气透过量(WVT)：指在规定的温度、相对湿度环境中，一定的水蒸气压差和一定厚度的条件下，$1m^2$ 的试样在 24h 内透过的水蒸气量，单位为 $g/(m^2 \cdot 24h)$。

2) 水蒸气透过系数(P_v)：指在规定的温度、相对湿度环境中，单位时间内，单位水蒸气压差下，透过单位厚度、单位面积试样的水蒸气量，单位为 $g \cdot cm/(cm^2 \cdot s \cdot Pa)$。

(三) 测试原理

在规定温度和相对湿度及试样两侧保持一定蒸气压差的条件下，测定透过试样的水蒸气量，计算出水蒸气透过量和水蒸气透过系数。

水蒸气透过塑料薄膜的过程，实质上就是水分子的质量传递过程。首先，水蒸气溶入固体薄膜，填充到分子内或分子间空隙中，当薄膜两侧湿度不同时，就存在一定的水蒸气压差，水分子由高压侧向低压侧扩散、传输，最后从低压侧蒸发，从而实现了水蒸气对塑料薄膜的透过。

测试原理如图 2-3 所示。

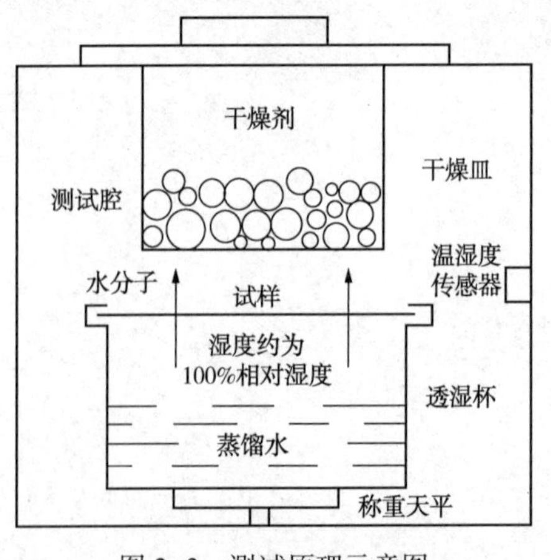

图 2-3　测试原理示意图

(四) 结果计算

(1) 水蒸气透过量

$$WVT=\frac{24\cdot\Delta m}{A\cdot t}$$

式中　WVT——水蒸气透过量，$g/(m^2\cdot 24h)$；

t——质量变化量稳定后的两次间隔时间，h；

Δm——t 时间内的质量增量，g；

A——试样透过水蒸气的面积，m^2。

注：若需做空白试验的试样计算水蒸气透过量时，式中的 Δm 需扣除空白试验中 t 时间内的质量变化量。

试验结果以每组试样的算术平均值表示，取三位有效数字。每一个试样测试值与算术平均值的偏差不超过±10%。

(2) 水蒸气透过系数

$$P_v=\frac{\Delta m\cdot d}{A\cdot t\cdot\Delta p}=1.157\times10^{-9}\times\frac{WVT\cdot d}{\Delta p}$$

式中　P_v——水蒸气透过系数，$g\cdot cm/(cm^2\cdot s\cdot Pa)$；

WVT——水蒸气透过量，$g/(m^2\cdot 24h)$；

d——试样厚度，cm；

Δp——试样两侧的水蒸气压差，Pa。

试验结果以每组试样的算术平均值表示，取两位有效数字。

注：人造革、复合塑料薄膜、压花薄膜不计算水蒸气透过系数。

四、实践操作

1）打开电脑，打开水汽透过率测定仪电源开关，启动仪器。

2）打开软件：在电脑桌面上打开 WTR 软件，出现登录界面。选择用户名“gbtest”，再输入密码“gbtest”，进入软件。

3）通信连接：点击菜单栏“通信”，而后点击“连接”，进行通信连接。

4）预热：联机后在软件界面上点击预热按钮，进行机器预热。

5）启动称重传感器：按下水汽透过率测定仪上面的“开关”键，开启天平。观察软件界面，当显示“g”时，则称重传感器启动。

6）试样安装：

① 将透湿杯杯口上的密封脂用纯棉纸或干净抹布清洁干净，不能有纤维或其他物质残留在杯口。

② 在透湿杯中加入 30mL 蒸馏水，使透湿杯总的质量在 180g 以内。

③ 将密封脂挤出 1~2mm，在透湿杯杯口上均匀地涂上薄薄一层密封脂。

④ 再将裁剪后的样品膜平整地盖在杯口上，测试面朝下放置，用指腹按压样品与杯口的结合部位，将其间气泡挤出。

⑤ 在上面垫上密封圈，最后对称上紧螺丝。将杯盖与杯体压紧，要求杯盖与杯体结合部受力均匀，务必不会漏气，并且杯中水不会溅到样品膜内层。

7）等到温度稳定在38℃时，按下仪器按键板上的“清零”键，掀开测试腔上部的干燥皿。然后将透湿杯轻轻放入测试腔内，盖好干燥皿（注意：放置透湿杯时，不要触碰到温湿度传感器）。

8）把样品放到测试腔后等待10min，待湿度稳定在10%相对湿度以下后，在电脑软件界面点击“测试”按钮（若湿度大于等于10%则需要更换干燥剂）。

9）在电脑软件上点击“测试”后，在弹出的“试验数据输入”对话框中输入样品信息、文件保存路径等参数后，按“Save”键，试验开始。

10）测试结束：出现“保存”对话框，点击“保存测试数据”。

11）关闭测试软件，关闭仪器电源，再关闭计算机电源。

12）取出透湿杯，放回干燥皿，做好整理等工作。

五、应知应会

（一）试样

1）试样裁切：取整洁无污染的待测试样放置在裁剪台上，用裁样器裁取大小合适的样品。裁样器使用方法：将样品平放在橡胶垫上，取样完成后调整定位销，并按住取样器手柄顺时针旋转至少45°完成取样。取样完成后调整定位销，恢复到初始位置。

2）取样：须保证样品表面没有皱褶、折痕、针孔、污染等情况的发生，最好将样品放到装有干燥剂的干燥皿中进行试样状态调节，时间约为24h。

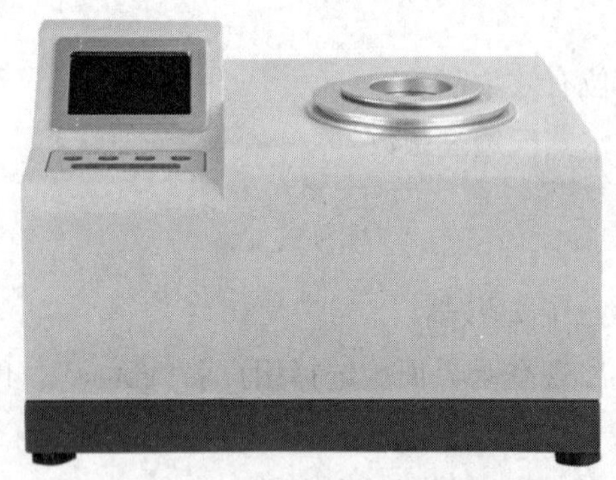

图2-4　W301水汽透过率测定仪

（二）测试仪器

水汽透过率测定仪实物如图2-4所示。

1. 主要技术参数

W301水汽透过率测定仪主要技术参数见表2-5。

表2-5　W301水汽透过率测定仪技术参数

项　目	技术参数
测量范围	0.01~10000g/(m²·24h)
测量精度	0.001g/(m²·24h)
温度范围	15~45℃
温控精度	±0.1℃
湿度范围	相对湿度0~20%(干燥法)；相对湿度30%~90%(双气流湿度法)
湿度精度	相对湿度±2%
样品厚度	≤2mm

续表

项　目	技术参数
试样	试样个数：1件；试样直径：Φ90mm； 透过面积：50.24cm^2
电源	220V，50Hz
功率	500W
净重	43kg
主机尺寸	520mm×420mm×340mm

2. 使用环境和工作条件

1）水平、坚固、稳定、无振动的台面。

2）不受阳光直射。

3）保持实验室温度恒定。

4）无气流干扰。

5）无强电磁干扰（地球磁场除外）和热源。

6）温度：（23±2）℃，波动<1℃/h；相对湿度：50%±10%相对湿度。

7）理想的位置应设定在房间角落，稳固的台面，无直接来自房门、窗户、空调通风口的气流。

3. 水汽透过率测定仪设备特征

1）主机配置真彩触摸屏，可进行各项参数设定操作，可显示测试曲线及报告。

2）主机自身配有运行系统，可脱离计算机独立运行，操作简便，具有参数设定错误自动纠正功能。

3）高精度传感器，持续性采集数据，数据准确可靠。

4）温度控制：采用国际先进电磁控温技术，控温精度精确到0.1℃。

5）独特去湿腔体设计，采用干湿气体配比控制湿度，控湿性能优异，能满足多种气温条件下的湿度控制要求。

6）试验过程中自动锁定试验参数，确保系统安全。

7）软件界面支持曲线动态显示、动态缩放，计算机全过程自动监控。

8）具有数据存储功能，方便分析试验结果。

9）通过串口可直接连接电脑，可输出专用格式数据文件，便于编辑和打印。

4. 注意事项

1）水汽透过率测定仪测试腔内的温、湿度传感器禁止碰触，不能撞击传感器。

2）水汽透过率测定仪使用过程中请勿碰触。

3）保持实验室温湿度环境，温度：（23±2）℃，相对湿度：50%±10%相对湿度。

4）在测试腔顶盖中的干燥剂盒内装入适量的分子筛干燥剂（测试湿度大于10%相对湿度时要对分子筛进行活化，即把分子筛干燥剂在550℃条件下烘4h，再放到干燥皿中冷却，冷却后装机）。

（三）影响因素

1）材料分子结构的影响。一般而言，分子极性小的，或分子中含有极性基团少的材料，其亲水倾向小，吸湿性能也比较低；含有极性基团如—COO—、—CO—NH—和—OH—多的高分子材料吸水性也强。极性强的聚合物通常吸水性也强，材料的水蒸气透过率和透气率也较大。

2）成膜材料的性质。聚合物的品种不同、结构不同，性质也不同，因而对气体的阻隔性也不同。扩散系数可以认为是聚合物疏松度的量度，结构紧密，分子的对称性好，对气体的扩散常数也比较小；在聚合物材料中加入颜料或填料，会使结构紧密度降低，透气性增加；结晶度增加，会使材料的紧密度增加，因而结晶度高的聚合物比结晶度低的聚合物对气体的阻隔性要好。

3）影响扩散常数和溶解度的因素。这些因素包括压力、温度、薄膜材料的性质及扩散气体的性质等。

4）薄膜暴露面积大小和厚度。在恒定状态下，气体透过速率与薄膜暴露的面积成正比，与薄膜的厚度成反比。

六、试验记录

试验报告

项目：高分子材料透湿性测试

姓名：　　　　　　　　　　测试日期：

一、试验材料

所选用的材料：

二、试验条件

温度：　　　　　　　　　　湿度：

三、计算公式

水蒸气透过量计算：

水蒸气透过系数计算：

四、试验数据记录与处理

序号	时间/h	水蒸气透过量/[g/(m^2·24h)]	水蒸气透过系数/[g·cm/(cm^2·s·Pa)]
1			
2			
3			
平均值			
结果表示			

七、技能操作评分表

技能操作评分表

项目：高分子材料透湿性测试

姓名：

项目	考核内容	分值	考核记录		扣分说明	扣分标准	扣分
试验前准备（5分）	裁剪薄膜	2.0	正确			0	
			不正确			2.0	
	检查薄膜	3.0	正确、规范			0	
			不正确			3.0	
仪器操作（50分）	仪器检查	5.0	有			0	
			没有			5.0	
	仪器开机	2.0	正确、规范			0	
			不正确			2.0	
	安装薄膜	30.0	正确、规范			0	
			不正确			30.0	
	试验参数设置	5.0	合理			0	
			不合理			5.0	
	仪器清理	5.0	正确、规范			0	
			不正确			5.0	
	仪器停机	3.0	正确、规范			0	
			不正确			3.0	
记录与报告（10分）	原始记录	5.0	完整、规范			0	
			欠完整、不规范			5.0	
	报告（完整、明确、清晰）	5.0	规范			0	
			不规范			5.0	
文明操作（15分）	操作时机台及周围环境	3.0	整洁			0	
			脏乱			3.0	
	废样、纸巾处理	4.0	按规定处理			0	
			乱扔乱倒			4.0	
	结束时机台及周围环境	4.0	清理干净			0	
			未清理、脏乱			4.0	
	工具处理	4.0	已归位			0	
			未归位			4.0	
结果评价（20分）	计算公式	10.0	正确			0	
			不正确			10.0	
	有效数字运算	10.0	符合要求			0	
			不符合要求			10.0	

续表

项目	考核内容	分值	考核记录	扣分说明	扣分标准	扣分
重大错误(否定项)		1. 损坏测试仪器，仪器操作项得分为0分； 2. 引发人身伤害事故且较为严重，总分不得超过50分； 3. 伪造数据，记录与报告项、结果评价项得分均为0分				
合计						

评分人签名：

日期：

八、目标检测

(一) 单选题

1) 塑料薄膜透湿性测定要求薄膜两面(　　)存在压差。

A. 氧气　　B. 氮气　　C. 二氧化碳　　D. 水蒸气

2) 极性强的塑料薄膜透湿性(　　)非极性的塑料薄膜。

A. 高于　　B. 低于　　C. 等于　　D. 没有关系

3) (　　)是指在规定的温度、相对湿度，一定的水蒸气压差和一定厚度的条件下，$1m^2$的试样在24h内透过的水蒸气量。

A. 气体透过率　　B. 气体透过量

C. 水蒸气透过系数(P_v)　　D. 水蒸气透过量(WVT)

(二) 多选题

1) 透湿杯由(　　)的材料制成。

A. 质轻　　B. 耐腐蚀　　C. 不透水　　D. 不透气

2) 塑料薄膜和片材水蒸气透过试验中，对恒温恒湿箱描述正确的有(　　)。

A. 恒温恒湿箱温度精度为±0.6℃

B. 相对湿度精度为±2%

C. 恒温恒湿箱门关闭之后，30min内应重新达到规定的温湿度

D. 风速为0.5~2.5m/s

3) 塑料薄膜和片材透水蒸气性试验中，对试样描述正确的有(　　)。

A. 试样应平整、均匀，不得有孔洞、针眼、皱褶、划伤等缺陷

B. 每一组至少取3个试样

C. 对两个表面材质不相同的样品，在正反两面各取一组试样

D. 对于低透湿量或精确度要求较高的样品，可不进行空白试验

4) 塑料薄膜和片材透水蒸气透过试验中，标准规定"测试条件A"对温度和湿度要求为(　　)。

A. 温度(38±0.6)℃　　B. 相对湿度90%±2%

C. 温度(23±0.5)℃　　D. 相对湿度50%±2%

5) 水蒸气透过量计算公式 $WVT=\dfrac{24 \cdot \Delta m}{A \cdot t}$ 中，各字母表述正确的有(　　)。

A. WVT为水蒸气透过量，$g/(m^2 \cdot 24h)$　　B. t为质量增量稳定后的两次间隔时间，h

C. Δm 为 t 时间内的质量增量，g　　　　D. A 为试样透过水蒸气的面积，m^2

(三) 判断题

1) 极性强的塑料薄膜透湿性高于非极性的塑料薄膜。(　　)

2) 水蒸气透过试验中，试验结果(*WVT*)以每组试样的算术平均值表示，取两位有效数字，每一个试样测试值与算术平均值的偏差不超过±10%。(　　)

3) 透湿量即指水蒸气透过量。薄膜两侧的水蒸气压差和薄膜厚度一定，在温度一定的条件下，用 $1m^2$ 聚合物材料在 24h 内所透过的蒸汽量来表示。(　　)

4) 水蒸气透过试验中，试验结果(P_v)以每组试样的算术平均值表示，取两位有效数字。(　　)

5) 水蒸气透过试验中，试验条件：温度(23±0.6)℃，相对湿度 90%±2%。(　　)

第四节　高分子材料透气性测试

一、学习目标

① 掌握常见的高分子材料透气性相关名词解释；

② 掌握塑料透气试样制备方法；

③ 了解透气性能测试原理；

④ 掌握透气性能测试方法。

能进行塑料的透气性能测试。

① 培养良好的职业素养；

② 培养学生严谨的科学精神；

③ 培养学生的现场安全意识。

二、工作任务

高分子材料薄膜、涂层、织物等对气体的渗透性是高聚物重要的物理性能之一，与聚合物的结构、相态及分子运动情况有关。

本项目的工作任务见表 2-6。

表 2-6　本项目的工作任务

编号	任务名称	要　求	试验用品
1	试样透气性能测试	1. 能利用裁样器裁取样品； 2. 能进行气体透过率测定仪操作； 3. 能进行气体透过量和气体透过系数计算； 4. 能按照测试标准进行结果的数据处理	裁样器、气体透过率测定仪、试样、密封脂

续表

编号	任务名称	要 求	试验用品
2	试验数据记录与整理	1. 将试验结果填写在试验数据表格中，给出结论并对结果进行评价； 2. 完成试验报告	试验报告

三、知识准备

(一) 测试标准

GB/T 1038. 1—2022《塑料制品　薄膜和薄片　气体透过性试验方法　第 1 部分：差压法》。

(二) 相关名词解释

1) 气体透过率：在塑料材料两侧的单位压差下，单位时间内渗透过材料单位面积的气体的量。以物质的量表示时，单位为 mol/(m^2 · s · Pa)；以体积表示时，单位为 cm^3/(m^2 · d · Pa)。

2) 气体透过系数：在塑料材料两侧的单位压差下，单位时间内渗透过材料单位面积、单位厚度的气体的量。以物质的量表示时，单位为 mol · m/(m^2 · s · Pa)；以体积表示时，单位为 cm^3 · cm/(cm^2 · s · Pa)。

气体透过系数仅限用于测量单一材质的单层塑料薄膜、薄片。

(三) 透气性能测试原理

装夹在渗透腔中的试样将渗透腔分为相互独立的两部分。对低压腔抽真空，然后对高压腔抽真空。将试验气体充入抽真空后的高压腔，试验气体经试样渗透进入低压腔。通过监测低压腔的压力增加或通过气相色谱仪来得到试样的透气量。

从热力学上来说，气体对薄膜的透过过程，实际上是气体分子扩散的过程。在这个过程中，气体分子先溶于固体薄膜的表面，然后在薄膜中由高浓度处向低浓度处扩散，最终在薄膜的另一侧蒸发。若塑料薄膜两侧保持一个恒定的压力差，气体将以恒定的速率透过薄膜。

(四) 结果计算

1. 压力传感器法

(1) 气体透过率

气体透过率(GTR)单位为 mol/(m^2 · s · Pa)时：

$$GTR=\frac{V_c}{R\times T\times p_h\times A}\times\frac{dp}{dt}$$

式中 V_c——低压腔体积，L；

R——气体常数，8. 31×10^{3}L · Pa/(K · mol)；

T——试验温度，K；

p_h——高压腔的气体压力，Pa；

A——试样的渗透面积，m^2；

dp/dt——单位时间内低压腔的压力变化，Pa/s。

气体透过率(GTR)单位为 $cm^3/(m^2 \cdot d \cdot Pa)$时：

$$GTR=\frac{\Delta p}{\Delta t}\times\frac{V}{A}\times\frac{T_0}{p_0T}\times\frac{24}{p_1-p_2}$$

式中　$\Delta p/\Delta t$——在稳定透过时，单位时间内低压室气体压力变化的算术平均值，Pa/h；

V——低压腔体积，cm^3；

A——试样的渗透面积，m^2；

T——试验温度，K；

p_1-p_2——试样两侧的压差，Pa；

T_0——标准状态下的温度(273.15K)；

p_0——标准状态下的压力(1.0133×10^5Pa)。

(2) 气体透过系数

气体透过系数(P)单位为 $mol \cdot m/(m^2 \cdot s \cdot Pa)$时：

$$P=GTR\times d$$

式中　GTR——气体透过率，$mol/(m^2 \cdot s \cdot Pa)$；

d——试样的平均厚度，m。

气体透过系数(P)单位为 $cm^3 \cdot cm/(cm^2 \cdot s \cdot Pa)$时：

$$P=\frac{\Delta p}{\Delta t}\times\frac{V}{A}\times\frac{T_0}{p_0T}\times\frac{d}{p_1-p_2}=1.1574\times10^{-11}GTR\times d$$

式中　$\Delta p/\Delta t$——在稳定透过时，单位时间内低压室气体压力变化的算术平均值，Pa/s；

V——低压腔体积，cm^3；

A——试样的渗透面积，m^2；

T——试验温度，K；

d——试样的平均厚度，m；

T_0——标准状态下的温度(273.15K)；

p_0——标准状态下的压力(1.0133×10^5Pa)；

p_1-p_2——试样两侧的压差，Pa；

GTR——气体透过率，$cm^3/(m^2 \cdot d \cdot Pa)$。

2. 气相色谱法

(1) 气体透过率

$$GTR=\frac{273\times(V_s-V_b)\times k}{22.4\times T\times A\times t\times p_h}$$

式中　V_s——定量环收集试验气体的量，L；

V_b——空白值，L；

k——将定量环体积转换为低压腔总体积的转换因子；

T——试验温度，K；

A——试样的渗透面积，m^2；

t——定量环收集试验气体的时间，s；

p_h——高压腔的气体压力，Pa。

（2）气体透过系数

$$P = GTR \times d$$

式中 GTR——气体透过率，mol/（m²·s·Pa）；

d——试样厚度，m。

四、实践操作

具体操作步骤如下：

1）检查真空泵是否关闭，开机前要保证真空泵处于关闭状态，以免返油损坏设备。

2）打开气体透过率测定仪开关，打开电脑电源，在电脑桌面上打开软件，选择登录名“gbtest”，输入密码“gbtest”，进入软件。

3）通信连接：分别点击软件界面菜单栏上的“通信”“连接”，进行联机，观察软件界面是否有数据刷新，有数据刷新则通信连接正常。

4）打开气瓶总阀，调节输出压力阀至压力为0.1MPa。

注：必须加压力在100~110kPa之间，不宜过小或者过大。

5）观察各参数是否正常，一般情况下，压力窗口显示101kPa左右，温度窗口显示23℃左右。

6）上样品：

① 需按照GB/T 2918—2018中规定的试样状态调节方法并在标准环境下进行状态调节，每组至少为3个试样；

② 测量试样厚度，至少测量5个点，取算术平均值；

③ 打开气体透过率测定仪保温罩和上腔腔盖，用无尘棉清洁腔体，然后在下腔体上与O形圈接触部位均匀涂上一层薄薄的密封脂，在活动块上方放置滤纸（滤纸的大小比下腔中活动块略大），将试样覆在滤纸上并密封好，盖上上腔腔盖，用手拧紧三个固紧螺栓（拧到位即可），最后用专用扳手旋紧上腔中间的螺丝，务必保证不会漏气，然后再盖上保温罩。

7）打开真空泵。

8）点击软件界面的“运行”按钮，开始抽真空，抽真空完毕后气体透过率测定仪会自动进行试验。

9）在试验过程中不得离开，仔细观察电脑屏幕显示的试验曲线。当试验曲线趋于平稳后即可结束试验。

10）测试结束后关闭真空泵，保存本试样测试数据。

11）取出试样，再进行下一个试样的测试。

12）全部试样测试结束后，关闭气瓶输出阀、总阀，关闭测试软件，关闭气体透过性测定仪及计算机电源。

13）做好整理等相关工作。

五、应知应会

（一）试样

1）取整洁无污染的待测试样放置在裁剪台上，用裁样器取合适大小的样品。裁样器使用方法：将样品平放在橡胶垫上，取样完成后调整定位销，并按住取样器手柄顺时针旋转至少 45°完成取样。取样完成后调整定位销，恢复到初始位置。

2）试样应具代表性，厚度均匀，无褶皱、折痕、针孔等缺陷。试样面积应大于渗透腔的气体透过面积，并且能够密闭地装夹在渗透腔上。

3）除非另有规定或经相关各方协商一致，应测试 3 片试样，标记出面向试验气体的试样面。

4）按照 GB/T 6672—2001 测量每片试样的厚度，单位为 μm。在整个试验面积上测量不少于 5 个点，记录最小值、最大值和平均值，结果精确至 1μm。

5）将试样放到盛有无水氯化钙或其他合适干燥剂的干燥器中，在与试验温度相同的条件下将试样干燥至少 48h。对于不吸湿的材料，通常不需要干燥。

图 2-5 N-500 型气体透过率测定仪

（二）测试仪器

气体透过率测定仪实物如图 2-5 所示。

1. 主要技术参数

N-500 型气体透过率测定仪的主要技术参数见表 2-7。

表 2-7 N-500 型气体透过率测定仪技术参数

项 目	技术参数
测量范围	0.02~50000cm^3/(m^2·24h·0.1MPa)，扩充体积上限可达 600000cm^3/(m^2·24h·0.1MPa)
系统分辨率	0.0~50000cm^3/(m^2·24h·0.1MPa)
温度范围	5~50℃
温控精度	±0.05℃
温控分辨率	0.01℃
真空分辨率	0.1Pa
测试腔真空度	<20Pa
气源压力	0.2~0.8MPa
试验气体	氧气、二氧化碳、氮气、氢气等
试验压力	-0.1~+0.1MPa
样品厚度	≤2mm
试样尺寸	试样直径 110mm，透过面积 50.24cm^2
试样个数	1个

2. 使用环境与工作条件

1）水平、坚固、稳定、无振动的台面。

2）避免安置于阳光直射、温度剧烈波动的地点。

3）保持实验室温度恒定。

4）无气流干扰。

5）无强电磁干扰(地球磁场除外)和热源。

6）温度：23~25℃，波动≤1℃/h；相对湿度：10%~75%。

7）电源为单相交流电 220V、50Hz，并且接地良好，尽量避免与大功率设备共用一个电源插排。

3. 气体透过率测定仪设备特征

1）依据 GB/T 1038—2022 差压法设计，可用于各种薄膜、输液袋及其他包装材料的 O_2、CO_2、N_2 等多种气体透过率的检测。

2）仪器自带操作系统，可不需要计算机，脱机操作。

3）自动操作流程，计算机软件实时显示试验数据。

4）软件配置权限管理和数据追踪，保证数据的安全性。

5）性能稳定，数据重复性好。

6）精度高，可测高阻隔性试样。

（三）影响因素

（1）相溶性

极性气体容易溶于极性聚合物，非极性气体易溶于非极性聚合物；若有机溶剂的蒸气能使聚合物溶胀，则透过系数高。

（2）气体分子大小

对同一聚合物来说，氧气透过系数高于氮气，直链烷烃透过系数高于支链烷烃。

（3）聚合物结构

当聚合物的刚性、极性和对称性以及结晶和交联等因素增加时，会降低链段运动能力和增加堆砌密度，因而阻碍气体分子的溶解和扩散，降低透气性。

（4）增塑

高分子材料中加入低分子增塑剂，透气性增加。

（5）聚合物两相体系

聚合物两相体系的透气性介于两种均相物质之间。

（6）温度

对永久性气体，透过系数随温度升高而增大；对可凝性气体，透过系数随温度变化很小；有机溶剂蒸气还可能由于温度增加使聚合物发生溶胀，透过系数增加；聚合物在玻璃化温度以上时透气性增加更快。

六、试验记录

试 验 报 告

项目：高分子材料透气性测试

姓名：　　　　　　　　　　测试日期：

一、试验试样

样品名称：

状态调节情况：

试验气体：

二、试验条件

温度：　　　　　　　　　　　　　　　　　　　　　　湿度：

三、计算公式

气体透过量计算：

气体透过系数计算：

四、试验数据记录与处理

样 品 序 号	样品厚度平均值/mm	气体透过率/[$cm^3/(m^2 \cdot d \cdot Pa)$]
1		
2		
3		
气体透过量算术平均值		
计算气体透过系数(根据需要)		

七、技能操作评分表

技能操作评分表

项目：高分子材料透气性测试

姓名：

项目	考核内容	分值	考核记录		扣分说明	扣分标准	扣分
试验前准备(5分)	裁剪薄膜	2.0	正确			0	
			不正确			2.0	
	检查薄膜	3.0	正确、规范			0	
			不正确			3.0	
仪器操作(50分)	仪器检查	5.0	有			0	
			没有			5.0	
	仪器开机	2.0	正确、规范			0	
			不正确			2.0	
	薄膜安装	30.0	正确、规范			0	
			不正确			30.0	
	试验参数设置	5.0	合理			0	
			不合理			5.0	
	仪器清理	5.0	正确、规范			0	
			不正确			5.0	
	仪器停机	3.0	正确、规范			0	
			不正确			3.0	

续表

项目	考核内容	分值	考核记录		扣分说明	扣分标准	扣分
记录与报告（10分）	原始记录	5.0	完整、规范			0	
			欠完整、不规范			5.0	
	报告（完整、明确、清晰）	5.0	规范			0	
			不规范			5.0	
文明操作（15分）	操作时机台及周围环境	3.0	整洁			0	
			脏乱			3.0	
	废样、纸巾处理	4.0	按规定处理			0	
			乱扔乱倒			4.0	
	结束时机台及周围环境	4.0	清理干净			0	
			未清理、脏乱			4.0	
	工具处理	4.0	已归位			0	
			未归位			4.0	
结果评价（20分）	计算公式	10.0	正确			0	
			不正确			10.0	
	算术平均值计算	10.0	符合要求			0	
			不符合要求			10.0	
重大错误（否定项）		1. 损坏测试仪器，仪器操作项得分为0分； 2. 引发人身伤害事故且较为严重，总分不得超过50分； 3. 伪造数据，记录与报告项、结果评价项得分均为0分					
合计							

评分人签名：

日期：

八、目标检测

(一) 单选题

1）塑料透气性测试时，GB/T 1038.1—2022要求的试验温度为(　　)。

A.(23±1)℃的环境下　　B.(23±2)℃的环境下

C.(25±1)℃的环境下　　D.(25±2)℃的环境下

2）一般来说，塑料的透气系数，极性高聚物(　　)非极性的，结晶高聚物(　　)非结晶的。

A. 小于、大于　　B. 大于、小于　　C. 大于、大于　　D. 小于、小于

3）GB/T 1038.1—2022规定了用(　　)测定塑料薄膜和薄片气体透过率和气体透过系数的试验方法。

A. 真空法　　B. 恒压法　　C. 恒容法　　D. 差压法

4）利用气相色谱仪来测定气体透过性时，气体透过率单位为(　　)。

A. $cm^3/(m^2 \cdot d \cdot Pa)$　　B. $cm^3 \cdot cm/(cm^2 \cdot s \cdot Pa)$

C. ($cm^3 \cdot cm/cm^2 \cdot Pa$)　　D. $cm^3/(cm^2 \cdot d \cdot Pa)$

5）塑料薄膜或薄片将低压室和高压室分开，高压室充有约(　　)的试验气体，低压室的体积已知。试样密封后用真空泵将低压室内空气抽到接近零值。

A. 10^3Pa　　B. 10^5Pa　　C. 10^2Pa　　D. 10^7Pa

（二）多选题

1）低密度聚乙烯(PE)塑料薄膜在商业中使用最广泛的原因有(　　)。

A. 良好的透水性和透气性　　B. 化学性质稳定

C. 不存在食品卫生问题　　D. 密闭性好

E. 价格便宜

2）气体透过系数是在(　　)的气体的体积。

A. 塑料材料两侧的单位压差下　　B. 单位时间

C. 渗透过材料单位面积　　D. 单位厚度

3）气体透过率测定仪包括(　　)。

A. 透气室　　B. 测压装置　　C. 真空泵　　D. 测厚仪

4）透气性测试对试样描述正确的是(　　)。

A. 试样应具有代表性，应没有痕迹或褶皱、针孔

B. 每组试样至少为 1 个

C. 按照 GB/T 6672—2001 测量每片试样的厚度，单位为 μm

D. 或按产品标准规定处理

5）关于透气性测试步骤，描述正确的是(　　)。

A. 按 GB/T 6672—2001 测量试样厚度，至少测量 5 个点，取算术平均值

B. 关闭透气室各针阀后，开启真空泵

C. 关闭高、低压室排气针阀后，开始透气试验

D. 为剔除开始试验时的非线性阶段，应进行 10min 的预透气试验，随后开始正式的透气试验，记录低压室的压力变化值 Δp 和试验时间 t

（三）判断题

1）透气性是指气体对薄膜、涂层、织物等高分子材料的渗透性。(　　)

2）高、低压室应分别有一个测压装置，低压室测压装置的准确度应不低于 6Pa。(　　)

3）打开高压室针阀及隔断阀，开始抽真空直到 27Pa 以下，并继续脱气 1h 以上，以排除试样所吸附的气体和水蒸气。(　　)

4）差压法进行透气性测试的原理是装夹在渗透腔中的试样将渗透腔分为相互独立的两部分。对低压腔抽真空，然后对高压腔抽真空。将试验气体充入抽真空后的高压腔，试验气体经试样渗透进入低压腔。通过监测低压腔的压力增加或通过气相色谱仪来得到试样的透气量。(　　)

5）稳定透过后，至少取 3 个连续时间间隔的压差值，求其算术平均值，以此计算该试样的气体透过量及气体透过率。(　　)

6）气体透过系数是指在恒定温度和单位压力差下，在稳定透过时，单位时间内透过试样单位厚度、单位面积的气体的体积。(　　)

第五节　外观、燃烧和密度法鉴别

一、学习目标

① 掌握常见高分子材料的外观特性及物理性质；

② 掌握常见高分子材料的燃烧特性；

③ 掌握利用外观法、燃烧法、密度法进行常见高分子材料鉴别的方法。

能根据高分子材料的外观、用途、密度，结合燃烧试验，进行高分子材料综合鉴别，确定高分子材料的大致种类。

素质目标

① 锻炼学生组织协调、团队协作的能力；

② 培养学生的安全意识。

二、工作任务

为了分析一个未知的高分子材料样本，可以通过观察样本的透明度、颜色等外观特性，将样本点燃观察其是否易燃、离火是否熄灭、有无发烟、火焰颜色等燃烧特性。将样本放入不同密度的溶液中，确定材料的大致密度范围，根据获得的外观、燃烧、密度特征综合推断该样本属于何种高分子材料。

本项目的工作任务见表 2-8。

表 2-8　高分子材料综合鉴别工作任务

编号	任务名称	要　求	试验用品
1	高分子材料综合鉴别	1. 能够掌握典型高分子材料的外观和用途； 2. 能够掌握典型高分子材料的燃烧测试方法和燃烧特性； 3. 能够掌握典型高分子材料的密度	酒精、酒精灯、石棉网、漏斗、滤纸、烧杯、镊子、纸巾、打火机、托盘、密度溶液等
2	试验数据记录与整理	1. 将观察到的试验结果及时填写在试验数据表格中，给出结论并对结果进行评价； 2. 完成试验报告	试验报告

三、知识准备

1）事先要准备好试验所用的工具：酒精、酒精灯、石棉网、漏斗、滤纸、烧杯、镊子、纸巾、打火机、托盘、密度溶液等。

2）事先要准备好 10 种常见的塑料原料：HDPE（高密度聚乙烯）、ABS（丙烯腈-丁二烯-苯乙烯共聚物）、POM（聚甲醛）、PP（聚丙烯）、LDPE（低密度聚乙烯）、PA（尼龙）、

PMMA(聚甲基丙烯酸甲酯)、PS(聚苯乙烯)、PC(聚碳酸酯)、AS(苯乙烯-丙烯腈共聚物)。分别将这10种塑料原料倒在广口瓶中，取样完毕后，应将取好样的广口瓶放回干燥箱中，以防吸湿。

3）事先把试验中用于密度法鉴别的溶液配制好，配制方法见表2-9。

表2-9　五种溶液的配制方法

溶液的种类	密度(25℃)/(g/cm³)	配制方法
水	1	
饱和食盐溶液	1.19	74mL水和26g食盐
58.4%的酒精溶液	0.91	100mL水和140mL95%的酒精
55.4%的酒精溶液	0.925	100mL水和124mL95%的酒精
氯化钙水溶液	1.27	100g的氯化钙(工业用)和150mL水

4）了解10种材料的外观：主要是观察试样的外观(颜色、透明性、手感、形状等)。

5）了解10种材料的燃烧特性(燃烧程度、火焰颜色、气味、有无发烟、离火后是否继续燃烧等)，试验方法为主要察看以下现象：

① 样品是否可以点燃以及样品是否可以燃烧；

② 样品离开火后是否能自熄，即离开火焰后熄灭；

③ 火焰的颜色及其一般性质，如清净或烟炱，明亮或黑暗，能否有火星溅出等；

④ 样品能否变形、出现裂纹，能否熔化和挥发，能否滴落，滴落物能否继续燃烧(若要观察滴落物是否能继续燃烧，在滴落物的正下方放一团脱脂棉查看其变化)，能否结焦，残留物形态是怎么样的；

⑤ 声响，如噼啪声等；

⑥ 气味(有时不用烧，只需要摩擦生热就可以闻到)；

⑦ 了解10种材料的密度范围以及在溶液中的沉浮状态，见表2-10。

表2-10　10种材料在水中的沉浮状态

材料	密度/(g/cm³)	水	饱和食盐溶液(1.19g/cm³)	58.4%的酒精溶液(0.91g/cm³)	55.4%的酒精溶液(0.925g/cm³)	氯化钙水溶液(1.27g/cm³)
PP	0.89~0.91	浮	浮	浮	浮	浮
LDPE	0.910~0.925	浮	浮	沉	浮	浮
HDPE	0.941~0.965	浮	浮	沉	沉	浮
ABS	1.01~1.08	沉	浮	沉	沉	浮
PS	1.04~1.09	沉	浮	沉	沉	浮
AS	1.06~1.10	沉	浮	沉	沉	浮
PA6	1.12~1.15	沉	浮	沉	沉	浮
PA66	1.13~1.16	沉	浮	沉	沉	浮
PMMA	1.16~1.20	沉	浮	沉	沉	浮

续表

材料	密度/(g/cm³)	水	饱和食盐溶液(1.19g/cm³)	58.4%的酒精溶液(0.91g/cm³)	55.4%的酒精溶液(0.925g/cm³)	氯化钙水溶液(1.27g/cm³)
PC	1.20~1.22	沉	沉	沉	沉	浮
POM	1.41~1.43	沉	沉	沉	沉	沉

四、实践操作

1. 测试准备

1）10种材料：PP、LDPE、PA、PMMA、PS、PC、AS、HDPE、ABS、POM。

2）检查试样及工具是否齐全：酒精灯、石棉网、漏斗、滤纸、烧杯、镊子、纸巾、密度溶液等。

3）取样：用小药匙将广口瓶中的试样取到做好标记的烧杯中(广口瓶中取出的试样编号要和放在烧杯中的试样编号一致)，每次取完样后要记得擦拭镊子(擦拭完的滤纸要远离酒精灯)，取样时要避免试样颗粒洒落。

2. 外观法

用镊子将试样在烧杯中取出，观察其颜色、透明性，再放到手中，观察其硬度、形状(形状有圆柱形、扁圆形、圆形、不规则形、椭圆形等)，每观察完一个试样要及时记录，不能在看完几个试样后同时记录。注意：不能用手直接拿试样，在用镊子夹取试样时，应小心样品洒落。

在准备的10种材料中，不透明材料有HDPE、ABS、POM，半透明的材料有PP、LDPE、PA，透明材料有PMMA、PS、PC、AS。

3. 燃烧法

1）在托盘中取出酒精灯和石棉网，检查酒精灯外观及灯芯，酒精灯盖要正立放在桌面上。

2）将漏斗放在酒精灯口，加入酒精至酒精灯的2/3刻度线位置。注意：要用滤纸擦拭漏斗后再将其放回原处，擦拭完的滤纸要远离酒精灯。再把酒精灯装好，然后用纸巾擦拭酒精灯外壁，擦拭完的纸巾要远离酒精灯。

3）试验开始前把酒精灯放在远离火源的位置，将石棉网放在燃烧试样的位置附近，再用火柴点燃酒精灯。注意：用完火柴后要放在远离酒精灯的位置。

4）用镊子夹取一粒试样，将试样放在火焰的外焰，观察试样是否易燃，离火是否熄灭，若试样燃烧就用镊子将试样移至石棉网的位置继续燃烧至完全燃烧，同时观察燃烧情况，如燃烧难易、燃烧现象、火焰颜色、离火后继续燃烧还是熄灭、有无大量黑烟、燃烧气味(用手轻轻摆动闻味道)等。

5）燃烧完成后，用滤纸将镊子擦拭干净，擦拭完的滤纸要远离酒精灯，将镊子放回原处，然后用酒精灯盖盖上酒精灯。注意：盖上酒精灯盖后要再拿起酒精灯盖确认酒精灯已熄灭，再盖上酒精灯。

6）及时记录，每燃烧完一个试样就要记录一次，不能燃烧完几个试样后再同时记录，避免混淆。燃烧过程中不能晃动镊子使燃烧试样熄灭，切记易燃物要远离酒精灯，小心酒精洒落。每烧完一个试样进行记录时，注意把酒精灯灯盖盖上。记录内容包括燃烧难易、燃烧现象、火焰颜色、离火后的状态、有无黑烟、烟炱是否生成、气味等。

在准备的10种材料中，有软化起泡现象的材料有PS、PC、AS、ABS(这4种材料燃烧时均有黑烟并有烟炱生成)，其他材料均有熔融滴落现象；不易燃烧的材料有PA、PC，其他材料均容易燃烧。为了方便记忆，可以把透明材料、半透明材料、不透明材料区分开来记，10种材料的燃烧性质见表2-11。

表2-11　10种材料的燃烧性质

序号	材料	燃烧难易	燃烧现象	火焰颜色	离火后状态	气味
1	PC	难燃	软化起泡	黄色	立即熄灭	花果臭气味
2	PA	难燃	熔融滴落	黄色	继续燃烧	烧焦羊毛味
3	PP	易燃	熔融滴落	上黄下蓝	继续燃烧	石油味
4	LDPE	易燃	熔融滴落	上黄下蓝	继续燃烧	石蜡燃烧味
5	PMMA	易燃	熔融滴落	上黄下蓝	继续燃烧	水果香味
6	HDPE	易燃	熔融滴落	上黄下蓝	继续燃烧	石蜡燃烧味
7	POM	易燃	熔融滴落	上黄下蓝	继续燃烧	刺激甲醛味
8	PS	易燃	软化起泡	黄色	继续燃烧	芳香味
9	AS	易燃	软化起泡	黄色	继续燃烧	苯乙烯味和苦味
10	ABS	易燃	软化起泡	黄色	继续燃烧	肉桂味

4. 密度法

1）有5个用广口瓶装着的不同溶液，分别为：密度为0.91g/cm^{3}的58.4%的酒精溶液、密度为0.925g/cm^{3}的55.4%的酒精溶液、密度为1g/cm^{3}的水溶液、密度为1.19g/cm^{3}的饱和食盐水溶液、密度为1.27g/cm^{3}的氯化钙水溶液。

2）先将5个小烧杯的编号和广口瓶的编号摆放一一对应，再将装有水溶液的广口瓶倒适量的水在小烧杯中。注意：倒溶液时手心要贴住广口瓶侧面写着字的标签纸，注意每次倒完溶液后用纸巾擦拭广口瓶外壁。

3）倒完溶液后，用镊子夹取试样放进装有水溶液的小烧杯中，在水溶液中晃动几下(目的是去除试样表面的张力)，观察试样在水中的沉浮状态，如果沉则选用密度更大的溶液进行测试，如果悬浮或者漂浮则选用密度更小的溶液进行测试。(先用水进行测试的原因是因为水在5种溶液中的密度居中，观察其沉浮状态，才能知道是应选用密度大的溶液还是选用密度小的溶液，故不能把5种溶液直接倒出来，而是通过测试后再把需要用的溶液倒出来)

记录时，该试样在某溶液中漂浮或者悬浮，在某溶液中下沉，则说明该试样的密度在两者之间(最好熟记每种试样的密度，把测出来的试样密度写出来)。例如：LDPE试样在密度为0.925g/cm^{3}的酒精溶液中漂浮，在1g/cm^{3}的水溶液中下沉，则该试样的密度在两者之间，其密度为0.91~0.925g/cm^3。

5. 清理

1）把倒在剩余烧杯中的颗粒和所测试完的颗粒倒回废料回收指定的容器中，把所测试完的溶液倒回废液回收指定的容器中。

2）把所用的滤纸和所用的纸巾扔在指定的垃圾桶中，然后清理桌面，摆好用具(与来时一样)，清扫干净地面。

五、应知应会

1. 高分子材料的外观鉴别

（1）高分子材料的外观(透明性和颜色)

① 大部分塑料因为某些晶体或填充物而呈半透明或不透明状态，大部分橡胶由于填充物而不透明；

② 常见用于透明产品的聚合物材料有 PMMA、PC、PS 等。

（2）透明性的影响因素

① 一些塑料材料往往在厚度较大时呈半透明或不透明状态，而厚度小时呈透明状态；

② 无机颜料会显著影响透明性，然而少量有机颜料对产品的透明性影响不大；

③ 低结晶度时，一些塑料材料是透明的，但在高结晶度时会变得不透明。

2. 高分子材料的燃烧试验鉴别法

（1）定义

高分子材料的燃烧试验鉴别法是使用小火燃烧高分子材料试样，观察高分子材料在火中和火外时的燃烧特性、火焰颜色、能否熄灭、熔融高分子材料的滴落方式及气味等来鉴别高分子材料种类的措施。

（2）试验方法

用镊子夹住一小块试样，让试样的一角靠近火焰边缘，观察试样是否易于点燃，然后再放在火焰上灼烧，期间时而移开以判别试样离火是否能继续燃烧。

3. 高分子材料的燃烧特性

（1）可燃性

① 不燃的：一般是含氟、硅的高分子材料和热固性树脂(如酚醛树脂、脲醛树脂等)。

② 难燃自熄的：含氯聚合物，如聚氯乙烯及其共聚物；含氮聚合物，如聚酰胺、酪蛋白树脂等。当加入溴化物、磷化物等阻燃剂时也难以燃烧，甚至不可燃。

③ 易燃的：含碳、氢和硫的高分子材料。

（2）火焰颜色

火焰为黄色的一般是含碳和氢的高分子材料，火焰为蓝色的通常是含氧的高分子材料，火焰为特有的绿色的是含氯的高分子材料，硝酸纤维素等剧烈燃烧的材料，火焰明亮，看起来更像白色。

（3）发烟性

脂肪族高分子材料一般不发烟，交联密度越高，烟雾量越小，氯和磷的含量越高，烟雾量越高。

(4) 结焦性

结焦趋向主要与碳所在的基团的性质有关。如果脂质碳氢化合物上存在氢，裂化时不易挥发、结焦，具有芳香环的聚合物材料，特别是取代的苯环容易结焦。

(5) 气味

气味是由聚合物材料裂解时形成的挥发性小分子产生的。有些是单体分子，如苯乙烯、甲基丙烯酸甲酯、甲醛、丁醛、苯酚等，有些是小片状的聚合物结构。

4. 密度法鉴别

将塑料材料分别放入5种配制好的不同密度溶液中，判断材料的密度范围，查阅密度表，推断材料的种类。

六、试验记录

试验报告

项目：外观、燃烧和密度法鉴别

姓名： 测试日期：

一、塑料材料外观

材料编号	外观

二、塑料材料燃烧特性

材料编号	燃烧特性

三、塑料材料密度

材料编号	密度

四、塑料材料鉴定结果

材料编号			
结果			

七、技能操作评分表

技能操作评分表

项目：外观、燃烧和密度法鉴别

姓名：

项目	内容		分值	观测点及评分参考(扣分)						得分
仪器操作(36分)	外观法鉴别操作		4	粒料洒落(1分)	取样方式(1分)	形状描述(1分)	透明性的描述(1分)			
	密度法鉴别操作		4	取液标签朝向(1分)	瓶盖放置(1分)	量取的量(1分)	量取液体洒落(1分)			
	燃烧法鉴别操作	酒精灯使用	8	酒精添加方式(1分)	酒精添加量(1分)	酒精灯检查(1分)	酒精添加洒落(1分)	酒精远离火焰(2分)	酒精灯熄灭(2分)	
		操作规范	10	点燃时间应在15s内(2分)	内外焰燃烧方法(2分)	闻气味方式(2分)	滴落物的处理(2分)	镊子使用与清理(2分)		
	试验重做		5	试验重做(5分)						
	仪器的损坏		5	单个小件损失或大部分试样洒落(5分) (损坏仪器或发生火灾等重大事故，该大项总分为0分)						
记录与报告(14分)	原始记录		4	数据混乱(1分)	记录涂改(1分)	不及时记录(1分)		记录不完整(1分)		
	报告(完成、明确、清晰)		10	无外观描述或更改数据(4分)	外观描述不准确、不真实(3分)			试样编号错误(3分)		
文明操作(20分)	试验过程桌面		5	样品乱摆放(2分)	玻璃器皿乱摆放(3分)					
	废液、纸屑等		5	纸屑乱扔(2分)	废液乱倒(3分)					
	试验后桌面		5	有纸屑(1分)	有液体(2分)	有粒料(2分)				
	仪器、原料放回原处		5	仪器未放回(2分)	原料未放回(1分)	玻璃器皿未放回(2分)				
结果评价(30分)	结果准确度		30	错一个(10分)	错二个(20分)	错三个(30分)				
重大错误(否定项)			1. 损坏仪器或造成火灾等重大事故，仪器操作项总分为0分。 2. 选错材料总成绩不得超过70分。 3. 伪造数据，记录与报告项为0分							
总分										

评分人签名：

日期：

八、目标检测

(一) 单选题

1) 某高分子材料样品放入火焰中容易燃烧，有熔融滴落的现象，火焰颜色为上黄下蓝，离火后可以持续燃烧，有石蜡燃烧味，则可能为(　　)。

A. PP　　B. PF　　C. HDPE　　D. LDPE

2) 某高分子材料样品放入火焰中，不易燃烧，有熔融滴落的现象，火焰颜色为黄色，离火后立即熄灭，有烧焦羊毛味，则可能为(　　)。

A. PP　　B. PF　　C. PVC　　D. 尼龙

3) 从外观来鉴别，呈透明的聚合物有(　　)。

A. ABS　　B. NBR　　C. PMMA　　D. POM

4) 某高分子材料样品放入火焰中能燃烧，但离火继续燃烧，有少量黑烟，有机油味，则可能为(　　)。

A. PE　　B. PP　　C. PS　　D. PC

5) 在利用塑料材料密度法进行简单鉴别时，配制的饱和食盐水溶液密度为(　　)。

A. 0.91g/cm^3　　B. 1.19g/cm^3　　C. 1.18g/cm^3　　D. 1.27g/cm^3

(二) 多选题

1) 某高分子材料样品放入裂解管中进行裂解，将产生的气体通入硝酸银溶液中，发现有白色沉淀产生，则该物质可能为(　　)。

A. PP　　B. CPE　　C. PVC　　D. 尼龙

E. ABS

2) 塑料的燃烧性能指标主要有(　　)等。

A. 火焰的传播速度　　B. 火焰的持续时间　　C. 火焰的熄灭速度　　D. 烟雾的生成量

E. 点燃速度

3) 利用燃烧法进行鉴别时，有软化起泡现象并有黑烟生成的材料有(　　)。

A. PS　　B. PC　　C. AS　　D. ABS

4) 关于塑料材料燃烧时发烟性描述正确的有(　　)。

A. 交联密度越高烟越小　　B. 氯含量越高烟越大

C. 磷含量越高烟越大　　D. 脂肪族高分子材料发烟大

5) 常用(　　)等外观特征来进行高分子材料鉴别。

A. 密度　　B. 透明性　　C. 材料形状　　D. 颜色

6) 透明塑料的透明度与下列(　　)因素有关。

A. 试样的长度　　B. 试样的宽度　　C. 试样的厚度　　D. 结晶度

(三) 判断题

1) 塑料材料的外观检验，通常用目测的方法，在自然光下观察材料的颜色、透明性以

及形状。(　　)

2）在采用燃烧法鉴别时，要使用到酒精灯，酒精灯中酒精量要多于 1/4 容量，但不超过容量的 2/3。(　　)

3）用燃烧法鉴别试验中，用于擦拭的纸巾可以放在酒精灯旁边，便于拿来擦拭仪器。(　　)

4）用密度法鉴别高分子材料时，为方便测试及保证结果准确性，应直接把试样放入存放溶液的容器中进行测试。(　　)

5）易燃，有熔融滴落的现象，火焰颜色为上黄下蓝，离火后可以持续燃烧，并带有刺激性难闻甲醛味的高分子材料是 POM。(　　)

扫一扫获取更多学习资源

第三章　高分子材料力学性能检测

第一节　高分子材料洛氏硬度测试

一、学习目标

① 了解常用的洛氏硬度表示方法；
② 了解高分子材料洛氏硬度测试原理；
③ 掌握高分子材料洛氏硬度测试方法。

能进行硬塑料洛氏硬度测试。

① 培养学生养成良好的自我学习和信息获取能力；
② 培养学生勇于探究与实践的科学精神。

二、工作任务

本项目的工作任务见表 3-1。

表 3-1　高分子材料洛氏硬度测试工作任务

编号	任务名称	要　求	试验用品
1	洛氏硬度计测试	1. 能进行洛氏硬度计的操作； 2. 能进行洛氏硬度值的计算； 3. 能按照测试标准进行结果的数据处理	洛氏硬度计、硬塑料试样、游标卡尺
2	试验数据记录与整理	1. 将试验结果填写在试验数据表格中，给出结论并对结果进行评价； 2. 完成试验报告	试验报告

三、知识准备

（一）测试标准

GB/T 3398. 2—2008《塑料　硬度测定　第 2 部分：洛氏硬度》。

（二）相关名词解释

硬度：物理学专业术语，指材料局部抵抗硬物压入其表面的能力。

（三）测试原理

洛氏硬度试验法是美国人洛克尔在1919年提出的，属于静载压痕法硬度试验，可用于硬质塑料材料硬度测试。

洛氏硬度是在规定的加荷时间内，在受试材料上面的钢球上加一个恒定的初负荷，随后施加主负荷，然后再恢复到相同的初负荷。测量结果是由压入总深度减去卸去主负荷后规定时间内的弹性恢复以及初负荷引起的压入深度。即洛氏硬度由压头上的负荷从规定初负荷增加到主负荷，然后再恢复到相同初负荷时的压入深度净增量求出。

（四）计算及结果表示

（1）计算公式

$$HR=130-e$$

式中　HR——洛氏硬度值；

e——主负荷卸除后的压入深度，以0.002mm为单位的数值。

（2）结果表示

洛氏硬度值用标尺字母作前缀的数字表示，当需要时，可估算标准偏差。

四、实践操作

1）根据材料选择适宜的压头及所用的洛氏标尺，尽可能使测得的洛氏硬度值处于50~115之间，超出此范围的值是不准确的，当超出范围时应用邻近的标尺重新测定，相同材料应选用同一标尺。

2）把压头朝主轴孔中推进，贴紧支承面，将压头柄缺口面对螺钉，略微拧紧压头止紧螺钉。

3）打开电源开关，进入操作界面。点击测量标尺按键，选择相应的测量标尺，而后旋转试验力手轮至所对应的试验力。

4）按试样形状、大小挑选及安装试样台，将试样放在试样台上，旋转旋轮缓慢上升试样台，当压头顶端与试件快要接触时点击归零键，清除残余初始值(如无残余力值则无需此操作)。

5）缓慢匀速旋转升降手柄继续上升试样台，此时归零键下侧箭头开始向右侧移动，当箭头移至启动栏时会听到“嘀”的一声，应立即停止旋转手柄，仪器开始自动加载试验力，并进入“加荷、保荷、卸荷”界面，此过程中无需任何操作。

6）硬度计自动完成测试后回到主界面，显示洛氏硬度值。第一次默认为不计数，第二次开始自动保存记录。

7）反方向旋转升降手柄，使试样台下降，更换测试点，重复上述操作，每一个试样至少测试5个点。

注意：测试完后应立即下降试样台，使试样与压头脱离。摆放试件时禁止碰撞压头，如有意外情况，应立即下降试样台关掉电源开关，重新开机设备自动复位。

五、应知应会

（一）试样

试样厚度应均匀，表面应平整光滑、无气泡、没有机械损伤和杂质等，标准试样厚度应不小于6mm，试样大小应保证可以在试样的同一表面上进行5个点的测量，每个测点应离试样边缘10mm以上，任何两测量点的间隔不得少于10mm。一般试样尺寸为50mm×50mm×6mm。当无法得到规定的最小厚度的试样时，可用相同厚度的较薄试样叠成，要求每片试样的表面都紧密接触，不得被任何形式的表面缺陷分开(例如，凹陷痕迹或锯割形成的毛边)。全部压痕都应在试样的同一表面上。

试验前，试样应在与受试材料有关的标准所规定的环境中或在GB/T 2918—2018所规定的环境中进行状态调节。

(二) 测试仪器

洛氏硬度计如图3-1所示。

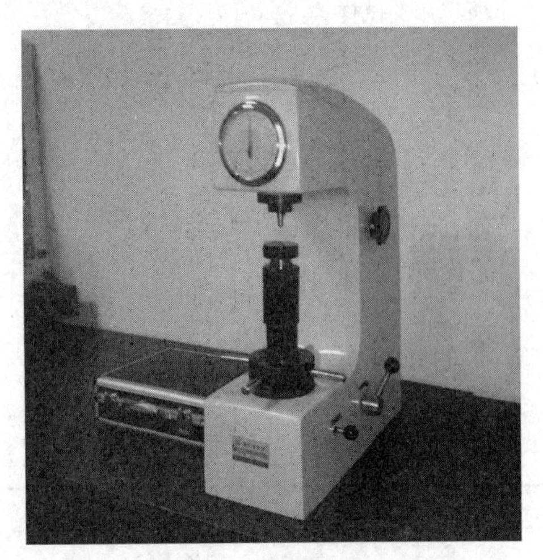

图3-1　洛氏硬度计

洛氏硬度计主要由机架、触摸屏、压头止紧螺钉、压头、试样台、升降螺杆、变荷手轮等组成。硬度计的机架为刚性结构，在最大负荷下，沿轴线方向的变量不大于0.05mm，机架上带有可升降的试样台，其中心线与压头主轴的同轴度不大于0.2mm，主轴线与升降试样台台面垂直，偏差不大于0.2%。压头为淬火抛光的钢球。加载装置包括加荷、保荷、卸荷，通过旋转升降手柄可对压头施加负荷，硬度值会显示在机架触摸屏的主界面上。完成5个点的测试后，可直接用打印机打印出测试数据。

硬度计在最大试验力作用下，机架变形和试样支撑结构移动对洛氏硬度影响不得大于0.5洛氏硬度分值。压头为可在轴套中自由滚动的硬质抛光钢球，钢球在试验时不应有变形。缓冲器应使压头对试样能平稳而无冲击地施加试验力。硬度指示装置能测量压头压入深度到0.001mm，每一分度值等于0.002mm。计时装置能指示初试验力、主试验力全部加上时及卸除主试验力后到读取硬度值时总试验力的保持时间，计时量程不大于60s，准确度为±5%。

(三) 影响因素

(1) 测试温度的影响

随着测试温度的上升，各种塑料材料的洛氏硬度值都将下降，尤其对热塑性塑料来说影响更明显。

(2) 试样厚度的影响

与邵氏硬度和球压痕硬度一样，试样的厚度对洛氏硬度值也有一定的影响，试样厚度小于6mm时，对硬度值的影响较大；试样厚度大于6mm时，对硬度值的影响较小。因此，规定试样厚度不得小于6mm。

(3) 主试验力保持时间的影响

塑料属于黏弹性材料，在试验载荷作用下，试样的压痕深度必定会随加荷时间的增加而增加，因此主试验力保持时间越长，其硬度值越低。主试验力保持时间对低硬度材料的影响比对高硬度材料的影响更明显。

(4) 标尺的选择对硬度的影响

试验时应合理选择标尺，使测得的硬度值在规定值(50~115)范围内。

六、试验记录

试 验 报 告

项目：高分子材料洛氏硬度测试

姓名：　　　　　　　　　　　　　　　　　　　　　　　　　　　　测试日期：

一、试验试样

所选用的试样：

二、试验条件

温度：

三、洛氏硬度标尺(M、E、L 或 R)

四、计算公式

洛氏硬度值计算：

标准偏差：

五、试验数据记录与处理

<table>
<tr><th colspan="3">试样尺寸/mm</th><th rowspan="2">测试点</th><th rowspan="2">洛氏硬度值</th></tr>
<tr><th>长度</th><th>宽度</th><th>厚度</th></tr>
<tr><td rowspan="5"></td><td rowspan="5"></td><td rowspan="5"></td><td>1</td><td></td></tr>
<tr><td>2</td><td></td></tr>
<tr><td>3</td><td></td></tr>
<tr><td>4</td><td></td></tr>
<tr><td>5</td><td></td></tr>
<tr><td colspan="4">平均值</td><td></td></tr>
<tr><td colspan="4">标准值差(如有需要)</td><td></td></tr>
</table>

七、技能操作评分表

技能操作评分表

项目：高分子材料洛氏硬度测试

姓名：

<table>
<tr><th>项目</th><th>考核内容</th><th>分值</th><th colspan="2">考核记录</th><th>扣分说明</th><th>扣分标准</th><th>扣分</th></tr>
<tr><td rowspan="8">测试准备
(20 分)</td><td rowspan="2">试样厚度</td><td rowspan="2">5.0</td><td>正确</td><td></td><td rowspan="8"></td><td>0</td><td rowspan="2"></td></tr>
<tr><td>不正确</td><td></td><td>5.0</td></tr>
<tr><td rowspan="2">标尺选择</td><td rowspan="2">5.0</td><td>正确、规范</td><td></td><td>0</td><td rowspan="2"></td></tr>
<tr><td>不正确</td><td></td><td>5.0</td></tr>
<tr><td rowspan="2">试验力调节</td><td rowspan="2">5.0</td><td>正确、规范</td><td></td><td>0</td><td rowspan="2"></td></tr>
<tr><td>不正确</td><td></td><td>5.0</td></tr>
<tr><td rowspan="2">压头选择</td><td rowspan="2">5.0</td><td>正确、规范</td><td></td><td>0</td><td rowspan="2"></td></tr>
<tr><td>不正确</td><td></td><td>5.0</td></tr>
</table>

续表

项目	考核内容	分值	考核记录		扣分说明	扣分标准	扣分
仪器操作（25分）	仪器检查	5.0	有			0	
			没有			5.0	
	压头安装	5.0	正确、规范			0	
			不正确			5.0	
	测量规范	5.0	正确、规范			0	
			不正确			5.0	
	安装试样	5.0	正确、规范			0	
			不正确			5.0	
	数据读取是否及时	5.0	及时			0	
			不及时			5.0	
记录与报告（10分）	原始记录	5.0	完整、规范			0	
			欠完整、不规范			5.0	
	报告(完整、明确、清晰)	5.0	规范			0	
			不规范			5.0	
文明操作（25分）	操作时机台及周围环境	10.0	整洁			0	
			脏乱			10.0	
	废样、抹布处理	5.0	按规定处理			0	
			乱扔乱倒			5.0	
	结束时机台及周围环境	5.0	清理干净			0	
			未清理、脏乱			5.0	
	仪器归位	5.0	已归位			0	
			未归位			5.0	
结果评价（20分）	计算公式	10.0	正确			0	
			不正确			10.0	
	标准偏差计算	10.0	符合要求			0	
			不符合要求			10.0	
重大错误(否定项)			1. 损坏测试仪器，仪器操作项得分为0分； 2. 引发人身伤害事故且较为严重，总分不得超过50分； 3. 伪造数据，记录与报告项、结果评价项得分均为0分				

评分人签名：

日期：

八、目标检测

（一）单选题

1）理论上，洛氏硬度值在(　　)范围内有效，若超出此值，应选临近的标尺重新试验。

A. 50~100　　B. 70~120　　C. 50~130　　D. 50~115

2）洛氏硬度值用标尺前缀字母及数字表示，如 HRM80 表示(　　)。

A. 用 H 标尺测定的洛氏硬度值为 80　　B. 用 M 标尺测定的洛氏硬度值为 80

C. 用 R 标尺测定的洛氏硬度值为 80　　D. 用 HRM 标尺测定的洛氏硬度值为 80

3）若仪器台座无法避免受到振动的影响(例如在其他试验机的附近)，则洛氏硬度计也可装在带有至少(　　)厚的海绵橡皮衬垫的金属板上，或其他能有效减振的台座上。

A. 25mm　　B. 20mm　　C. 15mm　　D. 10mm

4）测量洛氏硬度只需一个试样，对各向同性的材料，每一试样至少应测量(　　)次。

A. 5　　B. 7　　C. 10　　D. 12

5）试验规定试样厚度不得小于(　　)。

A. 4mm　　B. 6mm　　C. 8mm　　D. 10mm

6）缓慢匀速旋转升降手柄继续上升试样台，此时归零键下侧箭头开始向(　　)移动。

A. 左侧　　B. 上侧　　C. 下侧　　D. 右侧

7）随着测试温度的上升，各种塑料材料的洛氏硬度值都将下降，尤其对(　　)的影响更明显。

A. 热塑性塑料　　B. 热固性塑料　　C. SR　　D. AB

8）压头为可在轴套中自由滚动的(　　)。

A. 软质抛光钢球　　B. 硬质抛光铁球

C. 硬质抛光钢球　　D. 软质抛光铁球

9）洛氏硬度值用(　　)作前缀的数字表示。

A. 字母 H　　B. 标尺字母　　C. 字母 A　　D. 字母 R

10）塑料属于黏弹性材料，在试验载荷作用下，试样的压痕深度必定会随加荷时间的(　　)。

A. 增加而增加　　B. 增加而降低

C. 降低而增加　　D. 降低而降低

(二) 多选题

1）影响洛氏硬度测试结果的因素有(　　)。

A. 试样的厚度大小　　B. 主试验力保持的时间

C. 读数时间　　D. 深度测量标尺

E. 仪器的形变量

2）在洛氏硬度测定中，试验仪器(　　)因素对测试结果会产生影响。

A. 机架的变形量超过规定标准　　B. 主轴倾斜

C. 压头夹持方式不正常　　D. 加荷不平稳

E. 压头轴线偏移

3）仪器是标准洛氏硬度计，主要由(　　)部件构成。

A. 可调工作台的刚性机架

B. 带有直径至少为 50mm 的用于放置试样的平板

C. 有连接器的压头

D. 无冲击地将适宜负荷加在压头上的装置

4）洛氏硬度计测试时的试样应(　　)。

A. 厚度均匀　　B. 表面光滑　　C. 平整　　D. 无气泡

E. 无机械损伤及杂质

5）洛氏硬度计测试过程中，描述正确的是(　　)。

A. 在试样的同一表面上做5次测量

B. 选择标尺时，点击换算标尺按键，选择适合的标尺

C. 每一测量点应离试样边缘10mm以上

D. 任何两测量点的间隔不得少于10mm

6）逆时针旋转升降手柄，箭头向右移动，当听到“嘀”的一声时，应立即停止旋转手柄，仪器开始自动加载试验力，并进入(　　)界面，此过程中无需任何操作。

A. 加载　　B. 加荷　　C. 保荷　　D. 卸荷

7）对于具有(　　)和(　　)的材料，其主负荷和初负荷的时间因素对测试结果有很大的影响。

A. 高蠕变性　　B. 高熔点性　　C. 高玻璃化　　D. 高弹性

8）洛氏硬度试验报告应包括(　　)内容。

A. 注明采用GB/T 3398.2—2008的部分

B. 受试材料完整的鉴别说明，有关试样的描述，尺寸及制样的方法

C. 状态调节与试验环境条件，试验次数，洛氏硬度标尺(M、L或R)

D. 洛氏硬度值，单个值与平均值，如果需要，结果的标准偏差

9）GB/T 3398.2—2008的部分规定了用洛氏硬度计(　　)标尺测定塑料压痕硬度的方法。

A. M　　B. L　　C. R　　D. Q

10）对于洛氏硬度计，以下描述正确的是(　　)。

A. 压头配有千分表或其他合适的装置，以测量压头的压入深度

B. 千分表应精确至0.001mm

C. 仪器应安装在水平、无振动的柔性基座上

D. 只要准确度不低于千分表，也可采用其他测量和数据显示手段

（三）判断题

1）洛氏硬度值与塑料材料的压痕硬度直接有关，洛氏硬度值越高，材料就越硬。(　　)

2）理论上，洛氏硬度值在50~115范围内有效，若超出此值，应选临近的标尺重新试验。(　　)

3）洛氏硬度计应安装在水平、有振动的钢性基座上。(　　)

4）对于具有高蠕变性和高弹性的材料，其主负荷和初负荷的时间因素对洛氏硬度测试结果有很大的影响。(　　)

5）洛氏硬度测量结果是由压入总深度减去主负荷后规定时间内的弹性恢复以及初负荷引起的压入深度。(　　)

6）洛氏硬度测试时，全部压痕可以不在试样的同一表面上。(　　)

7）洛氏硬度测试时，当受试材料是同向异性时，应规定压痕的方向与各向异性轴的关系。(　　)

8）洛氏硬度测试时，把试样放在工作台上，检查试样在压头的表面是否有灰尘、污物、润滑油及锈迹，并检查试样表面是否垂直于所施加的负荷方向。(　　)

9）洛氏硬度测试时，测试完后应立即下降试样台，使试样与压头脱离。(　　)

10）洛氏硬度测试时，摆放试样时禁止碰撞压头，如有意外情况，应立即下降试样台关掉电源开关，重新开机设备自动复位。（　　）

第二节　高分子材料邵氏硬度测试

一、学习目标

知识目标

① 了解常用的邵氏硬度表示方法；
② 了解高分子材料邵氏硬度测试原理；
③ 掌握高分子材料邵氏硬度测试方法。

能力目标

能利用邵氏硬度计进行不同高分子材料的硬度测试。

素质目标

① 培养学生良好的自我学习和信息获取能力；
② 培养学生勇于探究与实践的科学精神；
③ 构建学生安全意识、提高现场管理能力；
④ 提升学生创新设计能力。

二、工作任务

邵氏硬度又称为肖氏硬度，是在我国应用最广的硬度测量方法。邵氏硬度仪有三种型号：邵氏 A 型（测量软质橡塑材料）、邵氏 C 型（测量半硬质橡塑材料）、邵氏 D 型（测量硬质橡塑材料），其测得的硬度分别用 H_A、H_C、H_D 表示。

本项目的工作任务见表 3-2。

表 3-2　高分子材料邵氏硬度工作任务

编号	任务名称	要　求	试验用品
1	邵氏硬度计测试	1. 能进行邵氏硬度计的操作； 2. 能进行邵氏硬度值的计算； 3. 能按照测试标准进行结果的数据处理	邵氏硬度计、塑料、泡沫、橡胶试样
2	试验数据记录与整理	1. 将试验结果填写在试验数据表中，给出结论并对结果进行评价； 2. 完成试验报告	试验报告

三、知识准备

（一）测试标准

GB/T 2411—2008《塑料和硬橡胶　使用硬度计测定压痕硬度（邵氏硬度）》；GB/T 531.1—2008《硫化橡胶或热塑性橡胶　压入硬度试验方法　第 1 部分：邵氏硬度计法（邵尔硬度）》。

（二）试验原理

在规定的测试条件下，将规定形状的压针压入试验材料，测量垂直压入的深度。压痕硬度与相应的压入深度成反比，且依赖于材料的弹性模量和黏弹性。压针的形状、施加的力以及施力时间都会影响试验结果，不同型号及种类的硬度计测量的数据之间不能进行比较。

测试时，直接从邵氏硬度计的指示表上读取读数，指示表为100个分度，每一个分度即为一个邵氏硬度值。

（三）公式计算

（1）邵氏A型硬度计

$$F=550+75H_{\mathrm{A}}$$

式中　F——施加的力，mN；

H_{A}——A型硬度计硬度读数。

（2）邵氏D型硬度计

$$F=445H_{\mathrm{D}}$$

式中　F——施加的力，mN；

H_{D}——D型硬度计硬度读数。

四、实践操作

1）试验前应先校正邵氏硬度计零点。当压针全部伸出时，硬度值应显示为0，当压座和压针与平面玻璃紧密接触即伸出值为0时，硬度值应显示为100。

2）将试样放在一个硬的、坚固稳定的水平平面上（也可用厚度均匀的玻璃片平放在硬度计平台上），握住硬度计，使其处于垂直位置，同时使压针顶端离试样任一边缘至少9mm。立即将压座无冲击地加到试样上，使压座平行于试样并施加足够的压力，压座与试样应紧密接触。

3）(15±1)s后读取指示装置的示值。如果规定瞬时读数，也可以在压座与试样紧密接触后于1s内读取硬度计的最大值，该读数即为该测量点的硬度值。

在同一试样上至少相隔6mm测量5个点的硬度值，并计算其平均值。

注意：邵氏硬度计的测量范围应在20~90之间，当用A型硬度计测量时，如果读数大于90应改用D型硬度计；同样，当用D型硬度计测量时，如果读数小于20则应改用A型硬度计，以避免上下端值可能带来的误差。

五、应知应会

（一）试样

试样的厚度规定至少为4mm，可以用较薄的几层叠合成所需的厚度。由于各层之间的表面接触不完全，因此，试验结果可能与单片试样所测结果不同。

试样应有足够大的尺寸，以保证离任一边缘至少9mm进行测量，除非已知在离边缘较小的距离进行测量所得结果相同。试样表面应光滑、平整，压座与试样接触时覆盖的区域至少离压针顶端有6mm的距离。不能在弯曲、不平整或粗糙的表面上测量试样的硬度。

当试样的硬度与相对湿度无关时，硬度计和试样应在试验温度下进行状态调节 1h 以上；当试样的硬度与相对湿度有关时，试样应按 GB/T 2918—2018 或按相应的标准进行状态调节。

（二）测试仪器

（1）仪器实物

邵氏硬度计实物如图 3-2 所示。

（2）仪器结构

邵氏硬度计主要由读数度盘、压针、下压板及对压针施加压力的弹簧组成，具体结构见图 3-3。

图 3-2　邵氏硬度计实物图

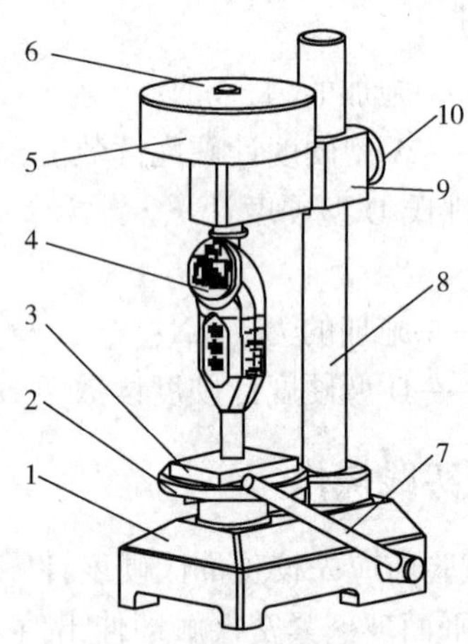

图 3-3　邵氏硬度计结构

1—底座；2—工作台；3—试样；4—硬度计；
5—砝码；6—砝码固定杆；7—下压手柄；
8—立柱；9—升降滑动臂；10—锁紧手轮

（三）影响因素

1. 试样厚度对试验结果的影响

邵氏硬度值是由压针压入试样的深度来测定的，因此试样厚度会直接影响试验结果。试样受到压力后产生变形，受到压力的部分变薄，压针就受到承托试样的玻璃板的影响，使硬度值增大。如果试样厚度增加，这种影响就会相应减小。因此，试样厚度小硬度值大，试样厚度大硬度值小。

2. 压针端部形状对试验结果的影响

邵氏硬度计的压针端部在长期作用下，造成磨损，使其几何尺寸改变，影响试验结果。由于磨损后的端部直径变大，使其单位面积的压强变小，所测硬度值偏大；反之偏小。

3. 温度对试验结果的影响

塑料的硬度随着温度的升高而降低，热塑性塑料比热固性塑料更明显。

4. 读数时间对试验结果的影响

邵氏硬度计在测量时，读数时间对试验结果影响很大。压针与试样受压后立即读数，硬度值偏高；而试样受压指针稳定后再读数，硬度值偏低。这是由于塑料受压后产生蠕变，随着时间延长，形变继续发展。因此试验时选择不同时间读数，所得结果有一定的差别。

六、试验记录

试 验 报 告

项目：高分子材料邵氏硬度测试

姓名：　　　　　　　　　　　　　　　　　　　　　　　　　　测试日期：

一、试验试样

所选用的试样：

二、试验条件

温度：

三、计算公式

已校准的弹簧，施加于压针上的力的计算公式：

A 型硬度计压针：

D 型硬度计压针：

四、试验数据记录与处理

试样尺寸/mm		硬度计类型	读数方式	测试点	硬度值
厚度	层数				
				1	
				2	
				3	
				4	
				5	
平均值					

七、技能操作评分表

技能操作评分表

项目：高分子材料邵氏硬度测试

姓名：

项目	考核内容	分值	考核记录		扣分说明	扣分标准	扣分
试样准备（20 分）	试样选择	5.0	正确			0	
			不正确			5.0	
	试样厚度	5.0	正确、规范			0	
			不正确			5.0	
	试样层数	5.0	正确、规范			0	
			不正确			5.0	
	试样状态调节	5.0	正确、规范			0	
			不正确			5.0	

续表

项目	考核内容	分值	考核记录		扣分说明	扣分标准	扣分
仪器操作（30分）	仪器检查	10.0	有			0	
			没有			10.0	
	硬度计型号选择	5.0	正确、规范			0	
			不正确			5.0	
	表头安装	5.0	正确、规范			0	
			不正确			5.0	
	测量点间距	5.0	正确、规范			0	
			不正确			5.0	
	数据读取是否及时	5.0	及时			0	
			不及时			5.0	
记录与报告（10分）	原始记录	5.0	完整、规范			0	
			欠完整、不规范			5.0	
	报告（完整、明确、清晰）	5.0	规范			0	
			不规范			5.0	
文明操作（20分）	操作时机台及周围环境	5.0	整洁			0	
			脏乱			5.0	
	废样、抹布处理	5.0	按规定处理			0	
			乱扔乱倒			5.0	
	结束时机台及周围环境	5.0	清理干净			0	
			未清理、脏乱			5.0	
	仪器归位	5.0	已归位			0	
			未归位			5.0	
结果评价（20分）	计算公式	10.0	正确			0	
			不正确			10.0	
	平均值计算	10.0	正确			0	
			不正确			10.0	
重大错误（否定项）		1. 损坏测试仪器，仪器操作项得分为0分； 2. 引发人身伤害事故且较为严重，总分不得超过50分； 3. 伪造数据，记录与报告项、结果评价项得分均为0分					

评分人签名：

日期：

八、目标检测

（一）单选题

1）邵氏硬度又称为肖式硬度，是表示(　　)和橡胶材料硬度等级的一种方法。

A. 塑料　　B. 金属　　C. 无机物　　D. 聚合物

2）测定塑料的邵氏硬度用 A 型和 D 型两种型号的硬度计，其中 A 型适用于(　　)，D 型适用于(　　)。

A. 软塑料、硬塑料　　B. 硬塑料、硬塑料

C. 硬塑料、软塑料　　D. 软塑料、软塑料

3）测定邵氏硬度时，试样的厚度规定至少为(　　)，可以用较薄的几层叠合成所需的厚度。

A. 6mm　　B. 2mm　　C. 5mm　　D. 4mm

4）测定邵氏硬度时，在同一试样上至少相隔(　　)测量 5 个点硬度值，并计算其平均值。

A. 6mm　　B. 2mm　　C. 5mm　　D. 4mm

5）邵氏硬度值是由压针压入试样的(　　)来测定的，因此试样(　　)会直接影响试验结果。

A. 宽度、厚度　　B. 深度、薄度　　C. 深度、厚度　　D. 宽度、薄度

6）邵氏硬度计 A 型的适用范围是(　　)。

A. 硬质塑料　　B. 软质塑料　　C. 软硬塑料　　D. 较软塑料

7）邵氏硬度计 D 型的适用范围是(　　)。

A. 较硬或硬质材料　　B. 软质塑料　　C. 软硬塑料　　D. 较软塑料

8）测定邵氏硬度时，测量点应距试样任一边缘(　　)以上。

A. 8mm　　B. 10mm　　C. 9mm　　D. 6mm

9）对于热塑性塑料，随着温度的(　　)，塑料的硬度(　　)。

A. 升高、升高　　B. 降低、升高　　C. 降低、降低　　D. 升高、降低

10）邵氏硬度计磨损后的端部直径变大，使其单位面积的压强变小，所测硬度值(　　)。

A. 偏小　　B. 偏大　　C. 适中　　D. 异常

（二）多选题

1）通过硬度测量可间接了解高分子材料的(　　)力学性能。

A. 磨耗　　B. 拉伸强度　　C. 弯曲　　D. 熔融

2）A 型和 D 型邵氏硬度计由以下部件构成(　　)。

A. 压座　　B. 压针　　C. 指示装置　　D. 已校准的弹簧

3）邵氏硬度测定试验报告应包括(　　)。

A. 采用的标准

B. 鉴别受试材料所需的详细完整的说明

C. 试样的描述，包括厚度以及叠加试样的层数

D. 试验温度，当材料的硬度受湿度影响时，还应标明相对湿度

E. 使用的硬度计型号(A 或 D)

4）邵氏硬度测定试验描述正确的有(　　)。

A. 在规定的测试条件下，将规定形状的压针压入试验材料，测量垂直压入的深度

B. 压痕硬度与相应的压入深度成反比

C. 依赖于材料的弹性模量和黏弹性

D. 试样的尺寸应足够大，以保证距离任一边缘至少 9mm 进行测量，除非已知离边缘

较小的距离进行测量所得结果相同

5）邵氏硬度计分为邵氏 A 型、邵氏 C 型和邵氏 D 型，其硬度读数分别用(　　)表示。

A. H_A　　B. H_C　　C. H_D　　D. H_B

6）邵氏硬度测试描述正确的有(　　)。

A. 邵氏硬度与相对湿度有关的试样，应按 GB/T 2918—2018 或按相应的标准进行状态调节

B. 在同一试样上至少相隔 6mm 测量 5 个硬度值，并计算其平均值

C. (15±1)s 后读取指示装置的示值，若规定瞬时读数，则在压座与试样紧密接触后 1s 之内读取硬度计的最小值

D. 试样的厚度至少为 4mm，可以用较薄的几层叠合成所需的厚度

(三）判断题

1）邵氏硬度又称肖式硬度，是表示塑料和橡胶材料硬度等级的一种方法。(　　)

2）材料的硬度表示材料抵抗其他较硬物体的压入能力，是材料软硬程度的反映。(　　)

3）对于纤维增强塑料，可用硬度估计热固性树脂基体的固化程度，完全固化的塑料比不完全固化的塑料的硬度要高。(　　)

4）邵氏硬度计的指示表分为 100 个分度，每一个分度即为一个邵氏硬度值。(　　)

5）试样的厚度规定至少为 6mm，可以用较薄的几层叠合成所需的厚度。(　　)

6）由于各层之间的表面接触不完全，因此，试验结果可能与单片试样所测结果不同。(　　)

7）不能在弯曲、不平整或粗糙的表面上测量试样的硬度。(　　)

8）邵氏硬度计指示装置，可读取压针顶端伸出压座的长度，当压针全部伸出 2.50mm±0.04mm 时定为 100，压座和压针与平面玻璃紧密接触，伸出值为 0 时定为 0，方可直接读数。(　　)

9）在同一试样上至少相隔 6mm 测量 5 个硬度值，并计算其平均值。(　　)

10）邵氏硬度计的测量范围应在 20~90 之间，当用 A 型硬度计测量时，如果读数大于 90 应改用 D 型硬度计。(　　)

第三节　高分子材料拉伸性能测试

一、学习目标

① 掌握材料拉伸性能相关名词解释；

② 掌握塑料或橡胶拉伸试样制备方法；

③ 了解拉伸性能测试原理；

④ 掌握拉伸性能测试方法。

能进行塑料或橡胶试样的拉伸性能测试。

素质目标

① 树立良好的职业素养；
② 培养学生严谨的科学精神。

二、工作任务

本项目的工作任务见表 3-3。

表 3-3　高分子材料拉伸性能测试工作任务

编号	任务名称	要　求	试验用品
1	试样拉伸性能测试	1. 能利用游标卡尺进行试样尺寸的测量； 2. 能进行万能拉伸试验机的操作； 3. 能进行拉伸强度和断裂伸长率的计算； 4. 能按照测试标准进行结果的数据处理	游标卡尺、三角尺、万能试验机、拉伸试样
2	试验数据记录与整理	1. 将试验结果填写在试验数据表格中，给出结论并对结果进行评价； 2. 完成试验报告	试验报告

三、知识准备

（一）测试标准

GB/T 1040. 1—2018《塑料　拉伸性能的测定　第 1 部分：总则》；GB/T 1040. 2—2006《塑料　拉伸性能的测定　第 2 部分：模塑和挤塑塑料的试验条件》；GB/T 1040. 3—2006《塑料　拉伸性能的测定　第 3 部分：薄膜和薄片的试验条件》；GB/T 1040. 4—2006《塑料　拉伸性能的测定　第 4 部分：各向同性和正交各向异性纤维增强复合材料的试验条件》；GB/T 1040. 5—2008《塑料　拉伸性能的测定　第 5 部分：纤维增强复合材料的试验条件》；GB/T 528—2009《硫化橡胶或热塑性橡胶　拉伸应力应变性能的测定》。

（二）相关名词解释

1）标距(L_0)：试样中间部分两标线之间的初始距离，以 mm 为单位。

2）试验速度(v)：在试验过程中，试验机夹具分离速度，以 mm/min 为单位。

3）拉伸应力(σ)：在试样标距内，每单位原始截面积上所受的法向力，以 MPa 为单位。

4）拉伸屈服应力(σ_y)：屈服应变时的应力，以 MPa 为单位，该应力值可能小于能达到的最大应力值。

5）拉伸断裂应力(σ_b)：试样破坏时的拉伸应力，以 MPa 为单位。

6）拉伸强度(σ_m)：在拉伸试验过程中，观测到的最大初始应力，以 MPa 为单位。

7）x%拉伸应变应力(σ_x)：在应变达到规定值(x%)时的应力，以 MPa 为单位。

8）拉伸应变(ε)：原始标距单位长度的增量，用无量纲的比值或百分数(%)表示。

9）拉伸屈服应变(ε_y)：拉伸试验中初次出现应力不增加而应变增加时的应变，用无量纲的比值或百分数(%)表示。

10）拉伸断裂应变(ε_b)：对断裂发生在屈服之前的试样，应力下降至小于或等于强度的10%之前最后记录的数据点对应的应变，用无量纲的比值或百分数(%)表示。

11）拉伸强度拉伸应变(ε_m)：拉伸强度对应的应变，用无量纲的比值或百分数(%)表示。

12）拉伸标称应变(ε_t)：横梁位移除以夹持距离，用无量纲的比值或百分数(%)表示。

13）拉伸断裂标称应变(ε_{tb})：对断裂发生在屈服之后的试样，应力下降至小于或等于强度的10%之前最后记录的数据点对应的标称应变，用无量纲的比值或百分数(%)表示。

14）拉伸强度标称应变(ε_{tM})：拉伸强度出现在屈服之后时，与拉伸强度相对应的拉伸标称应变，用无量纲的比值或百分数(%)表示。

15）拉伸弹性模量(E_t)：应力/应变曲线$\sigma(\varepsilon)$上应变$\varepsilon_1=0.05\%$与应变$\varepsilon_2=0.25\%$区间的斜率，以MPa为单位。

16）泊松比(μ)：在纵向应变对法向应变关系曲线的起始线性部分内，垂直于拉伸方向上的两坐标轴之一的拉伸形变量$\Delta\varepsilon_n$与拉伸方向上的形变量$\Delta\varepsilon_1$之比的负值，用无量纲的比值表示。

17）厚度(h)：试样中间部分矩形截面的较小初始尺寸，mm。

18）宽度(b)：试样中间部分矩形截面的较大初始尺寸，mm。

19）截面积(A)：试样初始宽度和厚度的乘积，mm^2。

20）夹具距离(L)：夹具间试样部分的初始长度，mm。

21）硬质塑料：在规定条件下，弯曲弹性模量或拉伸弹性模量(弯曲弹性模量不适用时)大于700MPa的塑料。

22）半硬质塑料：在规定条件下，弯曲弹性模量或拉伸弹性模量(弯曲弹性模量不适用时)在70~700MPa之间的塑料。

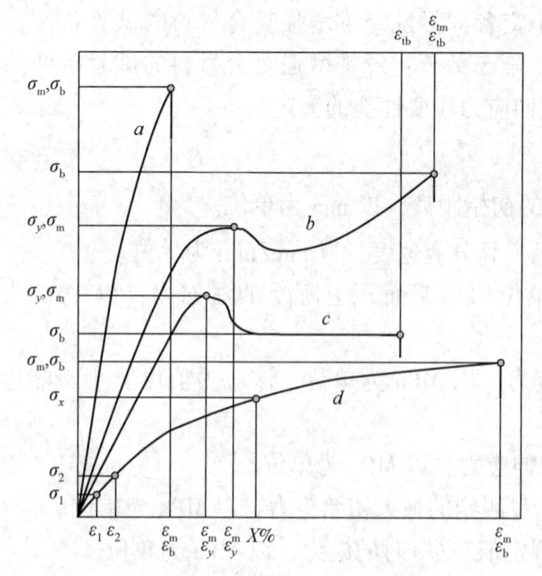

图3-4 典型应力-应变曲线

a—脆性材料；b、c—有屈服点的韧性材料；d—类似橡胶的柔软材料

（三）测试原理

沿试样纵向主轴方向恒速拉伸，直到试样断裂或其应力(负荷)或应变(伸长)达到某一预定值，测量在这一过程中试样承受的负荷及其伸长。典型应力/应变曲线见图3-4。

应力-应变曲线一般分为两个部分：弹性变形区和塑性变形区。在弹性变形区，材料发生可完全恢复的弹性变形，应力和应变呈正比例关系。曲线中直线部分的斜率即是拉伸弹性模量值，它代表材料的刚性。弹性模量越大刚性越好。在塑性变形区，应力和应变增加不再呈正比关系，最后出现断裂。

（四）结果计算及表示

(1) 应力计算

$$\sigma=\frac{F}{A}$$

式中　σ——应力，MPa；

F——所测的对应负荷，N；

A——试样原始横截面积，mm^2。

（2）应变计算

$$\varepsilon=\frac{\Delta L_0}{L_0}$$

式中　ε——应变，用比值或百分数表示；

ΔL_0——试样标距间长度的增量，mm；

L_0——试样的标距，mm。

（3）模量计算

弦斜率法：

$$E_t=\frac{\sigma_2-\sigma_1}{\varepsilon_2-\varepsilon_1}$$

式中　E_t——拉伸弹性模量，MPa；

σ_1——应变值 $\varepsilon_1=0.0005$ 时测量的应力，MPa；

σ_2——应变值 $\varepsilon_2=0.0025$ 时测量的应力，MPa。

回归斜率法：

借助计算机，可以用这些监测点间曲线部分的线性回归代替用两个不同的应力/应变点来测量拉伸模量。

$$E=\frac{d\sigma}{d\varepsilon}$$

式中　$\frac{d\sigma}{d\varepsilon}$——在 $0.0005\leqslant\varepsilon\leqslant0.0025$ 应变区间部分应力/应变曲线的最小二乘回归线性拟合的斜率，单位为 MPa。

（4）泊松比

$$\mu=-\frac{\Delta\varepsilon_n}{\Delta\varepsilon_1}=-\frac{L_0}{n_0}\frac{\Delta n}{\Delta L_0}$$

式中　μ——泊松比，无量纲；

$\Delta\varepsilon_n$——纵向应变 $\Delta\varepsilon_1$ 增加时法向应变的减少量，单位为无量纲比值或百分数；

$\Delta\varepsilon_1$——纵向应变的增加量，单位为无量纲比值或百分数；

L_0、n_0——分别为纵向和法向的初始标距，mm；

Δn——试样法向标距的减少量：$n=b$（宽度）或 $n=h$（厚度），mm；

ΔL_0——纵向标距相应的增加量，mm。

（5）结果表示

计算试验结果的算术平均值，应力和模量保留三位有效数字，应变和泊松比保留两位有效数字。如需要，可根据 ISO 2602 的规定计算标准偏差和平均值 95%的置信区间。

四、实践操作

（1）开始试验工作

打开万能试验机主机电源前检查各插接电线是否正确无误，检查操作盒与电源之间是否接线无误，检查上下限位是否在安全位置中。

(2) 启动试验机

打开仪器电源，逆时针旋转弹出试验机“紧停”按钮，电源指示灯亮起，主机系统开机后必须预热 20min，才能进行测试。

打开电脑，双击桌面测试系统软件图标，启动软件。选择拉伸试验项目，检查软件与仪器主机是否连接成功，显示连接成功可以进行下一步试验，如没有连接成功，则关闭试验机主机电源，关闭电脑，检查信号线是否连接正确，确定无误后再次启动主机和电脑。

仪器预热 20min 后，按动操作盒的“上、下、停止”操作键，查看主机是否运行正常，如遇紧急情况，应按下操作盒上的“停止”按钮或主机上的“紧停”按钮。

(3) 试样准备及测量

试样应按有关材料标准规定对试样进行状态调节。缺少这方面的资料时，最好选择 GB/T 2918—1998 中的适当条件，除非另有规定。

至少取 5 根试样，试样应无扭曲，相邻的平面间相互垂直。表面和边缘应无划痕、空洞、凹陷和毛刺。按顺序给试样进行编号，并画出标距(50mm)和夹具间距离(115mm)标线。

利用游标卡尺在每个试样中部距离标距每端 5mm 以内测量试样的宽度和厚度。宽度精确至 0.1mm，厚度精确至 0.02mm。测量时应在不同位置测量 3 次，取平均值。只有试样尺寸在相应材料标准允差范围内的试样方可使用。

(4) 拉伸试验

将试样放到夹具中，务必使夹具夹在试样的夹具标线处。且试样的轴线要与夹具的轴线一致，使拉力均匀地分布在横截面上，根据需要可以按动控制盒上的微升、微降按钮进行调整。

试样在试验前应处于基本不受力状态。但在薄膜试样对中时可能产生这种预应力，特别是较软材料由于夹持压力，也能引起这种预应力。如果试样被夹持后应力超过标准给出的范围，则可用 1mm/min 的速度缓慢移动试验机横梁直至试样受到的预应力在允许范围内。

设置预应力后，将校准过的引伸计安装到试样的标距上并调正。如需要，测出初始距离(标距)。如要测定泊松比，则应在纵轴和横轴方向上同时安装两个伸长或应变测量装置。

在测试软件界面，点击“新试验”，设置试验参数，填写试验员号、试样名称、负荷、试验温度等，输入试样的宽度和厚度，按“回车”按钮，仪器会自动计算试样横截面积，按“确定”按钮保存设置结果。选择合适的夹具移动速度，点击“清零”按钮，使负荷、变形、位移、时间值复位为“0”。点击“运行”按钮，开始试验。

试样断裂后仪器自动停止或手动停止，重复以上拉伸试验测试步骤，直至一组试样测完。试样断裂在标距之外时，此试样作废，另取试样补做。

(5) 数据处理

点击“数据处理”按钮，检查试验基本参数，确认无误后点击“确认”按钮，分析数据，查看相应测试曲线。点击“计算参数”按钮，对试验结果进行计算，可以查看试验结果及平均值，进行记录。点击“打印报告”按钮，打印试验结果报告。

(6) 测试完成

退出试验操作软件，关闭电脑，关闭主机电源，进行整理工作。

五、应知应会

(一) 试样及试验速度

1. 塑料试样

制备拉伸试样的方法很多，最常用的方法是注射模塑或压缩模塑；也可以通过机械加工从片材、板材和类似形状的材料上切割。在某些情况下可以使用多用途试样。GB/T 17037.1—2019 规定了多用途试样和长条形试样的制备方法。图 3-5 所示的为 GB/T 1040—2006 标准试样(1A 型和 1B 型)。1A 型和 1B 型试样尺寸及公差见表 3-4。

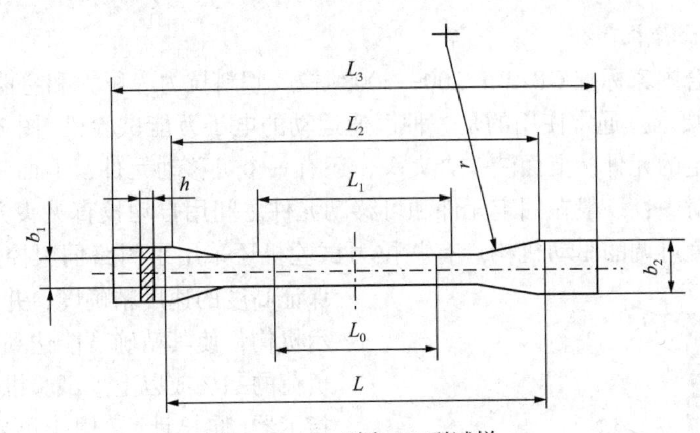

图 3-5　1A 型和 1B 型试样

表 3-4　1A 型和 1B 型试样尺寸及公差

1A 型试样				1B 型试样			
符号	名称	尺寸/mm	公差/mm	符号	名称	尺寸/mm	公差/mm
L_3	总长(最小)	150		L_3	总长(最小)	150	
L	夹具间距离	115	±1.0	L	夹具间距离	L_2	+5~0
r	半径	20~25		r	半径(最小)	60	
b_2	端部宽度	20	±0.2	b_2	端部宽度	20	±0.2
b_1	窄部宽度	10	±0.2	b_1	窄部宽度	10	±0.2
h	优选厚度	4	±0.2	h	优选厚度	4	±0.2
L_o	标距	50	±0.5	L_o	标距	50	±0.5

注：1A 型试样为优先选用的直接模塑多用途试样；1B 型试样为机加工试样。

2. 橡胶试样

橡胶的拉伸试验中，试样有哑铃形和环状两种。一般均采用哑铃形试样。

3. 试验速度

根据有关材料的相关标准决定试验速度。拉伸试验方法国家标准规定的试验速度范围为 1~500mm/min，分为 9 种速度(表 3-5)。不同品种的塑料可在此范围内选择适合的拉伸速度进行试验。

表 3-5　推荐试验速度

速度 *v*/(mm/min)	允差/%	速度 *v*/(mm/min)	允差/%
0.125	±20	20	±10
0.25		50	
0.5		100	
1		200	
2		300	
5		500	
10			

(二) 测试仪器

1. 电子万能试验机简介

试验机应符合国家标准 GB/T 17200—2008《橡胶塑料拉力、压力和弯曲试验机(恒速驱动)技术规范》的要求。通常使用的是一种恒速运动的电子万能试验机(图 3-6)。它有一个固定的或基本固定的元件，上面装一个夹头，还有一个可移动元件，上面装有另一个夹头。为了保证两夹头对中，一般在固定元件和可移动元件之间用自动校直夹头夹持试样。同时，还采用了一种速度可调的驱动机构。有些拉力试验机还采用了闭路伺服控制驱动机构，以保证高度的速度精确度，并采用一种负载指示机构，使其精确度能达到所指示的总拉伸负荷的±1%或以上。试验机一般还配有伸长指示器(伸长计)，用于测定试样伸长时标距长度中两个标记点位置间的距离。

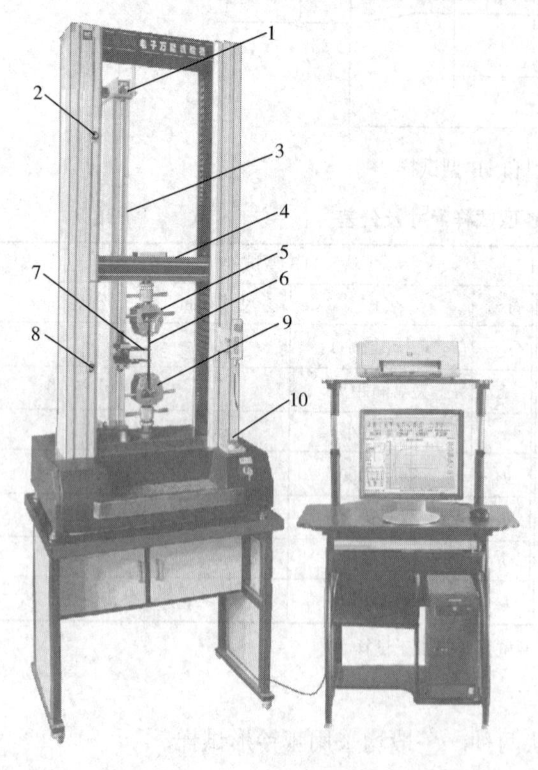

图 3-6　电子万能试验机

1—引伸计；2—固定上限位；3—引伸计导杆；4—中横梁；5—上夹具；6—样条；7—下夹具；8—传感器；9—下限位；10—急停开关

2. 电子万能试验机系统组成与工作原理

(1) 系统组成

由主机、电气控制系统、微机控制系统三部分组成。

(2) 工作原理

① 机械传动原理：主机由电机及操纵盒、丝杠、减速器、导柱、移动横梁、限位装置等组成。机械传动顺序如下：电机→减速器→同步带轮→丝杠→移动横梁。

② 测力系统：在主机移动横梁上装有测力传感器，传感器上端与上夹持器连接，试验过程中试样受力情况通过力传感器变为电信号输入到采集控制系统(采集板)，再由 V1.0 测控软件进行数据的保存、处理、打印等。

③ 大变形测量装置：此装置用于测量试样变形，是由两个阻力极小的跟踪夹夹在

试样上，随着试样受到拉力而变形，两跟踪夹之间的距离也相应增大，跟踪夹通过线绳和滑轮将直线运动变为旋转运动，并通过跟踪编码器将采集到的电信号输入采集控制系统。

④ 限位保护装置：主机上固定有限位杆，限位杆上配有两个上下可调节的挡圈，试验过程中当挡块和挡圈触碰时将带动限位杆移动，使限位装置切断该方向通路，主机运行停止。通过调节限位杆上挡圈的位置可以限定移动横梁行程，为做试验提供了较大的便利和安全可靠的保护。

3. 电子万能试验机使用注意事项

1）更换夹具必须重新调整好限位装置。

2）对硬质材料不能设置自动返车。

3）大变形仪不用时必须把夹头挂回原位。

4）更换传感器必须断电拔插头，软件启动必须确认传感器型号。

5）长时间不使用设备或人离开现场，必须关机。

6）严格按开、关机顺序操作。

4. 电子万能试验机维护保养

1）保持机器及配件清洁，预防高温、过湿、灰尘、腐蚀性介质、水等对仪器的影响。

2）夹具钳口和滑动面避免碰撞，及时清除试样残渣片(切记忌用坚硬工具)。

3）易锈配件(夹具、插销)涂抹防锈油。

(三) 影响因素

(1) 试样的制备与处理

在做各种塑料试验时，都要制成标准试样。拉伸试验要求做成哑铃形试样。制样方式有两种：一种是用原材料制样；另一种是从制品上直接取样。用原材料制成试样的方法，包括模压成型、注塑成型、压延成型或吹膜成型等，每种制样过程都要符合相关的标准。

不同方法制样的试验结果不具备可比性。同一种制样方法，要求工艺参数和工艺过程也要相同，否则塑料在成型过程中的微观结构如结晶度、分子取向等将有较大变化，直接影响试验结果。塑料原材料压成片或吹成膜后，用制样机和标准切刀制成标准试样，不能有毛边或划损等缺陷。试样制备好后，要按 GB/T 2918—2018 标准，在恒温恒湿条件下放置处理。对于有些材料，甚至还需进行退火处理。

(2) 材料试验机影响

材料试验机影响拉伸试验结果的因素主要有：测力传感器精度、速度控制精度、夹具、同轴度和数据采集频率等。测力传感器是材料试验机的核心部件，它的精度直接影响到试验数据和偏差大小，一般要求传感器的精度在0.5%以内。拉伸速度要求平稳均匀，速度偏高或偏低都会影响拉伸结果。夹具的设计主要是手动和气动两种，夹片材试样的夹具要求随着拉力的增大，夹紧力亦增大，但不能造成试样变形损坏。试验机的同轴度不好，拉伸位移将偏大，拉伸强度有时将受到影响，结果偏小。试验数据采集的频率也要适中，否则将影响到试验结果，峰值偏小。

(3) 试验环境影响

影响塑料拉伸试验结果的因素主要是温度和湿度。GB/T 2918—2018 规定，标准实验室环境温度为(23±2)℃，相对湿度为 45%～55%。热塑性塑料的拉伸性能测试受温度的影响较大，伴随着温度上升，试验曲线将由硬脆型向黏强型转变，拉伸强度和拉伸弹性模量变小，而断裂伸长率将变大。相对湿度一般对吸水率比较大的塑料影响较大。某些塑料吸水后，水分子在内部起到了偶联剂和增韧剂的作用，从而影响该塑料的刚性和韧性。

(4) 操作过程影响

一般情况下，拉伸速度快，屈服应力和拉伸强度增大，而断裂伸长率将减小。因为塑料属于黏弹性材料，它的应力松弛过程与变形速度紧密相关。应力松弛需要一个时间过程，当低速拉伸时，分子链来得及位移、重排，塑料呈现韧性行为，表现为拉伸强度减小，断裂伸长率增大；高速拉伸时，分子链段的运动跟不上外力作用的速度，塑料呈现脆性行为，表现为拉伸强度增大，断裂伸长率减小。

(5) 数据处理影响

现在的材料试验机多数由计算机控制，数据处理已程序化，但是有些数据还是依靠人为测试和计算的，如试样尺寸、位移变化、伸长率计算及脱机试验等。数据的处理采取"四舍五入"的原则，要以测量误差为依据，将测试得到的或计算得到的数据截取成所需要的位数，对舍去的位数按"四舍五入"处理。

六、试验记录

试 验 报 告

项目：高分子材料拉伸性能测试

姓名：　　　　　　　　　　　　　　　　　　　　　测试日期：

一、试验试样

试样类型：　　　　　　　　　　　　　　　　　　　试样材料：

二、试验条件

温度：　　　　　　　　　　　　　　　　　　　　　拉伸速度：

三、计算公式

拉伸强度计算：

断裂伸长率计算：

四、试验数据记录与处理

序号	试样尺寸/mm		标距/mm	拉伸强度/MPa	断裂伸长率/%
	宽度(平均值)	厚度(平均值)			
1					
2					
3					
4					
5					
算术平均值					
结果表示					
标准偏差(如有需要)					

七、技能操作评分表

技能操作评分表

项目：高分子材料拉伸性能测试

姓名：

项目	考核内容	分值	考核记录		扣分说明	扣分标准	扣分
试样准备（10分）	试样选择	4.0	正确			0	
			不正确			4.0	
	尺寸测量与编号	6.0	正确、规范			0	
			不正确			6.0	
仪器操作（45分）	仪器检查	5.0	有			0	
			没有			5.0	
	仪器开机	5.0	正确、规范			0	
			不正确			5.0	
	试验参数设置	15.0	合理			0	
			不合理			15.0	
	试样安装	10.0	正确、规范			0	
			不正确			10.0	
	拉伸操作	5.0	正确、规范			0	
			不正确			5.0	
	仪器停机	5.0	正确、规范			0	
			不正确			5.0	
记录与报告（10分）	原始记录	5.0	完整、规范			0	
			欠完整、不规范			5.0	
	报告(完整、明确、清晰)	5.0	规范			0	
			不规范			5.0	
文明操作（15分）	操作时机台及周围环境	4.0	整洁			0	
			脏乱			4.0	
	废样处理	3.0	按规定处理			0	
			乱扔乱倒			3.0	
	结束时机台及周围环境	4.0	清理干净			0	
			未清理、脏乱			4.0	
	量具、工具处理	4.0	已归位			0	
			未归位			4.0	
结果评价（20分）	计算公式	10.0	正确			0	
			不正确			10.0	
	有效数字运算	10.0	符合要求			0	
			不符合要求			10.0	

续表

项目	考核内容	分值	考核记录	扣分说明	扣分标准	扣分
重大错误(否定项)		1. 损坏测试仪器，仪器操作项得分为0分； 2. 引发人身伤害事故且较为严重，总分不得超过50分； 3. 伪造数据，记录与报告项、结果评价项得分均为0分				
合计						

评分人签名：

日期：

八、目标检测

(一) 单选题

1) 一般情况下，塑料拉伸试验时，拉伸速度快，则测定的拉伸强度(　　)，断裂伸长率(　　)。

A. 增大、增大　　B. 降低、增大　　C. 增大、降低　　D. 降低、降低

2) GB/T 1040. 2—2006 规定了模塑和挤塑塑料的(　　)。

A. 弯曲性能　　B. 拉伸性能　　C. 冲击性能　　D. 摩擦磨损性能

3) 在应力-应变曲线上，应力不随应变增加的初始点称为(　　)。

A. 断裂应力　　B. 应力点　　C. 屈服点　　D. 强度值

4) GB/T 1040. 1—2018 中规定，应力和模量的测试结果应保留(　　)有效数字。

A. 2　　B. 1　　C. 4　　D. 3

5) 拉伸屈服应力是在拉伸应力—应变曲线上(　　)处的应力。

A. 中点　　B. 断裂　　C. 屈服点　　D. 零点

6) 拉伸强度是指试样直至断裂为止所承受的(　　)拉伸应力。

A. 最大　　B. 屈服　　C. 断裂　　D. 最小

7) 在拉伸试验中，负荷-伸长曲线的初始直线部分，材料所承受的应力与产生相应的应变之比为(　　)。

A. 拉伸弹性模量　　B. 拉伸强度　　C. 屈服强度　　D. 拉伸应力

8) 用玻璃纤维增强后，PA 树脂的(　　)会大幅降低。

A. 冲击强度　　B. 热变形温度　　C. 断裂伸长率　　D. 弯曲弹性模量

9) 一般情况下，聚丙烯与聚乙烯相比，(　　)。

A. 冲击强度大，拉伸强度小　　B. 冲击强度小，拉伸强度大

C. 冲击强度大，拉伸强度大　　D. 冲击强度小，拉伸强度小

10) 随着 PP 结晶度的提高，材料的拉伸强度(　　)。

A. 增大　　B. 不变　　C. 减小　　D. 无规律

11) 测得一哑铃形试样平均厚度为 4.00mm，中间平行部分平均宽度为 10.00mm，试样承受的屈服力为 148kN，最大拉伸力为 160kN，断裂力为 132kN，则试样的拉伸强度为(　　)MPa。

A. 37.00　　B. 40.00　　C. 33.00　　D. 25.00

（二）多选题

1）拉伸性能测试时，升高试验温度，下列说法正确的是(　　)。

A. 拉伸强度下降

B. 热塑性塑料的拉伸强度下降幅度较大

C. 热固性塑料的拉伸强度下降幅度较小

D. 拉伸变形减小

E. 拉伸标称应变增大

2）纤维增强复合材料的性能常随着片材板面的方向不同而变化(各向异性)。因此，推荐分别按与主轴呈(　　)两个方向制备两组试样，以测定从材料结构或从其生产工艺知识所推断的一些特性的方向性。

A. 平行　　B. 45°夹角　　C. 120°夹角　　D. 垂直

3）对塑料拉伸能测试描述正确的有(　　)。

A. 同一种塑料所取试样的尺寸不同，其拉伸强度有很大差别。试样越厚，其拉伸强度越高

B. 吸湿性强的塑料材料，随湿度增加，塑性增加，拉伸强度降低

C. 拉伸速度增大，拉伸强度增大

D. 测试温度升高，拉伸强度减小，拉伸变形增加

E. 预处理的温度和时间对拉伸强度没有影响

4）在塑料拉伸性能测试时，不必规定的选项是(　　)。

A. 试验环境温度　　B. 试验环境湿度　　C. 拉伸试验机的种类 D. 拉伸速度

E. 夹具形式

5）材料的拉伸强度测试过程中，影响测试结果的因素有(　　)等。

A. 试样的成型条件　　B. 测试环境温度

C. 拉伸变形的速度　　D. 试样调整时间

E. 测试环境湿度

6）拉伸断裂伸长率计算与(　　)有关。

A. 断裂时应力值　　B. 拉伸增加量

C. 标线间距　　D. 拉伸速度

7）塑料拉伸性能测试时，因材料试验机影响测试结果的因素主要有(　　)等。

A. 测力传感器精度　　B. 速度控制精度

C. 夹具　　D. 同轴度

E. 数据采集频率

8）拉伸性能测试结果的影响因素有(　　)。

A. 试样的制备与处理　　B. 材料试验机

C. 试验环境　　D. 操作过程

E. 数据处理

9）拉伸断裂强度与(　　)有关。

A. 样品质量　　B. 样品厚度　　C. 拉伸断裂应力值　　D. 样品颜色

(三) 判断题

1) 同种塑料所取试样的厚度不同，其拉伸强度有很大差别，试样越厚，其拉伸强度越小。(　　)

2) 选择拉伸速度时，硬而脆的塑料对拉伸速度比较敏感，一般采用较高的拉伸速度。(　　)

3) 塑料拉伸性能测试时，若试样没有在中间平行部分(即标距内)断裂，应另取试样重做。(　　)

4) 选择拉伸速度时，韧性塑料对拉伸速度的敏感性较小，一般采用较高的拉伸速度。(　　)

5) 刚通过注射成型生产出来的拉伸试样，可直接进行拉伸性能测试。(　　)

6) 塑料拉伸强度越高，断裂伸长率也越大。(　　)

7) 选用电子万能试验机进行拉伸试验时，试验负荷应在测试量程的 10%~90%。(　　)

8) 塑料拉伸性能测试时，提高拉伸速度，其拉伸强度和断裂伸长率都会增大。(　　)

9) 拉伸强度是由最大拉伸力与试样平行段横截面的比值得到的，所以试样尺寸变化而横截面积不变，对测试拉伸强度无影响。(　　)

10) 国家标准规定拉伸性能测试时，应变、断裂伸长率应取 3 位有效数字。(　　)

11) 试验机的同轴度损坏，拉伸位移会偏大，拉伸强度可能会受到影响，使结果偏小。(　　)

12) 测量拉伸力直至材料断裂为止，所承受的最大拉伸应力称为拉伸强度。(　　)

第四节　高分子材料弯曲性能测试

一、学习目标

知识目标

① 掌握高分子材料弯曲性能相关名词解释；

② 了解弯曲性能测试原理；

③ 掌握弯曲性能测试方法。

能力目标

能进行高分子材料弯曲性能测试。

素质目标

① 培养学生良好的职业素养；

② 培养学生严谨的科学精神；

③ 培养学生的团队协作、团队互助等意识。

二、工作任务

弯曲试验主要用来检验材料在经受弯曲负荷作用时的性能，生产中常用弯曲试验来评定材料的弯曲强度和塑性变形的大小，是质量控制和应用设计的重要参考指标。弯曲试验采用简支梁法，把试样支撑成横梁，使其在跨度中心以恒定速度弯曲，直到试样断裂或变形达到预定值，以测定其弯曲性能。

本项目的工作任务见表 3-6。

表 3-6　高分子材料弯曲性能测试工作任务

编号	任务名称	要　求	试验用品
1	塑料弯曲性能测试	1. 能利用游标卡尺进行试样尺寸的测量； 2. 能利用电子万能试验机进行塑料弯曲性能测试操作； 3. 能按照测试标准对结果进行数据处理	游标卡尺、电子万能试验机、试样、弯曲模具
2	试验数据记录与整理	1. 将试验结果填写在试验数据表中，给出结论并对结果进行评价； 2. 完成试验报告	试验报告

三、知识准备

（一）测试标准

GB/T 9341—2008《塑料　弯曲性能的测定》。

（二）相关名词解释

1）弯曲应力（σ_f）：试样跨度中心表面的正应力，单位为 MPa。

2）断裂弯曲应力（σ_{fB}）：试样断裂时的弯曲应力，单位为 MPa。

3）弯曲强度（σ_{fM}）：试样在弯曲过程中承受的最大弯曲应力，单位为 MPa。

4）在规定挠度时的弯曲应力（σ_{fC}）：达到规定的挠度 s_C 时的弯曲应力，单位为 MPa。

5）挠度（s）：弯曲试验过程中，试样跨度中心的底面偏离原始位置的距离，单位为 mm。

6）规定挠度（s_C）：规定挠度为试样厚度 h 的 1.5 倍，以 mm 为单位。当跨度 $L=16h$ 时，规定挠度相当于弯曲应变为 3.5%。

7）弯曲应变（ε_f）：试样跨度中心外表面上单元长度的微量变化，用无量纲的比或百分数（%）表示。

8）断裂弯曲应变（ε_{fB}）：试样断裂时的弯曲应变，用无量纲的比或百分数（%）表示。

9）弯曲强度下的弯曲应变（ε_{fM}）：最大弯曲应力时的弯曲应变，用无量纲的比或百分数（%）表示。

10）弯曲弹性模量或弯曲模量（E_f）：应力差 $\sigma_{f2}-\sigma_{f1}$ 与对应的应变差 $\varepsilon_{f2}(0.0025)-\varepsilon_{f1}(0.0005)$ 之比，单位为 MPa。

（三）测试原理

把试样支撑成横梁，使其在跨度中心以恒定速度弯曲，直到试样断裂或变形达到预定值，测量该过程中对试样施加的压力。

弯曲性能测试有两种加载方法：一种为三点式加载法，另一种为四点式加载法。三点式加载法在试验时将规定形状和尺寸的试样置于两支座上，并在两支座的中点施加一集中负荷，使试样产生弯曲应力和变形；四点式加载法使弯矩均匀地分布在试样上，试验时试样会在该长度上的任何薄弱处破坏，试样的中间部分为纯弯曲，且没有剪切力的影响。

（四）结果计算及表示

（1）跨度

$$L=(16\pm1)\bar{h}$$

式中 L——跨度；

$\bar{h}$——试样厚度平均值。

（2）弯曲应力

$$\sigma_f=\frac{3FL}{2bh^2}$$

式中 σ_f——弯曲应力，MPa；

F——施加的力，N；

L——跨度，mm；

b——试样宽度，mm；

h——试样厚度，mm。

（3）弯曲应变

$$\varepsilon_f=\frac{6sh}{L^2}$$

式中 ε_f——弯曲应变，用无量纲的比或百分数(%)表示；

s——挠度，mm；

L——跨度，mm；

h——试样厚度，mm。

（4）弯曲模量计算

$$E_f=\frac{\sigma_{f2}-\sigma_{f1}}{\varepsilon_{f2}-\varepsilon_{f1}}$$

式中 E_f——弯曲模量，MPa；

σ_{f1}——挠度为 s_1 时的弯曲应力，MPa；

σ_{f2}——挠度为 s_2 时的弯曲应力，MPa；

ε_{f1}——挠度为 s_1 时的弯曲应变；

ε_{f2}——挠度为 s_2 时的弯曲应变。

（5）结果表示

计算试验结果的算术平均值，应力和模量计算到 3 位有效数字，挠度计算到 2 位有效数字。若需要，可按 ISO2602 来计算平均值的标准偏差和 95%的置信区间。

四、实践操作

弯曲性能测试时，试样应在标准规定的环境中进行状态调节，若无类似标准时，应从

GB/T 2918—2018 中选择最合适的环境进行试验。

(1) 安装弯曲夹具

检查电子万能试验机，安装好压头与弯曲试验夹具。

(2) 仪器开机及预热

打开电子万能试验机电源开关，旋转弹出试验机“紧停”按钮，电源指示灯亮，主机系统开机后必须预热 20min 才能正常使用。

(3) 试样测量

使用游标卡尺测量试样中部的宽度 b(精确到 0.1mm) 和厚度 h(精确到 0.01mm)。测量时，需测量 3 点，取平均值，剔除厚度超过平均厚度允差±2%的试样，并用随机选取的试样来代替。

(4) 调节跨度

调节跨度 L，使其符合 $L=(16\pm1)\bar{h}$。并测量调节的跨度，精确到 0.5%。

(5) 试验速度选择

按受试材料的规定设置试验速度，若无类似标准，应从表 3-7 中选一速度值，速度应尽可能接近 1%/min，对于推荐试样，给定的速度为 2mm/min。

表 3-7　试验速度推荐值

速度/(mm/min)	允差/%	速度/(mm/min)	允差/%
1[a]	±20[b]	50	±10
2	±20[b]	100	±10
5	±20	200	±10
10	±10	500	±10
20	±10	—	—

[a]厚度在 1~3.5mm 之间的试样，用最低速度；

[b] 速度在 1~2mm/min 的允差低于 GB/T 17200—1997 的规定。

(6) 试样安装

将弯曲试样安装在试验机弯曲装置(图 3-7)上，安装时注意应将试样宽面放在两支座上，使两端伸出部分的长度大致相等。

(7) 测试操作

在仪器软件界面选择已建好的弯曲性能测试试验方案，点击新试验，输入试样尺寸等相关试验信息并选择适合的测试速度，而后将仪器界面所有数据清零后，启动试验机，试验结束后观察试样是否在跨度中部 1/3 内断裂，并观察断面，确定试样内部是否有气孔、杂质等内部缺陷，如断裂位置不符合要求或者有缺陷，试样应作废，重新补做。

(8) 数据处理

保存数据，并根据数据作弯曲载荷-位移(挠度)曲线图，并保存。通常设备能自动记录这一操作过程，以便得到完整的应力-应变曲线。

(9) 测试完成

退出试验操作软件，关闭电脑，关闭主机电源。

(10) 拆卸弯曲夹具

长时间不用时，需拆下弯曲夹具，拆卸时将上弯心拆除下来，拧好盖帽；取下弯曲夹具，再安装上盘头，最后做好整理工作。

五、应知应会

（一）试样

试样尺寸应符合相关的材料标准：推荐试样长度 $l=(80\pm2)$ mm；宽度 $b=(10.0\pm0.2)$ mm；厚度 $h=(4.0\pm0.2)$ mm。对于弯曲试样，中部 1/3 的长度内各处厚度与厚度平均值的偏差不应>2%，宽度偏差不应>3%。试样不可扭曲，无倒角、无刮痕、无飞边，应是矩形相互垂直或平行。

（二）测试仪器

弯曲试验机应符合 GB/T 17200—2008 的要求。通常，拉伸试验用的机器也能用来做弯曲试验，上部的可动压头可用来做弯曲试验。能指示拉伸和压缩负载的具有双重目的的负载传感器可方便地进行拉伸试验和压缩试验。

弯曲试验所用的两个支座和压头位置见图 3-7。压头半径 r_1 和支座半径 r_2 的尺寸如下：$r_1=5.0\text{mm}\pm0.1\text{mm}$；$r_2=2.0\text{mm}\pm0.2\text{mm}$，试样厚度≤3mm；$r_2=5.0\text{mm}\pm0.2\text{mm}$，试样厚度>3mm。

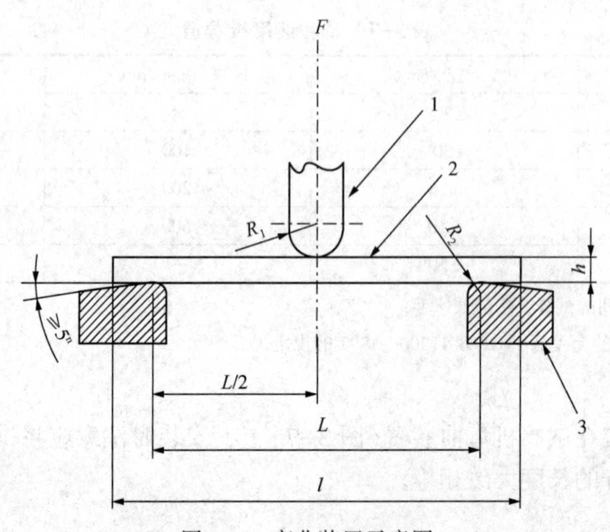

图 3-7　弯曲装置示意图

1—加荷压头；2—试样；3—试样支柱；R_1—加荷压头半径；R_2—支柱圆弧半径；l—试样长度；F—弯曲负荷；L—跨度；h—试样厚度

（三）影响因素

（1）跨厚比

试样除上、下表面和中间层外，任何一个横截面积上都同时既有剪切应力，也有正应力。随着跨厚比的增加，剪切应力逐步减少，合理地选择跨厚比可以减少剪切应力的影响，但当跨厚比过大时，压头在试样上的压痕也较明显，此时由于挠度的增大，支座反作用力所引起的水平分力的影响将是不可忽略的。因此，选择跨厚比时必须综合考虑剪切应力、支座水平推力以及压头压痕等影响因素。

（2）应变速率

试样受力弯曲变形时，横截面上部边缘处有最大的压缩变形，下部边缘处有最大的拉伸变形。应变速率与试样厚度 h、跨度 L 和试验速度 v 有关。在相同的试样厚度下，跨度越大，则应变速率越小；试验速度越大，则应变速率越大。国家标准规定对推荐塑料试样试验速度为 2mm/min。各国标准对试验速度都有统一的规定，且试验速度一般都较低，因为只有在较低速度下，才能使试样在外力作用下近似地反映其材料自身存在的不均匀性或其他缺陷的客观真实性。

（3）加载压头圆弧和支座圆弧半径

如果加载压头圆弧半径过小，则容易在试样上产生明显的压痕，造成压头与试样之间不是线接触，而是面接触；若压头半径过大，对于大跨度就会因剪切应力的影响容易产生剪切断裂。因此，塑料弯曲试验中加载压头圆弧半径为(5.0±0.1)mm，橡胶弯曲试验中加载压头圆弧半径为(3.15±0.20)mm，而支座圆弧半径的大小，应保证支座与试样接触为一条线，若表面接触过宽，则不能保证试样跨度的准确。

（4）温度

弯曲强度与温度有关，一般地，各种材料的弯曲强度都是随着温度的升高而下降的，但下降的程度各有不同。

（5）操作条件

试样尺寸的测量、试样跨度的调整、压头与试样的线接触和垂直状况以及挠度值零点的调整等，都会对测试结果造成误差。

六、试验记录

试 验 报 告

项目：高分子材料弯曲性能测试

姓名：　　　　　　　　　　　　　　　　　　　　　　　　测试日期：

一、试验试样

所选用的试样：

二、试验条件

温度：　　　　　　　　　　　　　　　　　　　　　　　　试验速度：

跨度：　　　　　　　　　　　　　　　　　　　　　　　　规定挠度：

三、计算公式

弯曲挠度计算：

弹性模量计算：

四、试验数据记录与处理

序号	试样宽度/mm	试样厚度/mm	弯曲强度/MPa	弯曲强度下的弯曲应变/%	断裂弯曲应力/MPa	弯曲模量 E_f/MPa
1						

续表

序号	试样宽度/mm	试样厚度/mm	弯曲强度/MPa	弯曲强度下的弯曲应变/%	断裂弯曲应力/MPa	弯曲模量 E_f/MPa
2						
3						
4						
5						
平均值						
结果表示						
标准偏差(如有需要)						

七、技能操作评分表

技能操作评分表

项目：高分子材料弯曲性能测试

姓名：

项目	考核内容	分值	考核记录		扣分说明	扣分标准	扣分
试样准备（10分）	试样选择	4.0	正确			0	
			不正确			4.0	
	尺寸测量与编号	6.0	正确、规范			0	
			不正确			6.0	
仪器操作（45分）	仪器检查	5.0	有			0	
			没有			5.0	
	仪器开机	5.0	正确、规范			0	
			不正确			5.0	
	试验参数设置	15.0	合理			0	
			不合理			15.0	
	试样安装	10.0	正确、规范			0	
			不正确			10.0	
	弯曲性能测试操作	5.0	正确、规范			0	
			不正确			5.0	
	仪器停机	5.0	正确、规范			0	
			不正确			5.0	
记录与报告（10分）	原始记录	5.0	完整、规范			0	
			欠完整、不规范			5.0	
	报告(完整、明确、清晰)	5.0	规范			0	
			不规范			5.0	

续表

项目	考核内容	分值	考核记录		扣分说明	扣分标准	扣分
文明操作（15分）	操作时机台及周围环境	4.0	整洁			0	
			脏乱			4.0	
	废样处理	3.0	按规定处理			0	
			乱扔乱倒			3.0	
	结束时机台及周围环境	4.0	清理干净			0	
			未清理、脏乱			4.0	
	量具、工具处理	4.0	已归位			0	
			未归位			4.0	
结果评价（20分）	计算公式	10.0	正确			0	
			不正确			10.0	
	有效数字运算	10.0	符合要求			0	
			不符合要求			10.0	
重大错误(否定项)		1. 损坏测试仪器，仪器操作项得分为0分； 2. 引发人身伤害事故且较为严重，总分不得超过50分； 3. 伪造数据，记录与报告项、结果评价项得分均为0分					
合计							

评分人签名：

日期：

八、目标检测

（一）单选题

1）根据GB/T 9341—2008《塑料　弯曲性能的测定》，三点负载法弯曲试验时，一般跨度与厚度比为(　　)。

A. 10±1　　B. 16±1　　C. 15±1　　D. 12±1

2）根据GB/T 9341—2008《塑料　弯曲性能的测定》，弯曲试验时规定挠度是试样厚度(　　)倍时的挠度。

A. 1　　B. 1.2　　C. 1.5　　D. 1.8

3）弯曲试验时，将试样横跨在两个支座上，在弯曲负荷作用下，试样(　　)。

A. 上半部分受压，下半部分受压　　B. 上半部分受拉，下半部分受拉

C. 上半部分受拉，下半部分受压　　D. 上半部分受压，下半部分受拉

4）塑料弯曲性能测试时，试样的厚度不能小于(　　)。

A. 1mm　　B. 2mm　　C. 3mm　　D. 4mm

5）GB/T 9341—2008《塑料　弯曲性能的测定》规定推荐试样的试验速度为(　　)。

A. 1mm/min　　B. 2mm/min　　C. 3mm/min　　D. 4mm/min

6）试样受力弯曲变形时，测定弯曲弹性模量及弯曲载荷-挠度曲线时加载速度为(　　)mm/min。

A. 1　　B. 2　　C. 3　　D. 4

7）塑料弯曲性能测试时，对于模塑材料小试样的试样尺寸为(　　)mm。

A. 55×6×4　　B. 120×15×10　　C. 150×8×6　　D. 80×6×4

8）以下塑料品种抗弯曲疲劳性能最好的是(　　)。

A. PS　　B. HPVC　　C. PE　　D. PP

9）挠度是塑料(　　)性能测试中的术语。

A. 拉伸　　B. 冲击　　C. 弯曲　　D. 硬度

10）塑料弯曲性能测试中，如果试样在跨度中部(　　)处断裂，结果作废，必须重新取样试验。

A. 1/2　　B. 1/3　　C. 1/4　　D. 1/5

11）弯曲性能测试过程中，试样跨度中心的顶面或底面偏离原始位置的距离称为(　　)。

A. 挠度　　B. 弯矩　　C. 弯曲强度　　D. 弯曲应力

（二）多选题

1）电子万能试验机可以测试(　　)项目。

A. 拉伸强度　　B. 弯曲强度　　C. 硬度　　D. 压缩强度

2）根据塑料材料变形及破坏所需的时间长短，以下塑料力学性能属于短期试验的有(　　)。

A. 拉伸试验　　B. 弯曲试验　　C. 冲击试验　　D. 应力松弛试验

E. 压缩试验

3）弯曲性能测试时，加载压头圆弧半径对试验结果的影响是(　　)。

A. 加载压头圆弧半径过小，容易在试样上产生明显的压痕，造成压头与试样之间呈面接触

B. 压头半径过大，对于大跨度试样则会增加剪切应力对试样的影响，容易产生剪切断裂

C. 基本没有影响

D. 有影响但无规律可循

E. 塑料弯曲性能测试中加载压头圆弧半径为(5.0±0.1)mm

4）塑料力学性能检测是塑料材料在不同环境下，承受(　　)等外加载荷时所表现出的力学特征。

A. 拉伸　　B. 压缩　　C. 弯曲　　D. 冲击

5）以下影响弯曲强度测定的因素有(　　)。

A. 跨度比　　B. 应变速率

C. 加载压头的圆弧半径　　D. 支座的圆弧半径

E. 测试环境温度和湿度

6）弯曲性能测试时，跨厚比选择应遵循以下(　　)原则。

A. 选择跨厚比时必须综合考虑剪切应力、支座水平推力以及压头压痕等综合影响因素

B. 跨厚比越大越好

C. 跨厚比越小越好

D. 跨厚比的选择不重要，只是计算公式要做调整

E. 跨厚比不宜过大，也不宜过小

7）弯曲性能测试时，应变速度的选择应遵循以下（　　）原则。

A. 越大越好，可以缩短测试时间

B. 应在规定的时间内做完测试，采取类似于拉伸性能测试时选择的拉伸速度

C. 应变速度由材料的种类而定

D. 应变速度采用国标推荐值，并且都较低

E. 在测试过程中，应变速率无法直接控制，通常是通过控制试验速度来达到控制应变速率的目的

8）弯曲性能测试中，以下描述正确的是（　　）。

A. 试样不可扭曲，相对的表面应互相平行，相邻的表面应互相垂直

B. 所有的表面和边缘应无刮痕、麻点、凹陷和飞边

C. 测试前，应剔除测量或观察到的有一项或多项不符合标准要求的试样，或将其加工到合适的尺寸和形状

D. 在每一试验方向上至少应测试 3 个试样

（三）判断题

1）弯曲试验过程中，试样跨度中心的顶面或底面偏离原始位置的距离称为挠度。（　　）

2）三点负载法弯曲性能测试时跨度大小对测试结果没有影响。（　　）

3）在弯曲性能测试中，随着跨厚比的增加，剪切应力逐步增大，弯曲强度下降。（　　）

4）弯曲性能测试中，直接注塑的试样，应至少测试 5 个试样。（　　）

5）弯曲应变是指试样跨度中心外表面上单元长度的微量变化，用无量纲的比或百分数（%）表示。（　　）

6）弯曲性能测试时，计算试验结果的算术平均值，若需要，可按 ISO2602：1980 来计算平均值的标准偏差和 90%的置信区间。（　　）

7）弯曲性能测试装置有压头和支座，在试样宽度方向上，支座和压头之间的平行度应在±0.2mm 以内。（　　）

第五节　高分子材料悬臂梁冲击强度测试

一、学习目标

① 掌握常见的高分子材料冲击性能相关名词解释；

② 掌握摆锤式悬臂梁冲击试验机的结构及测试原理；

③ 掌握塑料悬臂梁冲击性能测试方法。

能操作摆锤式悬臂梁冲击试验机进行塑料材料悬臂梁冲击性能测试。

① 培养学生良好的职业素养；

② 培养学生严谨的科学精神和态度；

③ 培养学生的安全意识，提升学生的团队协作能力。

二、工作任务

冲击试验是用来评价材料在高速载荷状态下的韧性或对断裂的抵抗能力的试验。在很多情况下，材料或构件常常受到偶然的冲击。材料的冲击强度在工程应用上是一项重要的性能指标，它反映不同材料抵抗高速冲击而导致破坏的能力。冲击试验可分为摆锤式（包括简支梁和悬臂梁式）、落球（落锤）式和高速拉伸冲击试验等。

本项目工作任务见表 3-8。

表 3-8　高分子材料悬臂梁冲击性能测试工作任务

编号	任务名称	要　求	试验用品
1	塑料材料悬臂梁冲击性能的测定	1. 能利用游标卡尺进行试样尺寸的测量； 2. 掌握摆锤式悬臂梁冲击试验机的原理及操作步骤； 3. 能进行无缺口试样和缺口试样悬臂梁冲击强度的计算； 4. 能按照测试标准进行结果的数据处理	游标卡尺、三角尺、摆锤式悬臂梁冲击试验机、缺口试样、记号笔
2	试验数据记录与整理	1. 将试验结果填写在试验数据表中，给出结论并对结果进行评价； 2. 完成试验报告	试验报告

三、知识准备

（一）测试标准

GB/T 1843—2008《塑料　悬臂梁冲击强度的测定》；GB/T 21189—2007《塑料简支梁、悬臂梁和拉伸冲击试验用摆锤冲击试验机的检验》。

（二）相关名词解释

1）悬臂梁无缺口冲击强度（a_{iU}）：无缺口试样在悬臂梁冲击强度破坏过程中所吸收的能量与试样原始横截面积之比，kJ/m^2。

2）悬臂梁缺口冲击强度（a_{iN}）：缺口试样在悬臂梁冲击强度破坏过程中所吸收的能量与试样原始横截面积之比，kJ/m^2。

3）平行冲击（p）：（层压增强塑料）冲击方向平行于增强材料层压面。悬臂梁试验中冲击方向通常为“侧向平行”。

4）垂直冲击（n）：（层压增强塑料）冲击方向垂直于增强材料层压面。悬臂梁冲击试验不常用这种方法。

5）摆锤的摆动周期（T_p）：摆锤离开铅垂位置的角度不超过 5°，完成一次摆动（往复地）所需的时间，s。

6）打击中心：摆锤上的一点，该点在摆动平面内对试样进行垂直冲击且摆动轴不产生反作用力。

7）摆锤长度（L_p）：摆轴轴线至打击中心的距离，m。

8）重心长度（L_M）：摆轴轴线至摆锤重心之间的距离，m。

9）回转长度(L_G)：具有的惯性矩与摆锤惯性矩相同的摆锤质心(摆锤质量 m_p 集中点)到摆轴轴线的距离，m。

10）冲击长度(L_I)：冲击刃冲击试样表面中心的点至摆轴轴线的距离，m。

11）冲击角(a_I)：摆锤的冲击试样位置与铅垂位置的夹角，以(°)为单位。

12）起始角(a_0)：摆锤的释放位置与铅垂位置的夹角，以(°)为单位。

13）冲击速度(v_I)：摆锤在冲击瞬间的速度，m/s。

14）势能(E)：摆锤在起始位置，相对其冲击位置的势能，J。

15）冲击能量(W)：使试样变形、断裂和推离所需的能量，J。

16）摆锤质量($m_{P,max}$)：所使用的最重摆锤的质量，kg。

17）机架：试验机安装摆锤轴承、支承架、钳具和(或)夹具、测量装置以及夹持和释放摆锤机构的部件，机架质量以 m_F 表示。

18）机架的振动周期(T_F)：机架水平振动自由消失所经历的时间，s。

(三) 测试原理

将试样放在摆锤式悬臂梁冲击试验机上规定位置，由已知能量的摆锤一次冲击支撑成垂直悬臂梁的试样，测量试样破坏时所吸收的能量。冲击线到试样夹具为固定距离，对于缺口试样，冲击线到缺口中心线为固定距离。

(四) 结果计算及表示

(1) 缺口试样悬臂梁冲击强度(a_{iN})

$$a_{iN}=\frac{E_c}{h \cdot b_N}\times 10^3$$

式中 E_c——已修正的试样断裂吸收能量，J；

h——试样厚度，mm；

b_N——试样剩余宽度，mm。

(2) 无缺口试样悬臂梁冲击强度(a_{iU})

$$a_{iU}=\frac{E_c}{h \cdot b}\times 10^3$$

式中 E_c——已修正的试样断裂吸收能量，J；

h——试样厚度，mm；

b——试样宽度，mm。

(3) 结果表示

计算一组试验结果的算术平均值，取两位有效数字，如果需要，可按 ISO 2602：1980 给出的方法计算平均值的标准偏差。一组试样出现不同类型的破坏时，应给出相关类型的试验数目及计算各类型的平均值。

四、实践操作

1. 试样准备及测量

准备 10 根试样并进行检查，试样不应翘曲，相对表面应互相平行，相邻表面应相互垂直。所有表面和边缘应无刮痕、麻点、凹陷、飞边等缺陷。

对试样进行编号，用游标卡尺测量每个试样中部的厚度 h 和宽度 b 或缺口试样的剩余宽度 b_N，精确至0.02mm。

2. 启动前检查

确定摆锤式悬臂梁冲击试验机是否有规定的冲击速度和合适的能量范围，冲断试样吸收的能量应在摆锤标称能量10%~80%范围内。如果不止一个摆锤符合这些要求，应选择其中能量最大的摆锤。

打开悬臂梁冲击试验机之前应检查机器水平仪是否校准好，是否处于平整位置，然后根据选择的摆锤的标称能量，将数字盘调至对应的刻度。

3. 预扬角标定

抬起并锁住摆锤，转动被动指针，查看摆锤预扬角是否指在150°位置，若未指向150°，需逆时针松开中间的紧固螺钉，将被动指针与主动指针贴紧并调节至150°位置。

4. 摩擦能量损失计算

摩擦吸收的能量包括指针（若试验机带有指针）、电子式角位移传感器、空气阻力和摆锤轴承摩擦吸收的能量。

（1）一次摆动指针摩擦损失能量的测定（$W_{f,P}$）

① 正常操作试验机，但不放置试样，得到第一个读数 $W_{f,1}$；

② 指针不复位，再次从初始位置释放摆锤，得到第二个读数 $W_{f,2}$；

③ 再重复上述两个步骤两次，计算 $W_{f,1}$ 和 $W_{f,2}$ 三次测量的平均值 $\overline{W}_{f,1}$ 和 $\overline{W}_{f,2}$；

④ 按照公式 $W_{f,P}=\overline{W}_{f,1}-\overline{W}_{f,2}$ 计算出一次摆动指针摩擦损失的能量 $W_{f,P}$。

（2）一次由于空气阻力和摆锤轴承摩擦损失能量的测定

① 如果试验机带有指针，按上述（1）中的步骤①和②操作试验机得到读数 $W_{f,2}$；

② 测得 $W_{f,2}$ 以后，允许摆锤连续自由摆动，在摆动的第10次开始将指针复位，完成第10次摆动之后，指针被驱动几个分度，记录该读数 $W_{f,3}$；

③ 重复步骤①和②两次；

④ 计算 $W_{f,2}$ 和 $W_{f,3}$ 三次测量的平均值 $\overline{W}_{f,2}$ 和 $\overline{W}_{f,3}$；

⑤ 按照公式 $W_{f,AB}=\dfrac{\overline{W}_{f,3}-\overline{W}_{f,2}}{20}$ 计算出摆锤摆动一次由于空气阻力和摆锤轴承摩擦损失的能量 $W_{f,AB}$。

（3）电子式角位移传感器摩擦损失能量的测定

电子式角位移传感器常被用来测量摆锤运动，这些装置或者是无摩擦的光电装置，或者它们的摩擦损失包含在 $W_{f,AB}$ 中，因此，对于电子式角位移传感器摩擦损失能量不单独测定。

（4）摩擦损失总能量的计算（W_f）

用公式 $W_f=\dfrac{1}{2}\left[W_{f,AB}+\dfrac{a_R}{a_0}(W_{f,AB}+2W_{f,P})\right]$ 计算由于摩擦损失的总能量 W_f，其中 a_R 为升角，a_0 为起始角。

5. 冲击试样

抬起并锁住摆锤，按标准正确安装试样，当测定缺口试样时，缺口应在摆锤冲击刃的一侧。

释放摆锤，记录被试样吸收的冲击能量，并对其摩擦损失等进行必要的修正。

用以下符号命名冲击的四种类型：

C——完全破坏，试样断开成两段或多段。

H——铰链破坏，试样没有刚性的很薄表皮连在一起的一种不完全破坏。

P——部分破坏，除铰链破坏外的不完全破坏。

N——不破坏，未发生破坏，只是弯曲变形，可能有应力发白的现象产生。

6. 数据计算

记录试样冲击所吸收的能量，根据摩擦损失计算已修正的试样断裂吸收能量，然后代入对应公式计算悬臂梁冲击强度值。

7. 数据处理

对所有试样进行同样的测试，计算一组试验结果的算术平均值，取两位有效数字。

8. 5S 整理

松开夹具，清理试样，关闭摆锤式悬臂梁冲击试验机机器电源，打扫卫生，做好 5S 整理工作。

五、应知应会

(一) 试样

(1) 试样类型

试样缺口类型和尺寸见表 3-9 和图 3-8。对于模塑和挤塑料，优选的缺口类型是 A 型，如果要获得材料对缺口敏感性的信息，应试验 A 型和 B 型缺口试样。

表 3-9　方法名称、试样类型、缺口类型和缺口尺寸　　mm

方法名称①②	试样	缺口类型	缺口底部半径 r_N	缺口的保留宽度 b_N
GB/T 1843/U	长 l=80±2 宽 b=10.0±0.2 厚 h=4.0±0.2	无缺口	—	—
GB/T 1843/A		A	0.25±0.05	8.0±0.2
GB/T 1843/B		B	1.00±0.05	

注：① 如果试样是由板材或制品上裁取的，板材或制品的厚度 h 应该加到命名中，未增强的试样不应使机加工表面处于拉伸状态进行试验。

② 如果板材厚度 h 等于宽度 b，冲击方向(垂直 n，平行 p)应加到名称中。

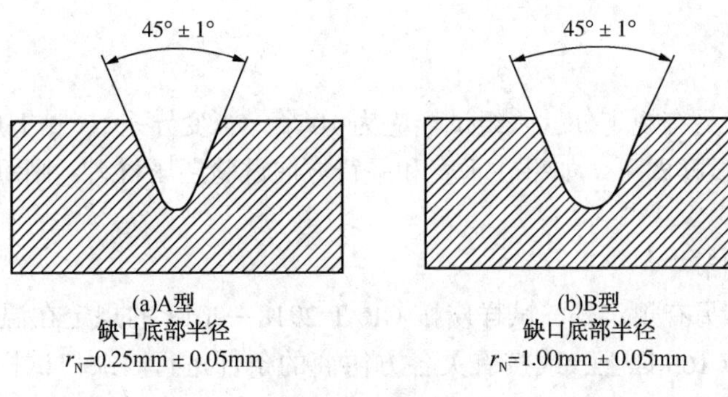

图 3-8　缺口类型

对于板材(包括长纤维增强塑料)推荐厚度 h 为 4mm，如果试样是从板材或构件中切取的，其厚度应与原板或构件的厚度相同，至多不能超过 10.2mm。板材的厚度均匀且只有一种规则分布的增强料，当其厚度大于 10.2mm 时，则从板材一面机加工到 10.2mm±0.2mm。如果试验为无缺口试样，为了避免表面的影响，试验过程中应使试样原始表面处于拉伸状态。试验时冲击试样的侧面，冲击方向平行于板平面，只是在 $h=b=10$mm 时，才可平行或垂直于板面进行试验，见图 3-9。

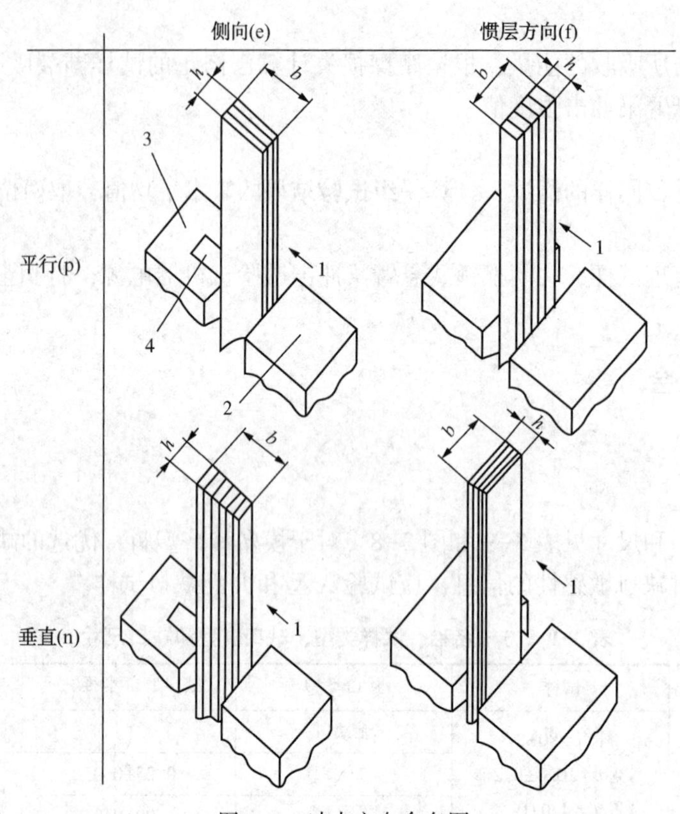

图 3-9　冲击方向命名图

1—冲击方向；2—可移动虎钳钳口；3—固定虎钳钳口；4—附加的导槽

对于各向异性材料，某些板材随板材方向的不同，可能具有不同的冲击性能。对于这种板材应按平行和垂直板材的某一特征方向分别切取一组试样。板材的特征方向可目视观察或由生产方法推断。

(2) 试样数量

除受试材料标准另有规定外，一组试样应为 10 个。当变异系数(见 ISO 2602：1980)小于 5%时，测试 5 个试样即可。如果在垂直和平行方向试验层压材料，则每个方向应试验 10 个试样。

(3) 试样状态调节

除受试材料标准另有规定外，试样应按 GB/T 2918—2018 的规定在温度 23℃和相对湿度 50%的条件下调节 16h 以上，或按有关各方协商的条件进行。缺口试样应在缺口加工后计算调节时间。

（二）测试仪器

摆锤式悬臂梁冲击试验机有电子式和表盘式两种，主要由摆锤（摆杆、锤体）、机架（钳具、夹具或止动块、夹持和放摆机构）、能量指示装置等部分组成，如图 3-10 所示。

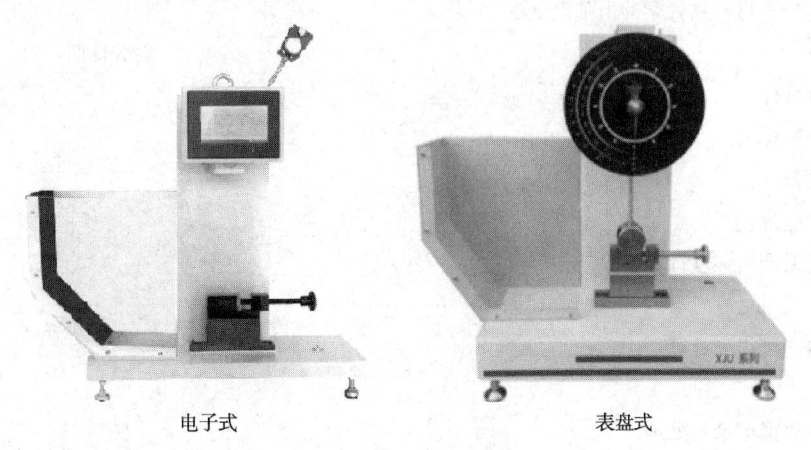

图 3-10 摆锤式悬臂梁冲击试验机

（三）影响因素

（1）试样制备

不同方法制样的试验结果不具有可比性。同一制样方法，要求工艺参数和工艺过程也要相同，否则塑料在成型过程中的微观结构，如结晶度、分子取向等会有很大变化，直接影响试验结果。待测试样制成片后，需用制样机和标准切刀制成标准样，无毛边或划损等缺陷。

（2）试样尺寸

缺口的加工方式对冲击强度也有很大影响，一次注塑的缺口试样的冲击强度较高，而经二次加工的缺口试样的冲击强度较低，使用不同加工方式加工的缺口试样，其测得的冲击强度数值不具有可比性。

（3）试验温度

塑料冲击强度受温度影响较大，冲击强度值一般随温度的降低而降低。

（4）湿度影响

塑料冲击强度受湿度影响，对某些吸湿性大的材料，如聚酰胺在干燥状态下和吸湿后状态下测试，其缺口冲击强度有明显的不同，在相同的温度下，吸湿越多，其缺口冲击强度值也越高。

（5）测试操作

摆锤刃口与试样表面不是线接触而是点接触，则容易产生局部应力集中，使测试值降低。

（6）仪器因素

仪器冲击能量误差、摆锤速度的变化、机架共振等因素将会对测试结果带来一定影响。

（7）数据处理及计算

试样尺寸的测量、平均值的计算等亦会影响测试结果的准确性。

六、试验记录

试 验 报 告

项目：高分子材料悬臂梁冲击强度测试

姓名： 测试日期：

一、试验试样

所选用的试样为：

二、试验条件

摆锤标称能量：

三、悬臂梁冲击强度计算公式

四、摩擦能量损失计算

五、试验数据记录与处理

序号	试样尺寸/mm			吸收的能量/J	冲击强度/(kJ/m^2)
	试样厚度(精确至0.02)	试样宽度(精确至0.02)	缺口保留宽度		
1					
2					
3					
4					
5					
6					
7					
8					
9					
10					
平均值(需按标准进行有效数字处理)					

七、技能操作评分表

技能操作评分表

项目：高分子材料悬臂梁冲击强度测试

姓名：

项目	考核内容	分值	考核记录		扣分说明	扣分标准	扣分
试样准备(10分)	试样选择	4.0	正确			0	
			不正确			4.0	
	尺寸测量与编号	6.0	正确、规范			0	
			不正确			6.0	

续表

项目	考核内容	分值	考核记录		扣分说明	扣分标准	扣分
仪器操作（45分）	仪器检查	5.0	有			0	
			没有			5.0	
	仪器开机	5.0	正确、规范			0	
			不正确			5.0	
	试验参数设置	15.0	合理			0	
			不合理			15.0	
	试样安装	5.0	正确、规范			0	
			不正确			5.0	
	冲击操作	10.0	正确、规范			0	
			不正确			10.0	
	仪器停机	5.0	正确、规范			0	
			不正确			5.0	
记录与报告（10分）	原始记录	5.0	完整、规范			0	
			欠完整、不规范			5.0	
	报告(完整、明确、清晰)	5.0	规范			0	
			不规范			5.0	
文明操作（15分）	操作时机台及周围环境	4.0	整洁			0	
			脏乱			4.0	
	废样处理	3.0	按规定处理			0	
			乱扔乱倒			3.0	
	结束时机台及周围环境	4.0	清理干净			0	
			未清理、脏乱			4.0	
	量具、工具处理	4.0	已归位			0	
			未归位			4.0	
结果评价（20分）	冲击强度计算公式及摩擦损失计算	10.0	正确			0	
			不正确			10.0	
	有效数字运算	10.0	符合要求			0	
			不符合要求			10.0	
重大错误(否定项)			1. 损坏测试仪器，仪器操作项得分为0分； 2. 引发人身伤害事故且较为严重，总分不得超过50分； 3. 伪造数据，记录与报告项、结果评价项得分均为0分				
合计							

评分人签名：

日期：

八、目标检测

（一）单选题

1）一缺口冲击试样，长度为80.00mm，宽度为10.00mm，厚度为4.00mm，缺口剩余厚度3.2mm，试样吸收的冲击能量为4.0J，则该试样冲击强度为（　　）kJ/m^2。

A. 100　　B. 125　　C. 50　　D. 150

2）悬臂梁冲击试验时，除受试材料标准另有规定外，一组试样应为（　　）个。

A. 5　　B. 8　　C. 10　　D. 15

3）在做塑料无缺口悬臂梁冲击试验时，试样被破坏所吸收的冲击能量为0.2J，试样长度为80mm，试样宽度为10mm，试样厚度为4mm，则该塑料试样的悬臂梁冲击强度为（　　）kJ/m^2。

A. 0.25　　B. 0.63　　C. 0.2　　D. 5

4）缺口试样在冲击负荷作用下，试样破坏时吸收的冲击能量与试样原始横截面积之比称为缺口冲击强度，单位为（　　）。

A. m　　B. kJ/m^2　　C. g/min　　D. s

5）悬臂梁冲击性能测试时，按（　　）测定摩擦损失和修正的吸收能量。

A. GB/T 21189—2007　　B. GB/T 2189—2007

C. GB/T 21189—2006　　D. GB/T 2189—2006

6）悬臂梁冲击性能测试时，若测量平均值为0.072571，结果要求取三位有效数字，则应为（　　）。

A. 0.073　　B. 0.0725　　C. 0.0726　　D. 0.07

7）可选择的摆锤有多个时，应选择具有（　　）能量的摆锤。

A. 最大　　B. 最小　　C. 中间　　D. 任一

8）GB/T 1843—2008/ISO 180：2000 材料悬臂梁冲击性能的测定是一种（　　）。

A. 方法标准　　B. 卫生标准　　C. 安全标准　　D. 产品标准

（二）多选题

1）悬臂梁冲击性能测试对于试样状态调节描述正确的是（　　）。

A. 除非受试材料标准另有规定，试验应按GB/T 2918—2018在23℃和50%RH（相对湿度）下进行状态调节

B. 至少进行状态调节16h

C. 亦可按有关各方协商的条件进行状态调节

D. 缺口试样应在缺口加工后计算状态调节时间

2）悬臂梁冲击性能测试时，以下描述正确的有（　　）。

A. 确定试验机是否有规定的冲击速度和合适的能量范围

B. 冲断试样吸收的能量应在摆锤标称能量10%~80%范围内

C. 如果不止一个摆锤符合这些要求，应选择其中能量最大的摆锤

D. 如果不止一个摆锤符合这些要求，应选择其中能量最小的摆锤

3）悬臂梁冲击性能测试时，缺口试样的缺口深度和缺口底部半径对冲击强度有影响。

下列说法正确的是(　　)。

A. 缺口深度越深，冲击强度越低

B. 加大缺口底部半径，冲击强度降低

C. 使用不同加工方式加工的缺口试样，其测得的冲击强度数值不可比

D. 不同材料对缺口的敏感程度不同

4）悬臂梁冲击性能测试时，冲击试验过程中能量消耗包括(　　)等。

A. 使试样发生弹性和塑性形变所需的能量

B. 使试样产生裂纹和裂纹扩展断裂所需的能量

C. 试样断裂后飞出所需的能量

D. 摆锤和支架轴、摆锤刀口和试样相互摩擦损失的能量

E. 摆锤运动时，试验机固有的能量损失如空气阻尼、机械振动、指针回转的摩擦

5）冲击试验用字母命名冲击的四种类型，正确的是(　　)。

A. C—完全破坏　　B. H—铰链破坏

C. P—铰链破坏　　D. P—部分破坏

E. N—不破坏

6）冲击性能测试时要测量试样的(　　)尺寸，并精确至 0. 02mm。

A. 宽度　　B. 厚度　　C. 剩余宽度　　D. 长度

7）以下关于悬臂梁冲击性能测试试样说法正确的是(　　)。

A. 如果在垂直和平行方向试验层压材料，则每个方向应试验 5 个试样

B. 除受试材料标准另有规定外，一组试样应为 10 个

C. 当变异系数(见 ISO 2602：1980)小于 5%时，测试 5 个试样即可

D. 如果在垂直和平行方向试验层压材料，则每个方向应试验 10 个试样

(三) 判断题

1）悬臂梁冲击性能测试时，试样缺口可以用机械方法加工，也可用模塑方法制备，两种方法制备的试样测试结果可以进行比较。(　　)

2）悬臂梁冲击性能测试是用来评价材料在高速载荷状态下的韧性或对断裂的抵抗能力的试验。(　　)

3）悬臂梁冲击性能测试时，同时几个摆锤均满足测试要求，那么应该选择其中能量最小的摆锤进行测试操作。(　　)

4）无缺口试样冲击强度大于缺口试样的冲击强度，因此无缺口试样的韧性一定优于缺口试样的韧性。(　　)

5）冲击强度是冲击吸收功与缺口横截面积之比，所以试样宽度变化而横截面积不变，测试结果不变。(　　)

6）悬臂梁冲击性能测试时，试样缺口可以用机械方法加工，也可用模塑方法制备，两种方法制备的试样测试结果可以进行比较。(　　)

7）在悬臂梁冲击性能测试时，无需进行能损校正。(　　)

8）悬臂梁冲断试样吸收的能量应在摆锤标称能量 10%~80%范围内。(　　)

9）进行悬臂梁冲击试验时，如摆锤没有调至扬角 150°，无需进行调节。(　　)

10）冲击试验可分为摆锤式(包括简支梁和悬臂梁)、落镖(落锤)式和高速拉伸冲击试

验等，不同材料、不同用途制品可选择不同的试验方法。（　　）

第六节　高分子材料简支梁冲击强度测试

一、学习目标

① 掌握简支梁相关名词解释；
② 掌握摆锤式简支梁冲击试验机的结构及测试原理；
③ 掌握简支梁冲击性能测试方法。

能操作摆锤式简支梁冲击试验机进行高分子材料简支梁冲击性能测试。

① 培养学生严谨的科学精神；
② 培养学生养成良好的自我学习和信息获取能力。

二、工作任务

简支梁冲击强度测试用于在标准条件下，研究规定类型试样的冲击行为，评估试样在试验条件下的脆性和韧性。

本项目工作任务见表 3-10。

表 3-10　高分子材料简支梁冲击强度测试工作任务

编号	任务名称	要　求	试验用品
1	材料冲击性能测试	1. 能利用游标卡尺进行试样尺寸的测量； 2. 能进行简支梁冲击试验机的操作； 3. 能进行摩擦强度和冲击强度的计算； 4. 能按照测试标准进行结果的数据处理	游标卡尺、三角尺、摆锤式简支梁冲击试验机、试样
2	试验数据记录与整理	1. 将试验结果填写在试验数据表中，给出结论并对结果进行评价； 2. 完成试验报告	试验报告

三、知识准备

（一）测试标准

GB/T 1043. 1—2008《塑料　简支梁冲击性能的测定　第 1 部分：非仪器化冲击试验》；GB/T 1043. 2—2018《塑料　简支梁冲击性能的测定　第 2 部分：仪器化冲击试验》；GB/T 21189—2007《塑料　简支梁、悬臂梁和拉伸冲击试验用摆锤冲击试验机的检验》。

（二）相关名词解释

1）简支梁无缺口冲击强度：无缺口试样破坏时所吸收的冲击能量，与试样原始横截面积有关，kJ/m^2。

2）简支梁缺口冲击强度：缺口试样破坏时所吸收的冲击能量，与试样原始横截面积有关，kJ/m^2。

3）侧向冲击：冲击方向平行于尺寸 b，冲击在试样窄的纵向表面 $h \times l$ 上（见图 3-11）。

4）贯层冲击：冲击方向平行于尺寸 h，冲击在宽的纵向表面 $b \times l$ 上（见图 3-11）。

5）垂直方向：（层压增强塑料）冲击方向垂直于增强塑料平面（见图 3-11）。

6）平行冲击：（层压增强塑料）冲击方向平行于增强塑料平面（见图 3-11）。

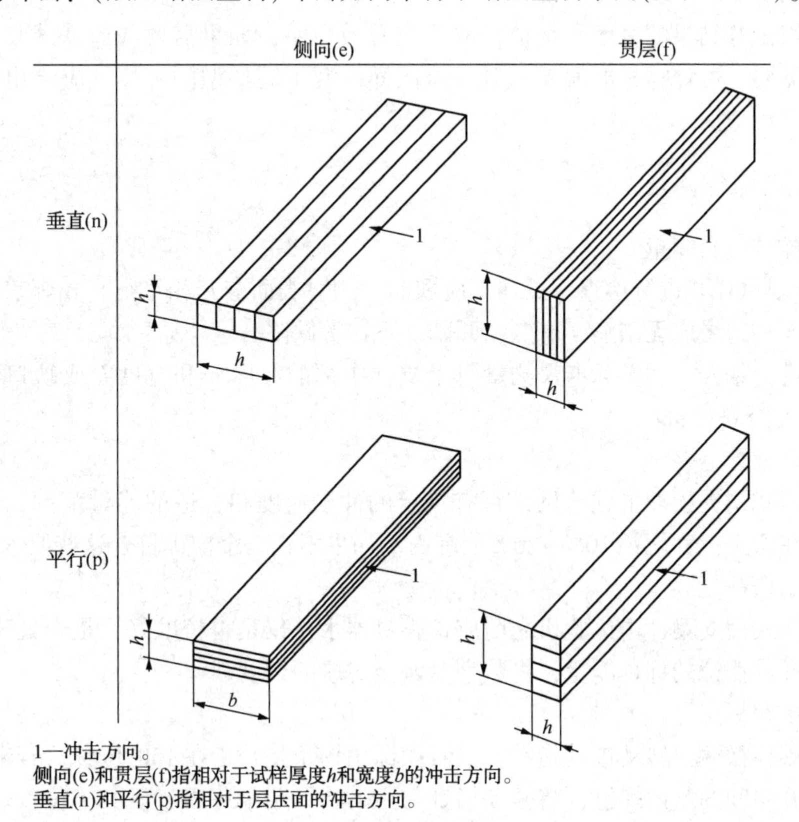

图 3-11　冲击方向命名图

（三）测试原理

将试样放在摆锤式简支梁冲击试验机上规定位置，由已知能量的摆锤一次冲击简支梁试样的中央，测量试样破坏时所吸收的能量。

（四）结果计算及表示

（1）缺口试样简支梁冲击强度（a_{cN}）

$$a_{cN} = \frac{E_c}{h \cdot b_N} \times 10^3$$

式中　E_c——已修正的试样破坏吸收能量，J；

h——试样厚度，mm；

b_N——试样剩余宽度，mm。

(2) 无缺口试样简支梁冲击强度(a_{cU})

$$a_{cU}=\frac{E_c}{h \cdot b}\times 10^3$$

式中 E_c——已修正的试样破坏吸收能量，J；

h——试样厚度，mm；

b——试样宽度，mm。

(3) 结果表示

计算一组试验结果的算术平均值，取两位有效数字，如果需要，计算试验结果的算术平均值；如需要，可计算标准偏差。对一组试样出现不同类型的破坏，应给出相应的试样数量并计算平均值。

四、实践操作

(1) 试样准备及测量

准备 10 根试样并进行检查，试样不应翘曲，相对表面应互相平行，相邻表面应相互垂直。所有表面和边缘应无刮痕、麻点、凹陷、飞边等缺陷。

对试样进行编号，用游标卡尺测量每个试样中部的厚度 h 和宽度 b 或缺口试样的剩余宽度 b_N，精确至 0.02mm。

(2) 启动前检查

确定摆锤式简支梁冲击试验机是否有规定的冲击速度和合适的能量范围，冲断试样吸收的能量应在摆锤标称能量 10%~80%范围内。如果不止一个摆锤符合这些要求，应选择其中能量最大的摆锤。

打开摆锤式简支梁冲击试验机之前应检查机器水平仪是否校准好，是否处于平整位置，然后根据选择的摆锤的标称能量，将数字盘调至对应的刻度。

(3) 预扬角标定

抬起并锁住摆锤，转动被动指针，查看摆锤预扬角是否指在 150°位置，若未指向 150°，需逆时针松开中间的紧固螺钉，将被动指针与主动指针贴紧并调节至 150°位置。

(4) 摩擦能量损失计算

摩擦吸收的能量包括指针(若试验机带有指针)、电子式角位移传感器、空气阻力和摆锤轴承摩擦吸收的能量。

1) 一次摆动指针摩擦损失能量的测定($W_{f,P}$)：

① 正常操作试验机，但不放置试样，得到第一个读数 $W_{f,1}$；

② 指针不复位，再次从初始位置释放摆锤，得到第二个读数 $W_{f,2}$；

③ 再重复上述两个步骤两次，计算 $W_{f,1}$ 和 $W_{f,2}$ 三次测量的平均值 $\overline{W}_{f,1}$ 和 $\overline{W}_{f,2}$；

④ 按照公式 $W_{f,P}=\overline{W}_{f,1}-\overline{W}_{f,2}$ 计算出一次摆动指针摩擦损失的能量 $W_{f,P}$。

2) 一次由于空气阻力和摆锤轴承摩擦损失能量的测定：

① 如果试验机带有指针，按上述 1) 中的步骤①和②操作试验机得到读数 $W_{f,2}$；

② 测得 $W_{f,2}$ 以后，允许摆锤连续自由摆动，在摆动的第 10 次开始将指针复位，完成第 10 次摆动之后，指针被驱动几个分度，记录该读数 $W_{f,3}$；

③ 重复步骤①和②两次；

④ 计算 $W_{f,2}$ 和 $W_{f,3}$ 三次测量的平均值 $\overline{W}_{f,2}$ 和 $\overline{W}_{f,3}$；

⑤ 按照公式 $W_{f,AB}=\dfrac{\overline{W}_{f,3}-\overline{W}_{f,2}}{20}$ 计算出摆锤摆动一次由于空气阻力和摆锤轴承摩擦损失的能量 $W_{f,AB}$。

3）电子式角位移传感器摩擦损失能量的测定：

电子式角位移传感器常被用来测量摆锤运动，这些装置或者是无摩擦的光电装置，或者它们的摩擦损失包含在 $W_{f,AB}$ 中，因此，对于电子式角位移传感器摩擦损失能量不单独测定。

4）摩擦损失总能量的计算（W_f）：

用公式 $W_f=\dfrac{1}{2}\left[W_{f,AB}+\dfrac{a_R}{a_0}(W_{f,AB}+2W_{f,P})\right]$ 计算由于摩擦损失的总能量 W_f，其中 a_R 为升角，a_0 为起始角。

（5）冲击试样

抬起并锁住摆锤，按标准正确安装试样，当测定缺口试样时，缺口应在摆锤冲击刃的一侧。

释放摆锤，记录被试样吸收的冲击能量，并对其摩擦损失等进行必要的修正。

用以下符号命名冲击的四种类型：

C——完全破坏，试样断开成两段或多段。

H——铰链破坏，试样没有刚性的很薄表皮连在一起的一种不完全破坏。

P——部分破坏，除铰链破坏外的不完全破坏。

N——不破坏，未发生破坏，只是弯曲变形，可能有应力发白的现象产生。

（6）数据计算

记录试样冲击所吸收的能量，根据摩擦损失计算已修正的试样断裂吸收能量，然后代入对应公式计算简支梁冲击强度值。

（7）数据处理

对所有试样进行同样的测试，计算一组试验结果的算术平均值，取两位有效数字。

（8）5S 整理

松开夹具，清理试样，关闭摆锤式简支梁冲击试验机电源，打扫卫生，做好 5S 整理工作。

五、应知应会

（一）试样

（1）试样类型

试样可用模具直接经压塑或注塑成型，也可用压塑或注塑成型的板材经机械加工制得。试样为矩形截面的长条形，分无缺口和缺口试样两种，其中包括 3 种不同的缺口类型。具体形状与尺寸见表 3-11、表 3-12、图 3-12 和图 3-13。试样根据材料的差异分为无层间剪切破坏的材料和有层间剪切破坏的材料（例如长纤维增强的材料）。

表 3-11　试样的类型、尺寸和跨距　　mm

试样类型	长度① l	宽度① b	厚度① h	跨距
1	80±2	10±0.2	4±0.2	$62\pm^{0.5}_{0.0}$
2②	25h	25h	3④	20h
3③	11h 或 13h			6h 或 8h

① 试样尺寸(厚度 h、宽度 b 和长度 l)应符合 $h \leqslant b < l$ 的规定。

② 2 型和 3 型试样仅用于有层间剪切破坏的材料(例如长纤维增强的材料)。

③ 精细结构的增强材料用 10mm，粗粒结构或不规则结构的增强材料用 15mm。

④ 优选厚度、试样由片材或板材切出时，h 应等于片材或板材的厚度，最大 10.2mm。

表 3-12　方法名称、试样类型、缺口类型和缺口尺寸无层间剪切破坏的材料

方法名称①	试样类型	冲击方向	缺口类型	缺口底部半径 r_N/mm	缺口底部剩余宽度 b_N/mm
GB/T 1043.1/1eU②	1	侧向	无缺口		
			单缺口		
GB/T 1043.1/1eA②			A	0.25±0.05	8.0±0.2
GB/T 1043.1/1eB			B	1.00±0.05	8.0±0.2
GB/T 1043.1/1eC			C	0.10±0.02	8.0±0.5
GB/T 1043.1/1fU③		贯层	无缺口		

注：① 如果试样取自片材或成品，其厚度应加载名称中，非增强材料的试样不应以机加工面作为拉伸而进行试验。

② 优选方法。

③ 适用于表面效应的研究。

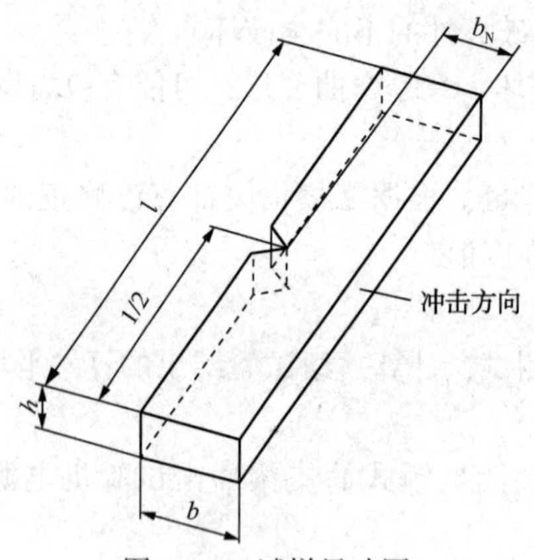

图 3-12　试样尺寸图

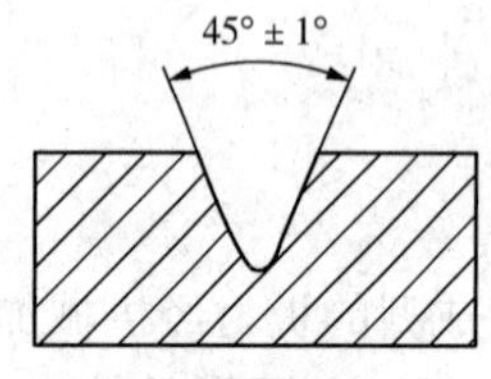

(a)A型缺口
缺口底部半径
r_N=0.25mm ± 0.05mm

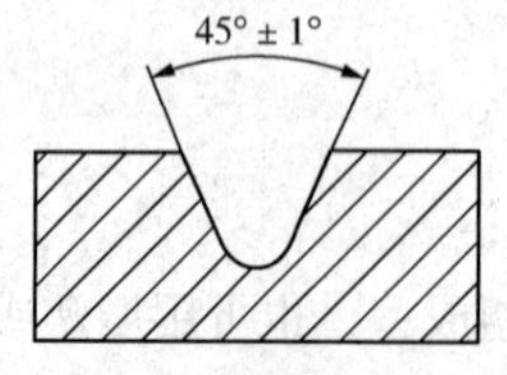

(b)B型缺口
缺口底部半径
r_N=1.00mm ± 0.05mm

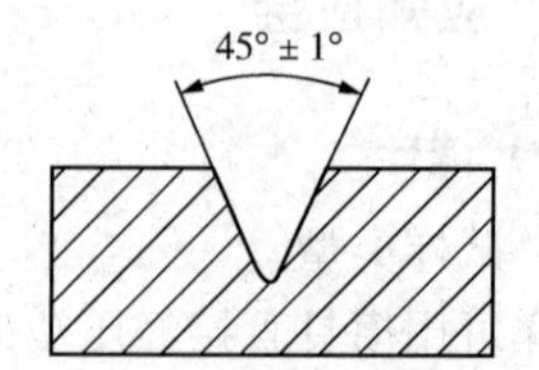

(c)C型缺口
缺口底部半径
r_N=0.10mm ± 0.02mm

图 3-13　缺口类型

（2）试样数量

除受试材料标准另有规定外，一组试验至少包括 10 个试样。当变异系数小于 5%时，只需 5 个试样。如果要在垂直和平行方向试验层压材料，每个方向应测试 10 个试样。

（3）状态调节

除受试材料标准另有规定外，试样应按 GB/T 2918—2018 的规定在温度 23℃和相对湿度 50%的条件下调节 16h 以上，或按有关各方协商的条件进行。缺口试样应在缺口加工后计算调节时间。

（二）测试仪器

摆锤式简支梁冲击试验机有电子式和表盘式两种，主要由摆锤（摆杆、锤体）、机架（试样支座、夹持和放摆机构）、能量指示装置等部分组成，如图 3-14 所示。

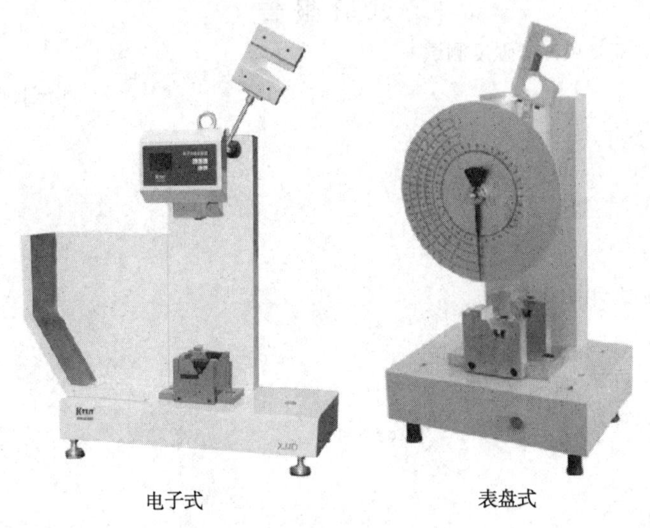

图 3-14　摆锤式简支梁冲击试验机

（三）影响因素

（1）试样制备

不同方法制样的试验结果不具有可比性。同一制样方法，要求工艺参数和工艺过程也要相同，否则塑料在成型过程中的微观结构，如结晶度、分子取向等会有很大变化，直接影响试验结果。待测试样制成片后，需用制样机和标准切刀制成标准样，无毛边或划损等缺陷。

（2）试样尺寸

缺口的加工方式对冲击强度也有很大影响，一次注塑的缺口试样的冲击强度较高，而经二次加工的缺口试样的冲击强度较低，使用不同加工方式加工的缺口试样，其测得的冲击强度数值不具有可比性。

（3）试验温度

塑料冲击强度受温度影响较大，冲击强度值一般随温度的降低而降低。

（4）湿度影响

塑料冲击强度受湿度影响，对某些吸湿性大的材料，如聚酰胺在干燥状态下和吸湿后状态下测试，其缺口冲击强度有明显的不同，在相同的温度下，吸湿越多，其缺口冲击强度值也越高。

(5) 测试操作

摆锤刃口与试样表面不是线接触而是点接触，则容易产生局部应力集中，使测试值降低。

(6) 仪器因素

仪器冲击能量误差、摆锤速度的变化、机架共振等因素将会对测试结果带来一定影响。

(7) 数据处理及计算

试样尺寸的测量、平均值的计算等亦会影响测试结果的准确性。

六、试验记录

试验报告

项目：高分子材料简支梁冲击强度测试

姓名： 测试日期：

一、试验材料

所选用的材料：

二、试验条件

摆锤标称能量：

三、简支梁冲击强度计算公式

四、摩擦能量损失计算

五、试验数据记录与处理

序号	试样尺寸/mm			吸收的能量/J	冲击强度/(kJ/m^2)
	试样厚度(精确至0.02)	试样宽度(精确至0.02)	缺口保留宽度		
1					
2					
3					
4					
5					
6					
7					
8					
9					
10					
平均值(需按标准进行有效数字处理)					

七、技能操作评分表

技能操作评分表

项目：高分子材料简支梁冲击强度测试

姓名：

项目	考核内容	分值	考核记录		扣分说明	扣分标准	扣分
试样准备（10分）	试样选择	4.0	正确			0	
			不正确			4.0	
	尺寸测量与编号	6.0	正确、规范			0	
			不正确			6.0	
仪器操作（45分）	仪器检查和开机	10.0	有			0	
			没有			10.0	
	试验参数设置	15.0	合理			0	
			不合理			15.0	
	试样安装	5.0	正确、规范			0	
			不正确			5.0	
	冲击操作	10.0	正确、规范			0	
			不正确			10.0	
	仪器停机	5.0	正确、规范			0	
			不正确			5.0	
记录与报告（10分）	原始记录	5.0	完整、规范			0	
			欠完整、不规范			5.0	
	报告（完整、明确、清晰）	5.0	规范			0	
			不规范			5.0	
文明操作（15分）	操作时机台及周围环境	4.0	整洁			0	
			脏乱			4.0	
	废样处理	3.0	按规定处理			0	
			乱扔乱倒			3.0	
	结束时机台及周围环境	4.0	清理干净			0	
			未清理、脏乱			4.0	
	量具、工具处理	4.0	已归位			0	
			未归位			4.0	
结果评价（20分）	冲击强度计算公式及摩擦损失计算	10.0	正确			0	
			不正确			10.0	
	有效数字运算	10.0	符合要求			0	
			不符合要求			10.0	
重大错误（否定项）		1. 损坏测试仪器，仪器操作项得分为0分； 2. 引发人身伤害事故且较为严重，总分不得超过50分； 3. 伪造数据，记录与报告项、结果评价项得分均为0分					
		合计					

评分人签名：

日期：

八、目标检测

(一)单选题

1）简支梁冲击试验中的试样，长度为50.00mm，宽度为10.00mm，厚度为4.00mm，缺口剩余厚度3.6mm，试样吸收的冲击能量为3.6J，则该试样冲击强度为(　　)kJ/m²。

A. 100　　B. 105　　C. 55　　D. 250

2）国家标准“塑料　简支梁冲击性能的测定　第1部分：非仪器化冲击试验”的标准号为(　　)。

A. GB/T 1042.1—2008　　B. GB/T 1042.1—2006

C. GB/T 1043.1—2006　　D. GB/T 1043.1—2008

3）在做塑料无缺口简支梁冲击试验时，试样被破坏所吸收的冲击能量为4.04J，试样长度为50mm，试样宽度为10.1mm，试样厚度为4.0mm，则该塑料试样的悬臂梁冲击强度为(　　)kJ/m²。

A. 144　　B. 63　　C. 125　　D. 100

4）根据国家标准规定，简支梁冲击试验应根据试样破坏时所需的能量选择摆锤，并使消耗的能量在摆锤总能量的(　　)范围内。

A. 20%～85%　　B. 20%～81%　　C. 10%～80%　　D. 10%～85%

5）摆锤的释放位置与铅垂位置的夹角，以(°)为单位，该角称为(　　)。

A. 起始角　　B. 冲击角　　C. 摆动角　　D. 回落角

6）用简支梁冲击试验机测试带缺口试样的冲击强度时，试样应(　　)放置。

A. 缺口试样正对冲击摆锤　　B. 缺口背对冲击摆锤

C. 缺口侧面正对冲击摆锤　　D. 对试样无要求

7）当符合条件的简支梁摆锤能量有1J、1.75J、5.5J时，应选择具有(　　)能量的摆锤。

A. 5.5J　　B. 1.75J　　C. 1J　　D. 三种均可

8）简支梁无缺口冲击强度用符号(　　)表示。

A. a_{cU}　　B. a_{cN}　　C. a_{iU}　　D. a_{iN}

9）除受试材料标准另有规定外，一组试验至少包括10个试样。当变异系数小于5%时，只需(　　)个试样。

A. 6　　B. 7　　C. 3　　D. 5

(二)多选题

1）对简支梁冲击性能测试中测微计和量规说法正确的是(　　)。

A. 用测微计和量规测量试样尺寸，精确至0.02mm

B. 用测微计和量规测量试样尺寸，精确至0.05mm

C. 测量缺口试样尺寸测微计应装有1～5mm宽的测量头，其外形应适合缺口的形状

D. 测量缺口试样尺寸测微计应装有2～3mm宽的测量头，其外形应适合缺口的形状

2）对简支梁冲击性能测试试样描述正确的有(　　)。

A. 试样应无扭曲，并具有相互垂直的平行表面

B. 表面和边缘无划痕、麻点、凹痕和飞边

C. 借助直尺、矩尺和平板目视检查试样，并用千分尺测量是否符合要求

D. 当观察和测量的试样有一项或多项不符合要求时，应剔除该试样或将其加工到合适的尺寸和形状

3）影响简支梁冲击试验结果的因素主要有(　　)。

A. 试样成型条件　　B. 温度和湿度　　C. 仪器因素　　D. 其他因素

4）对国家标准规定的简支梁冲击性能测试步骤描述正确的有(　　)。

A. 除非有关各方另有商定(例如，在高温或低温下试验)，试验应在与状态调节相同的条件下进行

B. 测量每个试样中部的厚度 h 和宽度 b，精确至 0.01mm。对于缺口试样，应仔细地测量剩余宽度 b_N，精确至 0.02mm

C. 确认摆锤冲击试验机是否达到规定的冲击速度，吸收的能量是否处在标称能量的10%~80%的范围内

D. 应按 GB/T 21189—2007 的规定，测定摩擦损失和修正吸收的能量

5）冲击试验用字母命名冲击的四种类型，正确的是(　　)。

A. C——完全破坏，试样断裂成两片或多片

B. H——铰链破坏，试样未完全断裂成两部分，外部仅靠一薄层以铰链的形式连在一起

C. P——部分破坏，不符合铰链断裂定义的不完全断裂

D. M——不破坏，试样未断裂，仅弯曲并穿过支座，可能兼有应力发白

6）比较简支梁冲击试验和悬臂梁冲击试验的相同点和不同点，下列说法正确的是(　　)。

A. 都属于摆锤式冲击试验，测试原理相同

B. 推荐的标准试样的尺寸相同

C. 冲击强度的计算公式及符号表示相同

D. 缺口试样的冲击方向相同

E. 试样放置的方式不同

7）GB/T 1043.1—2008/ISO 179—1：2000《塑料　简支梁冲击性能的测定》适用于以下(　　)材料。

A. 硬质热塑性模塑和挤塑材料，包括经填充和增强的材料，硬质热塑性板材

B. 硬质热固性模塑材料，包括经填充和增强的材料、硬质热固性板材，包括层压材料

C. 纤维单向或多向增强热固性和热塑性复合材料，如毡、织物、纺织粗纱、短切原丝、复合增强材料、无捻粗纱和磨碎纤维、预浸渍材料制成的片材(预浸料坯)

D. 硬质泡沫材料和含有泡沫材料的夹层结构材料

8）对缺口试样简支梁冲击强度计算公式 $a_{cN}=\dfrac{E_c}{h \cdot b_N}$ 描述正确的有(　　)。

A. a_{cN} 缺口试样简支梁冲击强度

B. E_c 已修正的试样破坏时吸收的能量，单位焦耳

C. h 试样厚度，单位毫米

D. b_N 试样剩余宽度，单位毫米

（三）判断题

1）简支梁冲击性能测试所有计算结果的平均值取三位有效数字。(　　)

2）对于模塑和挤塑材料，用 C. H、P、N 字母命名四种形式的破坏。(　　)

3）简支梁冲击性能测试时，对一组试样出现不同类型的破坏，应给出相应的试样数量并计算平均值。(　　)

4）简支梁冲击性能测试时，测量每个试样中部的厚度 h 和宽度 b，精确至 0. 02mm。对于缺口试样，应仔细地测量剩余宽度 b_N，精确至 0. 02mm。(　　)

5）某些类型的片材和板材，可能具有不同的冲击性能，取决于试样在片材或板材平面上的方向。这种情况下，应切取两组试样，使其主轴分别平行和垂直于片材或板材的某一特征方向。(　　)

6）简支梁冲击性能测试 A 型缺口试样缺口底部半径为 1mm±0. 05mm。(　　)

7）简支梁冲击试验时，板材试样优选的厚度 h 是 6mm。(　　)

8）简支梁冲击试验时，板材试样应按 ISO 2818：1998 的规定，经机加工制成。(　　)

9）无缺口试样简支梁冲击强度按公式 $a_{cU}=\frac{E_c}{h \cdot b}\times10^3$ 计算，单位为 kJ/m²。(　　)

10）在简支梁和悬臂梁的标准中经常看到 GB/T 的开头，而 GB 代表的是国家标准，T 代表的是推荐使用的意思。(　　)

11）进行简支梁冲击试验时，如摆锤没有调至扬角 150°，需进行调节。(　　)

12）计算试验结果的算术平均值，如需要，可计算标准偏差，对一组试样出现不同类型的破坏，应给出相应的试样数量并计算平均值。(　　)

13）如果要在垂直和平行方向试验层压材料，每个方向应测试 5 个试样，共测 10 个试样。(　　)

第七节　高分子材料落镖冲击强度测试

一、学习目标

① 掌握落镖冲击相关名词解释；

② 掌握落镖冲击试验机的结构及测试原理；

③ 掌握落镖冲击性能测试方法。

能进行塑料薄膜落镖冲击性能测试。

① 培养良好的职业素养；

② 培养学生严谨的科学精神；

③ 构建学生安全意识、提高学生现场管理能力；

④ 提升学生创新设计能力。

二、工作任务

本项目工作任务见表 3-13。

表 3-13　高分子材料落镖冲击强度测试工作任务

编号	任务名称	要求	试验用品
1	材料冲击性能测试	1. 能利用测厚仪准确测量塑料薄膜厚度； 2. 掌握落镖冲击试验机的原理及操作步骤； 3. 能进行落体质量和冲击破损质量的计算； 4. 能按照测试标准进行结果的数据处理	落镖冲击试验机、测厚仪、内六角扳手、配重块、落镖头、30 张塑料薄膜试样、记号笔、格纸
2	试验数据记录与整理	1. 将试验结果填写在试验数据表中，给出结论并对结果进行评价； 2. 完成试验报告	试验报告

三、知识准备

（一）测试标准

GB/T 9639. 1—2008《塑料薄膜和薄片　抗冲击性能试验方法　自由落镖法　第 1 部分：梯级法》。

（二）相关名词解释

1）冲击破损质量：在规定的试验条件下，试样破损数量达 50%时统计出的落体质量，以 m_f 表示。

2）落体质量：落镖、配重块和锁紧环的质量之和。

3）梯级法：试验时用于改变落体质量的配重块质量应相同，根据前一个试样是否破损，利用配重块减少或增加落体质量。

（三）测试原理及方法

在给定高度的自由落镖冲击下，测定塑料薄膜和薄片试样破损数量达 50%时的能量，以冲击破损质量表示。本部分适用于塑料薄膜和厚度小于 1mm 的薄片。

有以下两种试验方法：

A 法：落镖头部直径为(38±1)mm，下落高度为(0. 66±0. 01)m，适用于冲击破损质量为 0. 05~2kg 的材料。

B 法：落镖头部直径为(50±1)mm，下落高度为(1. 50±0. 01)m，适用于冲击破损质量为 0. 3~2kg 的材料。

（四）结果计算及表示

（1）冲击破损质量 m_f 计算

$$m_f = m_0 + \Delta_m\left(\frac{A}{N} - 0.5\right)$$

式中 m_0——试验破损时的最小落体质量，g；

Δ_m——增减用的相同配重块质量，g。

（2）A 值计算

$$A = \sum_{i=1}^{k} n_i z_i$$

式中 n_i——落体质量为 m_i 时的试样破损数；

z_i——落体质量由 m_0 到 m_i 时的配重块数（m_0 时，z 为 0）。

（3）N 值计算

$$N = \sum_{i=1}^{k} n_i$$

式中 N——破损试样总数。

（4）结果表示

冲击破损质量 m_f 精确至 1g。

四、实践操作

（1）仪器准备及检查

根据试验需要，选择 A 法或 B 法对仪器进行设置。调整落镖下落高度（从被夹试样表面到落镖头底部表面的垂直距离）至（0.66±0.01）m（A 法）或（1.50±0.01）m（B 法）。

打开气压泵，检查气压泵的气压是否在 0.6~0.8MPa 之间，如果不是，需要调整气压；检查落镖冲击试验机是否平稳，如果不平稳，需要手动调整四个垫脚，以保证落镖的镖头对准夹具中心。

（2）初始参数输入

检查无误后打开落镖冲击试验机电源开关，启动试验机，然后输入所选用的试验方法、初始质量、增减用的相同配重块质量等初始参数。选择的落体质量应接近于预计的冲击破损质量。选择的配重块应与试样的冲击强度相适应。通常，Δm 值约为冲击破损质量 m_f 的 5%~15%，配重块须选择 3~6 个（至少 3 个）。

（3）试样准备

准备至少 30 张塑料薄膜试样，试样应无气泡、折皱、折痕或其他明显缺陷，试样厚度与标称值的偏差应在±10%之内，测量并记录试样冲击区域的平均厚度，精确到 0.001mm。

（4）落镖试验

将第一个试样放在下夹具上，确保试样均匀平整、没有折痕，完全覆盖在橡胶垫圈上。与环形夹具的上夹具夹紧，试样夹好之后，放回防护罩，将落镖的圆柄垂直插入磁性连接器里，然后操作界面点击“开始”按钮，电磁铁断电，落镖即下落。如果落镖由试样表面弹开，应及时捕捉，防止反复冲击试样表面以及冲击损伤落镖的半球接触表面。

检查试样是否有任何滑动的迹象，如果有滑动，该试验结果应舍弃。

检查试样是否破损，在试样背面照明的条件下，试样穿透即为破损。在仪器操作界面点击“破损”按钮，将结果记录在仪器中，若仪器无记录及计算功能，可以直接将结果记录在格纸上（用“○”表示不破损，“×”表示破损）。

如果第一个试样破损，用配重块减少落体质量；如果第一个试样不破损，须用配重块增加落体质量。依次继续进行试样，总之，利用配重块减少或增加落体质量，取决于前一个试样是否破损。

20 个试样试验后，计算破损试样总数 N。如果 $N=10$，试验完成；如果 $N<10$，补充试样后，继续试验，直到 $N=10$ 为止；如果 $N>10$，补充试样后，继续试验，直到不破损的试样总数等于 10 为止。

(5) 数据处理

利用落镖冲击试验机的自动计算功能计算出冲击破损质量，打印数据即可。若机器无计算功能，需根据试验记录，按照冲击破损质量计算公式进行手动计算。

(6) 关闭试验机

松开夹具，清理试样，关闭试验机电源，做好 5S 清理工作。

五、应知应会

(一) 试样

1) 落镖冲击测试试验中的试样多采用塑料薄膜试样，测试前，需按 GB/T 2918—1998 的规定，将试样放置在温度(23±2)℃、相对湿度 50%±5%的环境中进行状态调节，调节时间不少于 40h。仲裁时，温度为(23±1)℃、相对湿度为 50%±2%。

2) 试验前，需测量试样厚度，所用测厚装置量程应为 0.001～1mm，精确到±0.001mm；试样应足够大，应从待测材料中正确选取试样，试样数量不少于 30 个；试样应无气泡、折皱、折痕或其他明显缺陷。且试样厚度与标称值的偏差应在±10%以内。

(二) 测试仪器

落镖冲击试验机如图 3-15 所示，其结构主要包括试样夹具、电磁铁、定位装置、缓冲和防护装置、锁紧环、落镖、支撑架、气缸等。

(1) 试样夹具

采用内径(125±2)mm 的上下两件环形夹具。下夹具(定夹具)固定在水平面上，上夹具(动夹具)与下夹具保持平行。试验时夹具能夹紧试样，试样不发生滑移。

与试样接触的环形夹具表面附有橡胶垫圈，可减少厚度变化对夹持效果的影响。本设备推荐采用厚度为(3±1)mm、邵氏硬度 A 为 50～60、内径为(125±2)mm、外径为(150±3)mm 的橡胶垫圈。

当试样滑移超过 0.10mm 时，可以将细砂布或合适的砂纸用双面胶带黏在夹具或橡胶垫圈上，磨损面与试样直接接触，就会产生足够大的夹紧力避免滑移。减少滑移的其他方法还有：附加夹紧装置或调整夹紧面，使试样在夹具内壁更加紧固，保证其有效直径为(125±2)mm。

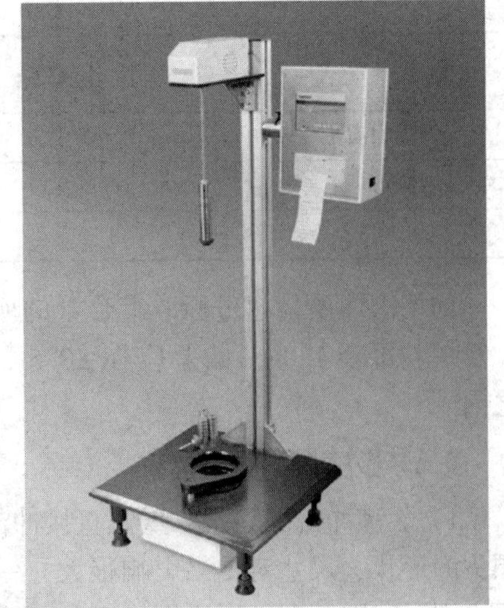

图 3-15　落镖冲击试验机

(2) 电磁铁

电磁铁应能吸住、放开质量为 2kg 的落体。有一个可以接通或断开电磁铁的电源，定心装置可以使用气动或其他机械释放装置，确保均一、重复释放。

(3) 定位装置

应能将落镖置于下落高度(0.66±0.01)m(A法)或(1.50±0.01)m(B法)处。该高度指落镖冲击面到试样表面的垂直距离。

(4) 测厚量具

测量试样厚度，量程为0.001~1mm，精确到±0.001mm。

(5) 缓冲和防护装置

应能保护操作人员的安全及防止损坏落镖冲击表面。

(6) 锁紧环

内径为7mm，须用螺钉固定在落镖圆柄上。

(7) 落镖

落镖头部为半球形，在该头部应装上直径为(6.5±0.1)mm、长至少为115mm的一根圆柄，用于装卸配重块。圆柄应连接在落镖头部平整面的中央，其纵轴垂直于此平整面。圆柄由非磁性材料组成，其端部有一长为(12.5±0.2)mm的钢销，当电磁铁通电时，钢销被吸住。每一落镖的质量偏差为±0.5%。落镖头部的表面应无裂痕、擦伤或其他缺陷。

A法：落镖头部的直径为(38±1)mm。它由光滑、抛光的铝、酚醛树脂或其他硬度相似的低密度材料制成。

B法：落镖头部的直径为(50±1)mm。它由光滑的、抛光的不锈钢或其他硬度相似的材料制成。

A法配重块直径为30mm，见表3-14；B法配重块直径为45mm，见表3-15。

表3-14 A法用配重块质量和数量

配重块质量/g	配重块数量/个	配重块质量/g	配重块数量/个
5	≥2	30	8
15	8	80	8

表3-15 B法用配重块质量和数量

配重块质量/g	配重块数量/个	配重块质量/g	配重块数量/个
15	≥2	90	8
45	8		

如果落体质量超过标准组合中的所有配重块组合，应增大落体质量，可组合使用附加配重块：每个120g，偏差应在±0.5%(A法)之内；每个180g，偏差应在±0.5%(B法)之内。

(三) 影响因素

1) 落镖冲击试验是以重锤直接冲击试样，因此除了落镖的下落高度及质量大小外，落镖头的形状、尺寸对结果影响很大，一般落镖头都用半球状，冲头直径小则冲击破坏能低，反之则高。因此测试时应按标准的规定选取合适的冲头，注意冲头表面是否光整，如有机械损伤，则应更换。

2）落镖冲击试验的试样是制品，而制品的表面状况是不同的，因此冲击点的选取对其测试结果有很大的影响。

六、试验记录

试 验 报 告

项目：高分子材料落镖冲击强度测试

姓名：　　　　　　　　　　　　　　　　　　　　　　　测试日期：

一、试验材料

材料名称	材料种类	材料厂家	材料规格	平均厚度	厚度变化范围

二、试验条件

状态调节和试验环境：

试验方法：

三、试验数据记录

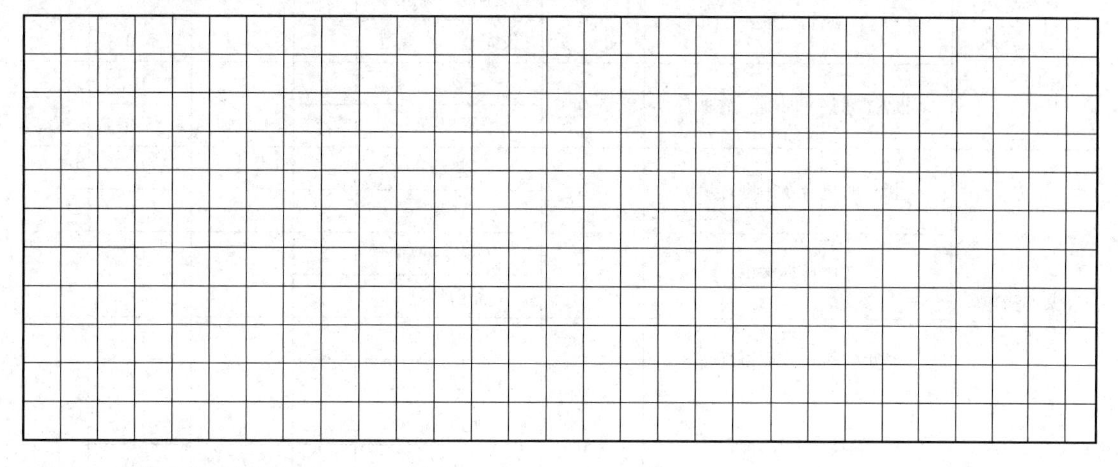

四、冲击破损质量计算

七、技能操作评分表

技能操作评分表

项目：高分子材料落镖冲击强度测试

姓名：

项目	考核内容	分值	考核记录		扣分说明	扣分标准	扣分
试样准备（10分）	试样选择	4.0	正确			0	
			不正确			4.0	
	厚度测量	6.0	正确、规范			0	
			不正确			6.0	

续表

项目	考核内容	分值	考核记录		扣分说明	扣分标准	扣分
仪器操作（45分）	仪器检查	5.0	有			0	
			没有			5.0	
	仪器开机	5.0	正确、规范			0	
			不正确			5.0	
	试验参数设置	15.0	合理			0	
			不合理			15.0	
	试样安装	5.0	正确、规范			0	
			不正确			5.0	
	冲击操作	10.0	正确、规范			0	
			不正确			10.0	
	仪器停机	5.0	正确、规范			0	
			不正确			5.0	
记录与报告（10分）	原始记录	5.0	完整、规范			0	
			欠完整、不规范			5.0	
	报告(完整、明确、清晰)	5.0	规范			0	
			不规范			5.0	
文明操作（15分）	操作时机台及周围环境	4.0	整洁			0	
			脏乱			4.0	
	废样处理	3.0	按规定处理			0	
			乱扔乱倒			3.0	
	结束时机台及周围环境	4.0	清理干净			0	
			未清理、脏乱			4.0	
	量具、工具处理	4.0	已归位			0	
			未归位			4.0	
结果评价（20分）	冲击破损质量计算	18.0	正确			0	
			不正确			18.0	
	有效数字运算	2.0	符合要求			0	
			不符合要求			2.0	
操作时间(5分)	1. 达到规定时限，教师有权终止试验； 2. 每提前5min加1分，加分上限为5分						
重大错误(否定项)		1. 损坏测试仪器，仪器操作项得分为0分； 2. 引发人身伤害事故且较为严重，总分不得超过50分； 3. 伪造数据，记录与报告项、结果评价项得分均为0分					
合计							

评分人签名：

日期：

八、目标检测

（一）单选题

1）《塑料薄膜和薄片　抗冲击性能试验方法　自由落镖法　第1部分：梯级法》目前使用的国家标准是（　　）。

A. GB/T 9639.1—2007　　B. GB/T 9639.1—2008

C. GB/T 9639.1—2009　　D. GB/T 9639.1—2010

2）在落镖冲击性能测试中，A法落镖头部直径为（　　）。

A.（38±1）mm　　B.（37±1）mm　　C.（37±2）mm　　D.（38±2）mm

3）在落镖冲击性能测试中，A法适用于冲击破损质量为（　　）的材料。

A. 0.01～2kg　　B. 0.01～1kg　　C. 0.05～1kg　　D. 0.05～2kg

4）在规定的试验条件下，试样破损数量达到50%时统计出的落体质量即为冲击破损质量，以（　　）表示。

A. m_t　　B. Δ_f　　C. m_f　　D. Δ_t

5）在落镖冲击性能测试中，上下两件环形夹具的内径为（　　）mm。

A. 120±1　　B. 125±2　　C. 125±1　　D. 120±2

（二）多选题

1）在落镖冲击性能测试中，落体质量包括（　　）之和。

A. 落镖　　B. 配重块　　C. 电磁铁　　D. 锁紧环

2）在落镖冲击性能测试中，对试样夹具描述正确的有（　　）。

A. 采用内径（120±2）mm的上下两件环形夹具

B. 下夹具（定夹具）固定在水平面上

C. 上夹具（动夹具）与下夹具应保持平行

D. 试验时夹具能夹紧试样，试样不发生滑移

3）A法进行落镖冲击性能测试，落镖头部可用（　　）材料制成。

A. 抛光铝　　B. 酚醛树脂

C. 硬度相似低密度材料　　D. 铜

4）在落镖冲击性能测试中，对试样状态调节说法正确的有（　　）。

A. 温度（23±2）℃　　B. 相对湿度50%±5%

C. 调节不少于26h　　D. 调节不少于40h

5）在落镖冲击性能测试中，选择的配重块 Δm 应与试样的冲击强度相适应，Δm 值正确的有（　　）。

A. 约4%m_f　　B. 约8%m_f　　C. 约12%m_f　　D. 约20%m_f

（三）判断题

1）落镖冲击测试时，检查试样有滑动的，该试验结果可以不舍弃。（　　）

2）20个试样试验后，若破损总数 N 小于10，应补充试样，继续试验，直到 N 大于10为止。（　　）

3）落镖冲击测试时，材料冲击区域厚度测试仪器应精确到0.001mm。（　　）

4）落镖冲击测试选用 A 法的，落体下落高度(被夹试样表面到落镖头底部表面的垂直距离)应为(1.50±0.01)m。(　　)

5）落镖冲击测试时，试样应足够大，应从待测材料正确选取试样，试样数量不少于 30 个。(　　)

6）落镖冲击测试时，m_0 是指试验时的初始质量，单位为 g。(　　)

第八节　高分子材料滑动摩擦磨损性能测试

一、学习目标

① 掌握摩擦磨损的相关名词解释；

② 掌握高分子材料摩擦磨损性能测试原理；

③ 掌握高分子材料摩擦磨损性能测试方法。

能进行塑料材料的滑动摩擦磨损性能测试。

① 培养学生良好的职业素养；

② 培养学生严谨的科学精神；

③ 培养学生养成良好的自我学习和信息获取能力、勇于探究与实践的科学精神；

④ 构建安全意识，提高学生现场管理能力；

⑤ 提升学生创新设计能力。

二、工作任务

通过摩擦磨损试验，可以评估塑料材料的耐磨性能，了解材料的耐磨系数，为塑料材料在相关领域的应用提供指导。

本项目的工作任务见表 3-16。

表 3-16　高分子材料滑动摩擦磨损性能测试工作任务

编号	任务名称	要　求	试验用品
1	塑料滑动摩擦磨损性能测试	1. 能利用电子天平准确称量试样质量，利用游标卡尺测量磨耗宽度； 2. 能独立进行滑动摩擦磨损试验机的操作； 3. 能进行滑动摩擦质量磨损、体积磨损的计算； 4. 能按照测试标准进行结果的数据处理	分析天平、游标卡尺、塑料滑动摩擦磨损试验机、砝码、试样
2	试验数据记录与整理	1. 将试验结果填写在试验数据表中； 2. 完成试验报告	试验报告

三、知识准备

（一）测试标准

GB/T 3960—2016《塑料　滑动摩擦磨损试验方法》。

（二）相关名词解释

1）摩擦：在力作用下物体相互接触表面之间发生的切向相对运动或有运动趋势时，出现阻碍该运动行为并且伴随着机械能量损耗的现象和过程。

2）滑动摩擦：指一个物体在另一个物体上滑动产生的摩擦。

3）滚动摩擦：指物体在力矩的作用下，沿接触表面滚动时产生的摩擦。

4）摩擦副：专指由两个相对运动又相互作用的摩擦学元素构成的最小的系统。

5）摩擦力：相互接触的两物体当一个相对于另一个切向相对运动或有相对运动趋势时，在两者接触面上发生的阻碍该两物体相对运动的切向力。

6）摩擦力矩：在转动摩擦副中，转动体在周向上受到的摩擦力与转动体有效半径的乘积。

7）磨痕宽度：在环-块摩擦磨损试验时，块的表面经摩擦磨损后在摩擦面上留下的损伤痕迹的断面（凹形圆弧的圆弧弦长），mm。

8）润滑方式：向摩擦副的表面供给润滑介质的方式，可分为间隙润滑、连续润滑、单程润滑、循环润滑等。

9）润滑剂：加入两个相对运动表面之间，用于减少摩擦和控制磨损的易剪切物质。

10）磨损：由于摩擦造成表面的变形、损伤或表层材料逐渐流失的现象和过程。磨损是摩擦的必然结果，是决定材料寿命的重要因素。

11）磨损量：在磨损过程中摩擦副的材料接触表面变形或表层材料流失的量，通常可用体积、质量、几何尺度等表示。

12）摩擦系数：一组摩擦副之间的摩擦力与法向力之比。

13）耐磨性：抵抗由于机械作用使材料表面产生磨损的性能，通常用磨损量表示，磨损量愈小，耐磨性愈好。

（三）测试原理

将试样安装至试验机，试样安装在试验环上方，并加载负荷，试样保持静止，试验圆环以一定转速运动，试样经过规定时间的摩擦后，产生磨损，再以适宜的方法进行评价（例如：质量磨损、体积磨损、磨痕宽度等）。测试原理见图 3-16。

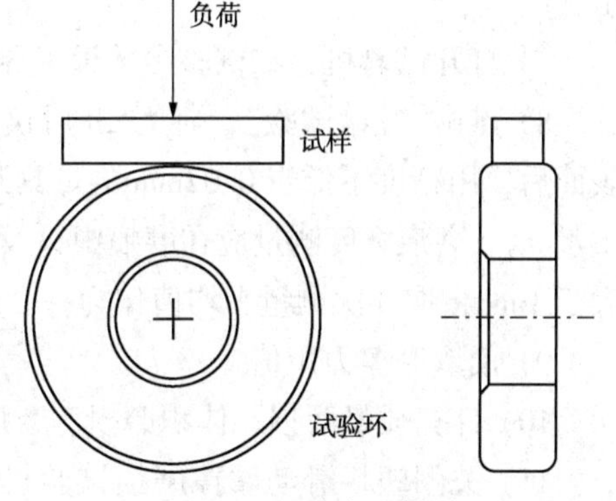

图 3-16　试验示意图

（四）结果计算及表示

（1）质量磨损

$$m = m_1 - m_2$$

式中　m——质量磨损，g；

m_1——试验前试样的质量，g；

m_2——试验后试样的质量，g。

（2）体积磨损

$$V_1=\frac{m_1-m_2}{\rho}$$

式中 V_1——体积磨损，cm^3；

m_1——试验前试样的质量，g；

m_2——试验后试样的质量，g；

ρ——试样的密度，g/cm^3。

（3）摩擦系数

$$\mu=\frac{M}{r\cdot F}$$

式中 μ——摩擦系数；

M——摩擦力矩，N·cm；

r——圆环半径，cm；

F——试验负荷，N。

（4）结果表示

磨痕宽度、体积磨损、质量磨损保留3位有效数字，摩擦系数保留2位有效数字。

四、实践操作

1）除非有关各方另有商定（例如：在高温或低温下试验），试验应与在状态调节相同的条件下进行。

2）从干燥缸中取出试验环，将试验环安装在机器上。用乙醇、丙酮等不与试样起作用的溶剂仔细清除试样和圆环上的油污，此后不应再用手直接接触试样和试验环的表面。

3）试样经状态调节后用感量为0.1mg的分析天平称取其质量 m_1。

4）用此试样按GB/T 1033.1—2008中A法的规定测定试样密度。

5）抬起主机上砝码杆，将试样安装进塑料滑动摩擦磨损试验机夹具中，使摩擦面与试样环的交线处于试样正中，慢慢将砝码杆放在试样夹上，装好摩擦力矩记录纸。

6）将4kg砝码挂在砝码杆上，施加在试样上的负荷为196N（由杠杆长度比1∶5计算得出）。

7）打开试验机，在试验参数设置界面，设置试验时间120min，磨环速度200r/min。

8）点击“开始试验”，研磨2h后仪器自动停机，取下砝码、试样和试验环，清理试样表面后，用精度不低于0.02mm的量具测量磨痕宽度，并在试验环境下存放1h后称取试样质量 m_2。磨痕宽度测量应在磨痕中央及距磨痕两端1mm处测量3个数值，测量值之间不得大于1mm，取3次测量平均值作为一个试验数据。

9）读取摩擦力矩值。

10）计算质量磨损、体积磨损、磨痕宽度及摩擦系数的算术平均值，填写试验报告。

11）关闭塑料滑动摩擦磨损试验机，退出试验操作软件，关闭电脑，进行5S清理工作，试验环应清除油污，储存于干燥缸内以防止生锈。

五、应知应会

（一）试样

（1）外观尺寸

试样为长方体，要求表面平整，无气泡、裂纹、分层、明显杂质和加工损伤等缺陷。具体尺寸及要求：$(30^{+0.5}_{+0.1}\times7^{-0.1}_{-0.2}\times6\pm0.5)$mm，试样上下表面平行度不小于 0.02mm。

（2）试样数量

每组试样不少于 3 个。

（3）状态调节

除受试标准另有规定外，试样应按 GB/T 2918 的规定在室温(23±5)℃和相对湿度 50%±5%的条件下调节 16h 以上，或按有关各方协商的条件进行。

（二）测试仪器

塑料滑动摩擦磨损试验机由试验主机及智能控制系统两大部分构成，满足 GB/T 3960—2016 塑料滑动摩擦磨损试验方法，适用于塑料制品及橡胶制品或其他复合材料的滑动摩擦、磨损性能测试，也可对试验中试样的摩擦力、摩擦系数和磨损量进行测定，试验机如图 3-17 所示。

图 3-17　塑料滑动摩擦磨损试验机

塑料滑动摩擦磨损试验机上的试验环材料一般为 $45^{\#}$钢，需要淬火和热处理，硬度值 HRC40~45，其外形尺寸为：外径(40±0.5)mm、内径 16mm、宽度 10mm、外圆倒角 0.5×45°；外圆表面与内圆同轴度偏差小于 0.01mm，外圆表面粗糙度 R_a 不大于 0.4，每次试验前需测试试验环外圆表面粗糙度并记录，确保外圆表面粗糙度 R_a 不大于 0.4；试验环应清除油污，贮存于干燥缸内以防生锈。

注：圆环材质可根据需要另定。

（三）影响因素

1）试验环的材质、尺寸、硬度、外圆表面粗糙度等都对试样的摩擦磨损有较大影响。

2）负荷的增加会使试样承受的作用力增加，摩擦磨损也随负荷增加而逐渐增大。

3）试样厚度、长度等尺寸也会影响到试验结果。

六、试验记录

试验报告

项目：高分子材料滑动摩擦磨损性能测试

姓名： 测试日期：

一、试验材料

试样制备方法：

二、试验条件

状态调节和试验标准环境：

试验负荷： 转速： 试验时间：

试验环(材质、硬度、表面粗糙度、外形尺寸)：

三、计算公式

质量磨损计算：

体积磨损计算：

摩擦系数计算：

四、试验数据记录与处理

序号	试样质量 m_1/g	试样质量 m_2/g	试样密度/(g/cm^3)	质量磨损/g	体积磨损/cm^3	磨痕宽度/mm	摩擦系数
1							
2							
3							
平均值							
结果表示							

七、技能操作评分表

技能操作评分表

项目：高分子材料滑动摩擦磨损性能测试

姓名：

项目	考核内容	分值	考核记录		扣分说明	扣分标准	扣分
原料准备 (5分)	试样选择	2.0	正确			0	
			不正确			2.0	
	试样称量	3.0	正确、规范			0	
			不正确			3.0	

续表

项目	考核内容	分值	考核记录		扣分说明	扣分标准	扣分
仪器操作（50分）	仪器检查	5.0	有			0	
			没有			5.0	
	仪器开机	5.0	正确、规范			0	
			不正确			5.0	
	安装试样	5	正确、规范			0	
			不正确			5.0	
	试验参数设置	10.0	合理			0	
			不合理			10.0	
	磨痕宽度测量	10.0	正确、规范			0	
			不正确			10.0	
	仪器清理	10.0	正确、规范			0	
			不正确			10.0	
	仪器停机	5.0	正确、规范			0	
			不正确			5.0	
记录与报告（10分）	原始记录	5.0	完整、规范			0	
			欠完整、不规范			5.0	
	报告（完整、明确、清晰）	5.0	规范			0	
			不规范			5.0	
文明操作（15分）	操作时机台及周围环境	3.0	整洁			0	
			脏乱			3.0	
	废样、棉布处理	4.0	按规定处理			0	
			乱扔乱倒			4.0	
	结束时机台及周围环境	4.0	清理干净			0	
			未清理、脏乱			4.0	
	工具处理	4.0	已归位			0	
			未归位			4.0	
结果评价（20分）	测定结果	15.0	正确			0	
			不正确			15.0	
	有效数字处理	5.0	符合要求			0	
			不符合要求			5.0	
重大错误（否定项）		1. 损坏测试仪器，仪器操作项得分为0分； 2. 引发人身伤害事故且较为严重，总分不得超过50分； 3. 伪造数据，记录与报告项、结果评价项得分均为0分					
合计							

评分人签名：

日期：

八、目标检测

(一) 单选题

1) 在力的作用下物体相互接触表面之间发生的切向相对运动，或有运动趋势时出现阻碍该运动行为并且伴随着机械能量损耗的现象和过程称为(　　)。

A. 摩擦　　B. 摩擦力　　C. 磨损　　D. 阻力

2) 由两个相对运动又相互作用的摩擦学元素构成的最小的系统是(　　)。

A. 摩擦力　　B. 摩擦副　　C. 磨耗　　D. 滚动摩擦

3) 滑动摩擦磨损试验机的试验环材料一般为(　　)钢。

A. 30#　　B. 35#　　C. 40#　　D. 45#

4) 在转动摩擦副中，转动体在周向上受到的摩擦力与转动体有效半径的乘积是(　　)

A. 摩擦力　　B. 摩擦力矩　　C. 滚动摩擦　　D. 摩擦

5) 滑动摩擦磨损测试时，一般每组试样的数量为(　　)。

A. 2 个　　B. 不少于 2 个　　C. 3 个　　D. 不少于 3 个

6) 滑动摩擦磨损测试时，试样的状态调节的标准按 GB/T 2918 规定室温是(　　)℃。

A. 20±5　　B. 20　　C. 23±5　　D. 23

7) 质量磨损计算公式 $m=m_1-m_2$ 中的 m 是(　　)。

A. 质量磨损　　B. 试样前的质量　　C. 体积磨损　　D. 试样后的质量

8) 体积磨损、磨痕宽度、质量磨损应保留(　　)位有效数字。

A. 1　　B. 2　　C. 3　　D. 4

(二) 多选题

1) 对于滑动摩擦磨损试验中，下列说法正确的是(　　)。

A. 试验环材料是 45#钢　　B. 试验环要求淬火

C. 试验环外径尺寸为(39±0.5)mm　　D. 试验环不需要倒角

E. 试验环不需要清除油污

2) 对于体积磨损计算公式 $V_1=\dfrac{m_1-m_2}{\rho}$，下列说法正确的是(　　)。

A. V_1 为体积磨损　　B. V_1 单位为 cm^3

C. m_1 为质量磨损　　D. ρ 为试样的密度，单位为 g/cm^3

3) 对于摩擦系数，下列说法正确的是(　　)。

A. 圆环半径的单位为 m

B. 试验负荷的单位为 N

C. 圆环半径的单位为 cm

D. 摩擦力矩一定时，试验负荷越小，摩擦系数越大

4) 塑料滑动摩擦磨损性能测试结果中，应保留 3 位有效数字的有(　　)。

A. 体积磨损　　B. 磨痕宽度　　C. 质量磨损　　D. 摩擦系数

5) 对于滑动摩擦磨损，下列说法正确的是(　　)。

A. m_1 为试验前的试样质量　　B. m 为质量磨损

C. m 为体积磨损　　D. m_2 为试验后试样的质量

E. m_2 为试验前试样的质量

（三）判断题

1）塑料滑动摩擦磨损试验中，试样应保持静止，试验环以 200r/min 转动，试验时间 2min，负荷 196N。(　　)

2）塑料滑动摩擦磨损试样为长方体，要求表面平整，无气泡、裂纹、分层、明显杂质和加工损伤等缺陷。(　　)

3）在塑料滑动摩擦磨损试验中，试验环内径为 16mm，外圆需要倒角，倒角为 0.5×45°。(　　)

4）试验环不需要清理油污就可再次使用。(　　)

5）摩擦力矩是一组摩擦副之间的摩擦力与法向力之比。(　　)

6）磨损量就是在磨损过程中摩擦副的材料接触表面变形或表层材料流失的量。(　　)

7）由于摩擦造成表面的变形、损伤或表层材料逐渐流失的现象和过程称为磨损。(　　)

8）体积磨损，磨痕宽度、质量磨损应保留 2 位有效数字，摩擦系数应保留 3 位有效数字。(　　)

9）磨痕宽度是指在环-块摩擦磨损试验时，块的表面经摩擦磨损后在摩擦面上留下的损伤痕迹的断面(凹形圆弧的圆弧弦长)，单位为 cm。(　　)

10）对于某特定试样，滑动摩擦磨损测试中质量磨损越大，体积磨损也越大。(　　)

第四章　高分子材料热性能测试

第一节　高分子材料负荷变形温度的测定

一、学习目标

知识目标

① 了解高分子材料负荷变形温度的测定原理；
② 了解相关测试仪器的结构、功能和使用；
③ 掌握常见高分子材料负荷变形温度的测定方法。

能力目标

能进行高分子材料负荷变形温度的测定。

素质目标

① 培养良好的职业素养；
② 培养学生养成良好的自我学习和信息获取能力；
③ 培养学生遵章守纪、按章操作的工作作风；
④ 构建安全意识、现场 7S 管理；
⑤ 提升学生创新设计能力。

二、工作任务

软化温度是指高聚物试样达到一定的形变数值时的温度。软化温度测定的方法都是在某一指定的应力及条件下(如一定试样大小、一定的升温速度和施力方式等)进行的。通常以负荷变形温度、维卡软化温度来表示。

本项目的工作任务见表 4-1。

表 4-1　高分子材料负荷变形温度的测定工作任务

编号	任务名称	要　求	实验用品
1	负荷变形温度测试	1. 能利用量具进行试样尺寸的测量； 2. 能进行负荷变形温度测定仪的操作； 3. 能进行施加力和标准挠度的计算； 4. 能按照测试标准进行结果的数据处理	负荷变形温度测定仪、砝码、游标卡尺(精度 0.01mm)
2	试验数据记录与整理	1. 记录试验数据； 2. 完成试验报告	试验报告

三、知识准备

（一）测试标准

GB/T 1634.1—2019《塑料 负荷变形温度的测定 第1部分：通用试验方法》；GB/T 1634.2—2019《塑料 负荷变形温度的测定 第2部分：塑料和硬橡胶》；GB/T 1634.3—2004《塑料 负荷变形温度的测定 第3部分：高强度热固性层压材料》。

（二）相关名词解释

1）弯曲应变(ε_f)：试样跨度中点外表面单位长度的微小的用分数表示的变化量。

2）弯曲应变增量($\Delta\varepsilon_f$)：在加热过程中产生的所规定的弯曲应变增加量。

3）挠度(s)：在弯曲过程中，试样跨度中心的顶面或底面偏离其原始位置的距离。

4）标准挠度(Δs)：由GB/T 1634有关部分规定的，与试样表面弯曲应变增量$\Delta\varepsilon_f$对应的挠度增量。

5）弯曲应力(σ_f)：试样跨度中心外表面上的标称应力。

6）负荷(F)：施加到试样跨度中点上的力，使之产生规定的弯曲应力。

7）负荷变形温度(T_f)：随着试验温度的增加，试样挠度达到标准挠度值时的温度。

（三）测试原理

标准试样以平放方式承受三点弯曲恒定负荷，使其产生GB/T 1634相关部分规定的其中一种弯曲应力。在匀速升温条件下，测量达到与规定的弯曲应变增量相对应的标准挠度时的温度。

（四）结果计算及表示

（1）施加力的计算

$$F=\frac{2\sigma_f\cdot b\cdot h^2}{3L}$$

式中 F——负荷，N；

σ_f——试样表面承受的弯曲应力，MPa；

b——试样宽度，mm，精确到0.1mm；

h——试样厚度，mm，精确到0.1mm；

L——试样与支座接触线间距离(跨度)，mm，精确到0.5mm。

（2）附加砝码质量计算

$$m_w=\frac{F-F_s}{9.81}m_r$$

式中 m_r——施加试验力的加荷杆质量，kg；

m_w——附加砝码的质量，kg；

F——施加到试样上的总力，N；

F_s——所用仪器施荷弹簧产生的力，N。

（3）标准挠度计算

$$\Delta s=\frac{L^2\cdot\Delta\varepsilon_f}{600h}$$

式中 Δs——标准挠度，mm；

L——跨度，即试样支座与试样的接触线之间距离，mm；

$\Delta\varepsilon_f$——弯曲应变增量，%。

(4) 结果表示

以受试试样负荷变形温度的算术平均值表示受试材料的负荷变形温度，除非 GB/T 1634 有关部分另有规定。把试验结果表示为一个最靠近的摄氏温度整数值。

四、实践操作

1）打开仪器电源，打开电脑上的操作软件，在软件界面点击“联机”按钮进行仪器联机。

2）仪器联机后，软件界面显示加热装置当前温度，每次试验开始时，加热装置的温度应低于 27℃，除非以前的试验已经表明，对受试的具体材料，在较高温度下开始试验不会引起误差。

3）取 2 个试样，测量试样的宽度和厚度，精确到 0. 01mm。

4）在软件界面新建试验方案，选择试验类型为“热变形”，选择标准规定的升温速率 (120±10)℃/h，输入试样尺寸信息，计算需添加的砝码质量，并选择热变形试验对应的试验通道。

5）按仪器上的“上升”按钮，升起升降台，把试样平放在支座上，使试样长轴垂直于支座，且压头要对准试样正中。

6）下降升降台，使得试样完全浸没在硅油中。

7）将经计算后需加的砝码放置在加荷装置上，并调节千分表位置，使千分表与砝码接触且数值显示在 3~5mm 之间，然后将千分表清零。

8）点击“开始试验”。

9）试验结束后，记录试验数据并打印试验报告，如果试验结果误差超过规定范围，则重做该次试验。

10）升起升降台，小心取出试样，做好 5S 清理工作，最后下降升降台，关闭仪器及电脑。

五、应知应会

（一）试样

1）所有试样都不应有因厚度不对称所造成的翘曲现象。

2）试样应是横截面为矩形的样条。试样的尺寸应符合 GB/T 1634. 2 或 GB/T 1634. 3 的规定，每个试样中间长度部分任何地方的厚度和宽度都不能偏离平均值的 2%以上。

3）试样应无扭曲，其相邻表面应互相垂直，所有表面和棱边均应无划痕、麻点、凹痕和飞边等。应确保试样所有切削面都尽可能平滑，并确保任何不可避免的机加工痕迹都顺着长轴方向。为使试样符合这些要求，应把其紧贴在直尺、三角尺或平板上，用目视观测或用测微卡尺对试样进行测量检查。如果测量或观察到试样存在一个或多个不符合上述要求的缺陷，则应弃之不用或在试验前将其机加工到适宜的尺寸和形状。

4）至少试验两个试样，为降低翘曲变形的影响，应使试样不同面朝着加荷压头进行试验。如需进行重复试验，则对每个重复试验都要求增加两个试样。

5）除非受试材料规范另有要求外，状态调节和试验环境应符合 GB/T 2918 的规定。

（二）测试仪器

（1）产生弯曲应力的装置

该装置由一个刚性金属框架构成，基本结构如图 4-1 所示。框架内有一可在竖直方向自由移动的加荷杆，杆上装有砝码承载盘和加荷压头，框架底板同试样支座相连，这些部件及框架垂直部分都由线膨胀系数与加荷杆相同的合金制成。

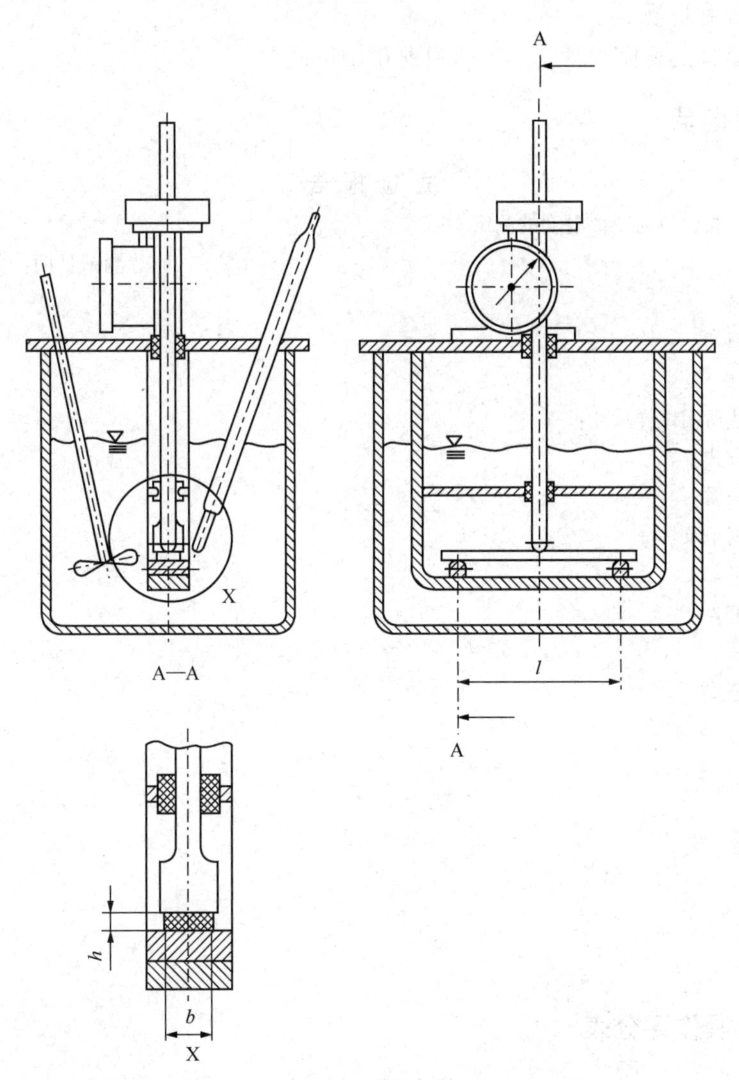

图 4-1　负荷变形产生弯曲应力装置

（2）加热装置

加热装置应为热浴，热浴内装有适宜的液体传热介质，试样在其中应至少浸没 50mm 深，并应装有高效搅拌器，应确定所选用的液体传热介质在整个温度范围内是稳定的并应对受试材料没有影响，例如不引起溶胀或开裂。加热装置应装有控制元件，以使温度能以（120±10）℃/h 的均匀速率上升。

(3) 砝码

应备有一组砝码，以使试样所加负荷达到所需的弯曲应力。

(4) 测温器

精度在0.5℃以上，符合本次试验的测温器即可。

(5) 挠度测量仪器

已校正过的直读式测微计或其他合适的仪器，在试样支座跨度中点测得的挠曲应精确到0.01mm以内。

(6) 测微计和量规

用于测量试样的宽度和厚度，应精确到0.01mm。

六、试验记录

试 验 报 告

项目：高分子材料负荷变形温度的测定

姓名：　　　　　　　　　　　　　　测试日期：

一、试验材料

所选用的材料：

二、试样条件

试样制备方法所用试样尺寸：

试样的放置方式：

选用的传热介质：

三、试验数据记录

附加砝码质量：　　　　　　　　　　跨度：

负荷变形温度：

四、计算公式

施加力计算公式：

标准挠度计算公式：

七、技能操作评分表

技能操作评分表

项目：高分子材料负荷变形温度的测定

姓名：

项目	考核内容	分值	考核记录		扣分说明	扣分标准	扣分
试样准备 (5分)	尺寸测量	5.0	正确、规范			0	
			不正确			5.0	

续表

项目	考核内容	分值	考核记录		扣分说明	扣分标准	扣分
仪器操作（50分）	仪器检查	5.0	有			0	
			没有			5.0	
	仪器开机	5.0	正确、规范			0	
			不正确			5.0	
	安装试样	5.0	正确、规范			0	
			不正确			5.0	
	附加砝码质量计算	10.0	准确			0	
			不准确			10.0	
	参数设置	10.0	合理			0	
			不合理			10.0	
	砝码放置	5.0	正确、规范			0	
			不正确			5.0	
	仪器清理	5.0	正确、规范			0	
			不正确			5.0	
	仪器停机	5.0	正确、规范			0	
			不正确			5.0	
记录与报告（10分）	原始记录	5.0	完整、规范			0	
			欠完整、不规范			5.0	
	报告（完整、明确、清晰）	5.0	规范			0	
			不规范			5.0	
文明操作（15分）	操作时机台及周围环境	3.0	整洁			0	
			脏乱			3.0	
	废样、手套处理	4.0	按规定处理			0	
			乱扔乱倒			4.0	
	结束时机台及周围环境	4.0	清理干净			0	
			未清理、脏乱			4.0	
	砝码、工量具归位	4.0	已归位			0	
			未归位			4.0	
结果评价（20分）	计算公式	10.0	正确			0	
			不正确			10.0	
	有效数字运算	10.0	符合要求			0	
			不符合要求			10.0	
重大错误（否定项）		1. 损坏测试仪器，仪器操作项得分为0分； 2. 引发人身伤害事故且较为严重，总分不得超过50分； 3. 伪造数据，记录与报告项、结果评价项得分均为0分					
合计							

评分人签名：

日期：

八、目标检测

（一）单选题

1）尺寸为80mm×10mm×4mm的尼龙试样，采用平放法测试其负荷变形温度，当试样初始挠度增加量达到(　　)时的温度即为试样的负载负荷变形温度。

A. 0.34mm　　B. 0.21mm　　C. 0.36mm　　D. 0.24mm

2）测定负荷变形温度时的升温速率要求为(　　)。

A. (50±10)℃/h　　B. (100±10)℃/h　　C. (120±10)℃/h　　D. (150±10)℃/h

3）GB/T 1634—2019负荷下负荷变形温度的测试标准中规定，试验的起始温度应低于(　　)。

A. 23℃　　B. 27℃　　C. 35℃　　D. 40℃

4）负荷变形温度测试时，需要用测微计和量规，用于测量试样的宽度和厚度，应精确到(　　)。

A. 0.01mm　　B. 0.02mm　　C. 0.1mm　　D. 0.05mm

5）负荷变形温度测试时，试样应是横截面为矩形的样条，其长度 l、宽度 b、厚度 h 应满足(　　)。

A. $l>b<h$　　B. $l<b>h$　　C. $l<b<h$　　D. $l>b>h$

（二）多选题

1）负荷变形温度测试中，表述正确的有(　　)。

A. 弯曲应变是指试样跨度中点外表面单位长度的微小的用整数表示的变化量

B. 挠度是指在弯曲过程中，试样跨度中心的顶面或底面偏离其原始位置的距离

C. 弯曲应力是指试样跨度中心外表面上的标称应力

D. 负荷变形温度是指随着试验温度的增加，试样挠度达到标准挠度值时的温度

2）负荷变形温度测试使用的仪器中对于加热装置描述正确的是(　　)。

A. 加热装置应为热浴，热浴内装有适宜的液体传热介质

B. 试样在其中应至少浸没30mm深，并应装有高效搅拌器

C. 应确定所选用的液体传热介质在整个温度范围内是否稳定

D. 液体传热介质应对受试材料没有影响，例如不引起溶胀或开裂

3）负荷变形温度的测试中关于试样检查描述正确的有(　　)。

A. 试样应无扭曲，其相邻表面应互相垂直

B. 所有表面和棱边均应无划痕、麻点、凹痕和飞边等

C. 应确保试样所有切削面都尽可能平滑，并确保任何不可避免的机加工痕迹都顺着长轴方向

D. 为使试样满足标准要求，应对试样进行测量检查

E. 如果测量或观察到试样不符合标准中规定，则应弃之不用或在试验前将其机加工到适宜的尺寸和形状

4）在GB/T 1634所采用的三点加荷法中，施加到试样上的力 F，以N为单位，如果采取优选放置方式，计算公式为 $F=\dfrac{2\sigma_{f}\cdot b\cdot h^{2}}{3L}$，以下说法正确的是(　　)。

A. F——负荷，N；　　　　B. σ_f——试样表面承受的弯曲应力，MPa；

C. b——试样宽度，mm；　　　　D. h——试样厚度，mm；

E. L——试样与支座接触线间的距离，cm。

(三) 判断题

1) 负荷变形温度测试中的试样都不应有因厚度不对称所造成的翘曲现象。(　　)

2) 很多聚合物制品都有负荷变形温度这项指标，该指标用来控制产品质量，并表示产品最高使用温度。(　　)

3) 负荷变形温度测量仪器可以使用任何适宜的、经过校准的温度测量仪器，应具有适当范围并能读到0.5℃或更精确。(　　)

4) 负荷变形温度测试中至少测试三个试样，为降低翘曲变形的影响，应使试样不同面朝着加荷压头进行试验。(　　)

5) 负荷变形温度测试时，应对试样支座间的跨度进行检查，如果需要则调节到适当的值，测量并记录该值，精确至0.05mm。(　　)

第二节　高分子材料维卡软化温度测定

一、学习目标

知识目标

① 了解高分子材料维卡软化温度测定原理；

② 掌握常见的高分子材料的维卡软化温度测定方法。

能力目标

能利用仪器进行塑料材料维卡软化温度的测定。

素质目标

① 培养学生良好的职业素养；

② 培养学生的科学精神和态度；

③ 锻炼学生组织协调、团队协作能力。

二、工作任务

软化温度是指高聚物试样达到一定的形变数值时的温度，此时材料开始变形，力学性能降低，高聚物材料多数没有敏锐的熔点，而是在某一温度范围内开始慢慢软化。软化温度测定的方法都是在某一指定的应力及条件下(如一定试样大小、一定的升温速度和施力方式等)进行的，通常以维卡软化温度、弯曲负荷热变形温度(简称热变形温度)来表示。

本项目的工作任务见表4-2。

表 4-2 高分子材料维卡软化温度测定工作任务

编号	任务名称	要求	实验用品
1	维卡软化温度测定	1. 能正确选择试样； 2. 能进行维卡软化温度测定仪的规范操作； 3. 能按照测试标准对结果进行数据处理	维卡软化温度测定仪、试样、镊子、砝码、游标卡尺
2	试验数据记录与整理	1. 记录试验数据； 2. 完成试验报告	试验报告

三、知识准备

(一) 测试标准

GB/T 1633—2000《热塑性塑料维卡软化温度(VST)的测定》；GB/T 8802—2001《热塑性塑料管材、管件 维卡软化温度的测定》。

(二) 测试原理

当匀速升温时，测定给出的某一种负荷条件下标准压针刺入热塑性塑料试样表面 1mm 深时的温度。

(三) 试验方法

1）试验条件选用 50℃/h 的升温速率，负荷为 10N 的 A50 法。

2）试验条件选用 50℃/h 的升温速率，负荷为 50N 的 B50 法。

3）试验条件选用 120℃/h 的升温速率，负荷为 10N 的 A120 法。

4）试验条件选用 120℃/h 的升温速率，负荷为 50N 的 B120 法。

(四) 结果表示

受试材料的维卡软化温度以试样维卡软化温度的算术平均值来表示。如果单个试验结果差的范围超过 2℃，记下单个试验结果，并用另一组至少两个试样重复进行一次试验。

四、实践操作

1）打开仪器电源，打开电脑上的操作软件，在软件界面点击“联机”按钮进行仪器联机。

2）仪器联机后，软件界面显示加热装置当前温度，每次试验开始时，加热装置的温度应低于 27℃，除非以前的试验已经表明，对受试的具体材料，在较高温度下开始试验不会引起误差。

3）取 2 个试样，测量试样的宽度和厚度，精确到 0.01mm。

4）在软件界面新建试验方案，选择试验类型为“维卡”，从 A50 法、B50 法、A120 法、B120 法中选择一种适合的试验方法，并设置相应的升温速率，输入试样信息，计算需添加的砝码质量，并选择维卡软化温度测定对应的试验通道。

5）按仪器上的“上升”按钮，升起升降台，把试样平放在支座上，使试样长轴垂直于支座，且压头要对准试样正中。

6）下降升降台，使得试样完全浸没在硅油中。

7）将经计算后需加的砝码放置在加荷装置上，并调节千分表位置，使千分表与砝码接触且数值显示在 3~5mm 之间，然后将千分表清零。

8）点击“开始试验”。

9）试验结束后，记录试验数据并打印试验报告，如果试验结果误差超过规定范围，则重做该次试验。

10）升起升降台，小心取出试样，做好 5S 清理工作，最后下降升降台，关闭仪器及电脑。

五、应知应会

（一）试样

1）每个受试样品使用至少两个试样，试样为厚 3~6.5mm、边长 10mm 的正方形或直径 10mm 的圆形，表面平整、平行、无飞边，试样应按照受试材料规定进行制备，如果没有规定，可以使用任何适当的方法制备试样。

2）如果受试样品是模塑材料（粉料或粒料），应按照受试材料的有关规定模塑成厚度为 3~6.5mm 的试样。没有规定则按照 GB/T 9352、GB/T 17037.1 或 GB/T 11997 模塑试样。如果这些都不适用，可以遵照其他能使材料性能改变尽可能少的方法制备试样。

3）对于板材，当试样厚度为 3~6.5mm 时，试样厚度应等于原板材厚度。

（二）测试仪器

维卡软化温度测定仪如图 4-2 所示，主要部件包含以下内容。

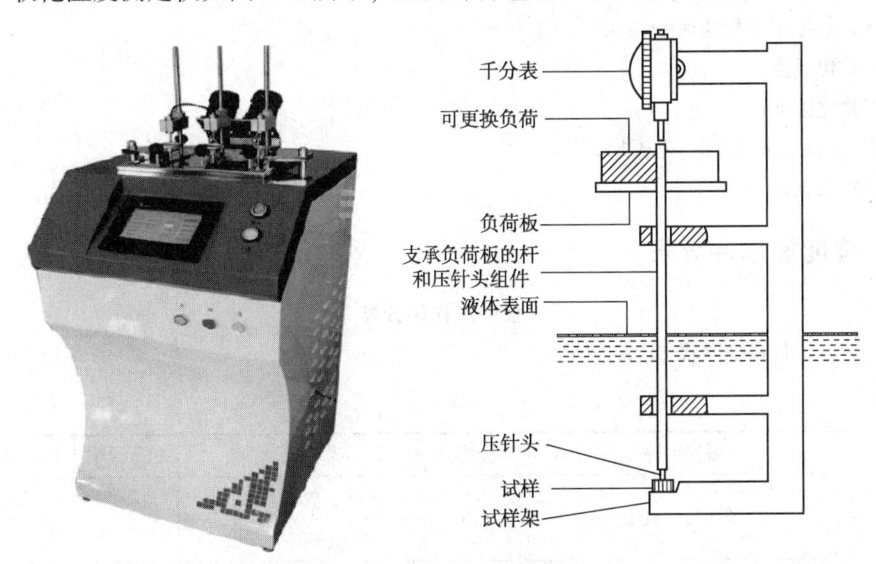

图 4-2　维卡软化温度测定仪

1）负载杆：装有负荷板，固定在刚性金属架上，能在垂直方向上自由移动，金属架底座用于支撑负载杆末端压针头下的试样。负载杆和金属架构件应具有相同的膨胀系数，部件长度的不同变化，会引起试样表观变形读数的误差。

2）压针头：最好是硬质钢制成的长度为 3mm、横截面积为（1.000±0.015）mm^2 的圆柱体。固定在负载杆的底部，压针头的下表面应平整，垂直于负载杆的轴线，并且无毛刺。

3）千分表（或其他适宜的测量仪器）：能够测量压针头刺入试样（1±0.01）mm 的针入度，并能将千分表的推力记为试样所受推力的一部分。

4）负荷板：装在负载杆上，中央加有适合的砝码，负载杆、压针头、负荷板千分表弹簧组合向下的推力应不超过 1N。

5）加热设备：盛有液体的加热浴或带有强制鼓风式氮气循环的烘箱。加热设备应装有控制器，能按要求以 50℃/h±5℃/h 或 120℃/h±10℃/h 的匀速升温。在试验期间，每隔 6min 温度变化分别为 5℃±0.5℃或 12℃±1℃。

6）加热浴：试样浸入深度至少为 35mm；在使用温度下稳定，对受试材料没有影响（例如膨胀或开裂等现象）。

六、试验记录

试 验 报 告

项目：高分子材料维卡软化温度测定

姓名： 测试日期：

一、试验材料

所选用的材料：

二、试验条件

选用的试验方法：

使用的传热介质：

施加砝码质量：

三、试验数据记录与处理

试样 1 软化温度：

试样 2 软化温度：

试样 1、2 软化温度差值（是否超 2℃）：

四、试验数据截图

七、技能操作评分表

技能操作评分表

项目：高分子材料维卡软化温度测定

姓名：

项目	考核内容	分值	考核记录		扣分说明	扣分标准	扣分
试样准备（5分）	试样尺寸检查	5.0	正确、规范			0	
			不正确			5.0	
仪器操作（50分）	仪器检查	5.0	有			0	
			没有			5.0	
	仪器开机	5.0	正确、规范			0	
			不正确、不规范			5.0	
	安装试样	5.0	正确、规范			0	
			不正确、不规范			5.0	

续表

项目	考核内容	分值	考核记录		扣分说明	扣分标准	扣分
仪器操作（50 分）	附加砝码质量计算	10.0	准确			0	
			不准确			10.0	
	参数设置	10.0	合理			0	
			不合理			10.0	
	砝码放置	5.0	正确、规范			0	
			不正确			5.0	
	仪器清理	5.0	正确、规范			0	
			不正确			5.0	
	仪器停机	5.0	正确、规范			0	
			不正确			5.0	
记录与报告（10 分）	原始记录	5.0	完整、规范			0	
			欠完整、不规范			5.0	
	报告(完整、明确、清晰)	5.0	规范			0	
			不规范			5.0	
文明操作（15 分）	操作时机台及周围环境	3.0	整洁			0	
			脏乱			3.0	
	废样、手套处理	4.0	按规定处理			0	
			乱扔乱倒			4.0	
	结束时机台及周围环境	4.0	清理干净			0	
			未清理、脏乱			4.0	
	砝码、工量具归位	4.0	已归位			0	
			未归位			4.0	
结果评价（20 分）	结果平均值计算	10.0	正确			0	
			不正确			10.0	
	差值超过 2℃处理方法	10.0	符合要求			0	
			不符合要求			10.0	
重大错误(否定项)		1. 损坏测试仪器，仪器操作项得分为 0 分； 2. 引发人身伤害事故且较为严重，总分不得超过 50 分； 3. 伪造数据，记录与报告项、结果评价项得分均为 0 分					
合计							

评分人签名：

日期：

八、目标检测

（一）单选题

1）进行热塑性塑料维卡软化温度（VST）的测定现用国家标准是（　　）。

A. GB/T 1633—2006　　B. GB/T 1633—2016

C. GB/T 1633—2000　　D. GB/T 1633—2007

2）维卡软化温度是指当匀速升温时，测定在给出的某一种负荷条件下标准压针刺入热塑性塑料试样表面（　　）深时的温度。

A. 0.1mm　　B. 1mm　　C. 0.02mm　　D. 0.05mm

3）维卡软化温度测试压针头，最好是硬质钢制成的长为（　　）、横截面积为 $1.000mm^2 \pm 0.015mm^2$ 的圆柱体。

A. 3mm　　B. 4mm　　C. 1mm　　D. 2mm

4）能够测量压针头刺入试样（　　）的针入度，并能将千分表的推力记为试样所受推力的一部分。

A. 2mm±0.01mm　　B. 2mm±0.05mm　　C. 1mm±0.01mm　　D. 1mm±0.05mm

5）进行热塑性塑料维卡软化温度（VST）的测定时，需有加热浴，盛有试样浸入的液体，并装有高效搅拌器，试样浸入深度至少为（　　）。

A. 25mm　　B. 50mm　　C. 30mm　　D. 35mm

（二）多选题

1）GB/T 1633—2000 规定的测定热塑性塑料维卡软化温度（VST）的试验方法有（　　）。

A. A50 法：使用 10N 的力，加热速率为 50℃/h

B. B50 法：使用 50N 的力，加热速率为 50℃/h

C. A120 法：使用 10N 的力，加热速率为 120℃/h

D. B120 法：使用 50N 的力，加热速率为 120℃/h

2）塑料维卡软化温度测定仪器主要包括（　　）等部件。

A. 负载杆、负荷板　　B. 压针头

C. 千分表　　D. 测温仪器

E. 加热设备

3）对塑料维卡软化温度测试试样描述正确的有（　　）。

A. 试样为厚 3~6.5mm、边长 10mm 的长方形

B. 每个受试样品使用至少两个试样

C. 试样为厚 3~6.5mm、边长 10mm 的正方形或直径 10mm 的圆形

D. 表面平整、平行、无飞边

E. 试样应按照受试材料规定进行制备。如果没有规定，可以使用任何适当的方法制备试样

4）对塑料维卡软化温度测试过程及步骤描述正确的有（　　）。

A. 将试样水平放在未加负荷的压针头上方，压针头离试样边缘不得少于 3mm，与仪器底座接触的试样表面应平整

B. 将组合件放入加热装置中，启动搅拌器，在试验开始时，加热装置的温度应为20~23℃

C. 对于仲裁试验应使用50℃/h的升温速率

D. 受试材料的维卡软化温度以试样维卡软化温度的算术平均值来表示

5）塑料维卡软化温度测试试验报告应包括(　　)。

A. 受试材料的完整标识、使用的方法

B. 由一层以上试样制成的复合试样应注明厚度和层数

C. 试样制备方法、使用的传热介质

D. 状态调节和退火方法、材料的维卡软化温度

E. 试验日期及检验人员

(三) 判断题

1）维卡软化温度测试时，如果单个试验结果误差的范围超过5℃，记下单个试验结果，并用另一组至少两个试样重复进行一次试验。(　　)

2）对某些材料，用较高升温速率(120℃/h)时，测得值可能高出维卡软化温度达10℃。(　　)

3）维卡软化温度测试时，除非受试材料有规定或要求，试样应按GB/T 2198进行状态调节。(　　)

4）维卡软化温度测试时，对于板材，试样厚度一般应等于原板材厚度。(　　)

5）维卡软化温度测试时，若带有强制鼓风式氮气循环烘箱，烘箱要求能使空气或氮气以160次/min的速度在烘箱内循环。(　　)

6）维卡软化温度测试时，若带有强制鼓风式氮气循环烘箱，每台烘箱的容积应不少于100L，箱内空气或氮气以1.5~2m/s的速度垂直于试样表面流动。(　　)

第三节　高分子材料熔融温度或熔融范围测定

一、学习目标

① 了解塑料材料熔融温度或熔融范围测定相关名词解释；

② 了解塑料材料熔融温度或熔融范围测定原理；

③ 掌握用毛细管法或偏光显微镜法进行塑料材料熔融温度测定方法。

能力目标

能利用毛细管法或偏光显微镜法进行塑料材料熔融温度的测定。

素质目标

① 培养学生良好的职业素养；

② 培养学生自我学习的习惯、爱好和能力。

二、工作任务

熔融温度(熔点)，从广义上来说是指物质从晶态转变为液态的温度，塑料材料熔融温度或熔融范围测定常利用毛细管法或偏光显微镜法。

本项目的工作任务见表4-3。

表4-3　高分子材料熔融温度或熔融范围测定工作任务

编号	任务名称	要　求	实验用品
1	塑料熔融温度或熔融范围测定	能利用毛细管法或偏光显微镜法进行塑料材料熔融温度或熔融范围的测定	圆底烧瓶、试管、胶塞、支架、测量温度计、辅助温度计、熔点管、毛细管熔点仪、偏光显微熔点仪
2	试验数据记录与整理	将试验结果填写在试验数据表格中，给出结论并对结果进行评价； 完成试验报告	试验报告

三、知识准备

(一) 测试标准

GB/T 16582—2008《塑料 用毛细管法和偏光显微镜法测定部分结晶聚合物熔融行为(熔融温度或熔融范围)》。

(二) 相关名词解释

1）部分结晶聚合物：含有结晶相和无定形相的聚合物。

2）熔融范围：当加热时，结晶或部分结晶聚合物结晶特性或形状消失的温度范围。

(三) 测试原理

(1) 毛细管法

以可控的速率加热样品，测定开始出现明显形状变化及结晶相完全消失时的温度，以形状变化时的温度作为样品的熔融温度，上述两个温度间的范围，即为熔融范围。

(2) 偏光显微镜法

试样置于显微镜的圆形偏振片和罩式偏振器之间，以可控的升温速率加热，测量在聚合物结晶相光学各向异性消失时的温度。

(四) 结果表示

1）毛细管法：熔融范围以试样形状开始改变时的温度和结晶相完全消失时的温度之间的温度区间表示。如果同一试验人员对同样的样品所获得的两次结果之差超过3℃，那么应以两个新的试样重新试验。

2）偏光显微镜法：以双折射消失并仅剩下一个完整的暗场时的温度作为试样的熔融温度。如果同一操作员对同样的样品获得的两次结果之差大于1℃，那么应以两个新的试样重复上述步骤。

四、实践操作

(一) 毛细管法

(1) 校准温度测量系统

利用标准物质进行温度测量系统校准，各标准物质的熔点见表4-4。

表4-4　标准物质的熔点

名称	熔点/℃	名称	熔点/℃
L-1-薄荷醇	42.5	乙酸苯胺	113.5
偶氮苯	69.0	安息香酸	121.7
8-羟基喹啉	75.5	非那西汀	136.0
萘磺酸	80.2	己二酸	151.5
苯酰	96.0	铟	156.4
对氨基苯磺酰胺	165.7	邻磺酰苯甲酰亚胺	229.4
氢醌	170.3	锡	231.9
琥珀酸	189.5	二氯化锡	247.0
2-氯蒽醌	208.0	酚酞	261.5
蒽	217.0		

2）把温度计和含有试样的毛细管插入金属块中并开始加热。

3）调整控制器以不高于10℃/min的速率加热试样，直到比预期熔融温度低约20℃时，调整升温速率为2℃/min±0.5℃/min。

4）记录试样形状开始改变时的温度，以同样的速率继续加热，记录结晶相完全消失时的温度。

(二) 偏光显微镜法

1）将试样组件放在微型加热台上，调整光源至最大光强，聚焦显微镜；旋转偏振器以获得暗场，结晶材料在暗场上显示光亮。

2）调节温度控制器使加热台逐渐升温(以不高于10℃/min的加热速率)，直至低于熔融温度T_m以下的某一温度，以作为初步试验所测定的一个近似值，所得的温度值为下列之一：

T_m<150℃时，应低10℃；150℃<T_m<200℃时，应低15℃；T_m>200℃时，应低20℃。

3）调整温度控制器以1~2℃/min的速率升温。

4）观察双折射消失并仅剩下一个完整的暗场时的温度，记下该温度，作为试样的熔融温度，以另外一个试样重复该步骤，如果同一操作对同样的样品获得的两次结果之差大于1℃，要用两个新的试样重复上述步骤。

五、应知应会

(一) 试样

1. 毛细管法

应用粒度不超过100μm的粉末或厚度为10~20μm的薄膜切成的小片，对比试验时，应用相同粒径和(或)相同厚度膜层的试样进行试验。

如果没有其他规定或有关各方的商定，测试前试样应按 GB/T 2918—2018 在 23℃±2℃和相对湿度 50%±5%下状态调节 3h。

2. 偏光显微镜法

测试试样可以是粉末状材料、模塑料和颗粒料、薄膜和片材。

其中，粉末状材料制样方法为：把 2~3mg 粒度不超过 100μm 的粉末样品放在透明的载玻片上，并用盖玻片将其盖住，在热台上加热试样组件(试样、载玻片和盖玻片)，直到略高于聚合物的熔融温度。对盖玻片稍稍加压，形成厚度 0.01~0.04mm 的薄膜，同时关闭加热开关，使组件慢慢冷却。

模塑料和颗粒料制样方法为：使用切片机将样品切成厚度近似 0.02mm 的薄膜，把它放在洁净的载玻片上并用盖玻片将其盖住，按规定加热并使其熔融。

薄膜和片材制样方法为：切出 2~3mg 的薄膜或片材试样，把它放在洁净的载玻片上并用盖玻片将其盖住，按规定加热并使其熔融。对载玻片和盖玻片间的试样进行预熔，可消除由于定向或内应力而产生的双折射，也减小了试验期间氧化的危险。如果有关各方协商一致，可不预熔，直接对粉末或薄膜或片材进行试验。

如果没有其他规定或有关各方的商定，测试前试样应按 GB/T 2918—2018 在 23℃±2℃和相对湿度 50%±5%下状态调节 3h。

(二) 测试仪器

1. 毛细管熔点仪

毛细管熔点仪由以下各部件组成：金属加热块，上部是中空的并形成一个小腔；金属塞，带有两个或多个孔，允许温度计和一个或多个毛细管装入金属块；加热系统；小腔内壁上的四个耐热玻璃窗，其布置是两两相对互成直角的。一个视窗前面装一个目镜，以便观察毛细管。其他三个视窗，借助灯照明封闭的内部(见图 4-3)。

2. 偏光显微熔点仪

偏光显微熔点仪主要由目镜、物镜、聚光镜、起偏镜、检偏镜、补偿器、调焦系统、点光源等部件组成，仪器如图 4-4 所示。

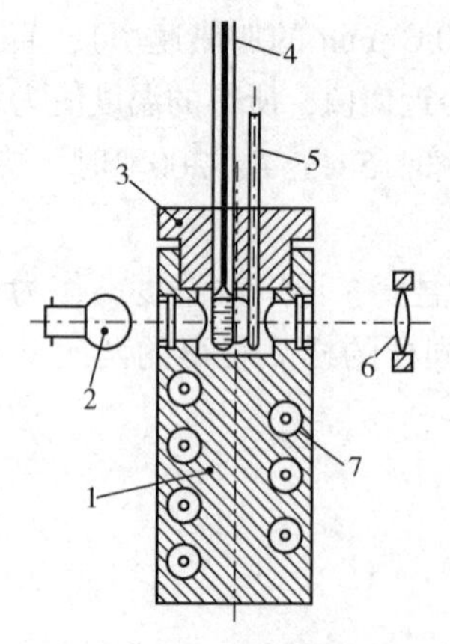

图 4-3 毛细管熔点仪

1—金属加热块；2—灯；3—金属塞；4—温度计；5—毛细管；6—目镜；7—电阻丝

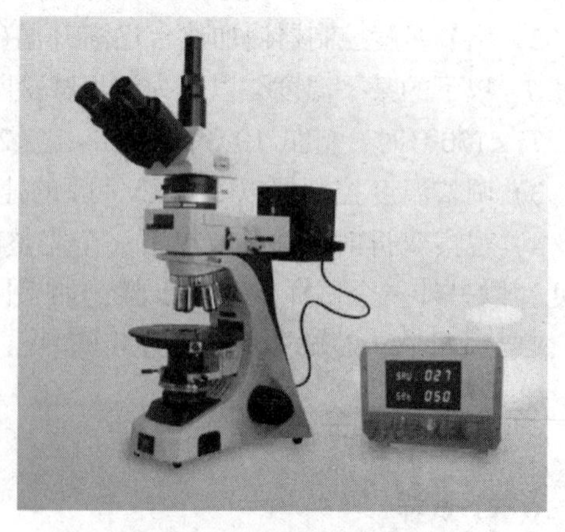

图 4-4 偏光显微熔点仪

（三）影响因素

1）升温速率对测定结果的影响：由于现有的测试设备中，大多使用水银温度计，其升温速率越快，温度计的滞后越大，读取熔点的值偏低，因此试验中升温速率不能太快。

2）试样状态对测试结果的影响：对于偏光显微镜法，在制备试样时，一定要轻微地在盖玻片上施压，使之在两玻片中间形成0.01~0.05mm厚的膜。如果不施加压力，试样表面在熔化后不光滑，则不平整表面的折射和反射干扰晶体的双折射，从而不能判断熔点或产生较大的误差。过大的样品尺寸或过厚的膜将导致观察到的熔点过高或不能确定熔点。此外，如果样品中含有玻璃纤维添加剂，玻璃纤维中光的反射和折射贯穿整个测试过程，不能确定被测试材料的熔点。

3）试样受热过程中氧化、降解的影响：对于某些材料，空气在加热过程中会引起氧化和降解，从而导致不能观察到双折射现象。对于这种样品，必须使用惰性气体来保护，一般使用氮气。如PA66熔点为253~254℃，如果不使用氮气保护，当温度约230℃时，样品将被氧化成深黄色，从而不能用显微镜观察，导致熔点不能测量。

六、试验记录

试 验 报 告

项目：高分子材料熔融温度或熔融范围测定

姓名：　　　　　　　　　　　　　　　　测试日期：

一、试验材料

所选用的材料：

二、试验条件

温度：

三、毛细管法

试　样	初熔温度/℃	终熔温度/℃
1		
2		
结果差值		

四、偏光显微镜法

试　样	熔融温度/℃
1	
2	
结果差值	

七、技能操作评分表

技能操作评分表

项目：高分子材料熔融温度或熔融范围测定

姓名：

项目	考核内容	分值	考核记录		扣分说明	扣分标准	扣分
原料准备（5分）	试样制备	2.0	正确			0	
			不正确			2.0	
	状态调节	3.0	正确、规范			0	
			不正确			3.0	
仪器操作（50分）	仪器检查	5.0	有			0	
			没有			5.0	
	仪器开机	5.0	正确、规范			0	
			不正确			5.0	
	温度测量系统校准	5.0	正确、规范			0	
			不正确			5.0	
	试样安装	10.0	设置合理			0	
			设置不合理			10.0	
	试样加热	10.0	正确、规范			0	
			不正确			10.0	
	显微观察	10.0	正确、规范			0	
			不正确			10.0	
	熔点温度记录	5.0	完整、规范			0	
			不正确			5.0	
记录与报告（10分）	报告(完整、明确、清晰)	5.0	规范			0	
			欠完整、不规范			5.0	
	操作时机台及周围环境	5.0	整洁			0	
			不规范			5.0	
文明操作（20分）	废样处理	5.0	按规定处理			0	
			脏乱			5.0	
	结束时机台及周围环境	10.0	清理干净			0	
			乱扔乱倒			10.0	
	工具处理	5.0	已归位			0	
			未归位			5.0	
结果评价（15分）	结果表示	15.0	符合要求			0	
			不正确			15.0	
重大错误(否定项)			1. 损坏仪器，仪器操作项得分为0分； 2. 引发人身伤害事故且比较严重，总分不得超过50分； 3. 制作虚假数据，记录与报告、结果评价得分为0分				
合计							

评分人签名：

日期：

八、目标检测

（一）单选题

1）在毛细管法测试高聚物熔点时，对于粉状物料，一般装样高度为（　　）。

A. 2~5mm　　B. 5~10mm　　C. 10~15mm　　D. 15~20mm

2）GB/T 16582—2008 规定用毛细管法和偏光显微镜法测定部分结晶聚合物的熔融行为的方法，偏光显微镜法适用于（　　）。

A. 部分结晶聚合物　　B. 双折射结晶相的聚合物

C. 含有颜料的配混物　　D. 含有添加剂的配混物

3）用毛细管法测试塑料熔融温度时，两次测量结果不能超过（　　）。

A. 10℃　　B. 5℃　　C. 3℃　　D. 2℃

4）用偏光显微镜法测试塑料熔融温度时，两次测量结果不能超过（　　）。

A. 1℃　　B. 5℃　　C. 3℃　　D. 2℃

5）毛细管法测定塑料熔融温度时，调整控制器以不高于 10℃/min 的速率加热试样，直到比预期熔融温度约低 20℃时，调整升温速率为（　　）。

A. 3℃/min±0.5℃/min　　B. 5℃/min±0.5℃/min

C. 2℃/min±0.5℃/min　　D. 1℃/min±0.5℃/min

（二）多选题

1）下列关于偏光显微镜法测试材料熔点的说法正确的有（　　）。

A. 一般取 1g 左右试样

B. 测 PA66 时一般用氮气进行保护

C. 在制备测试样片时，需把样品加热到比熔点高 10~20℃

D. PMMA 可以用偏光显微镜法测试熔点

2）以下（　　）材料熔点超过 100℃。

A. 苯酰　　B. 对氨基苯磺酰

C. 蒽　　D. 酚酞

E. 锡

3）（　　）是部分结晶聚合物，其结构是晶相与非晶相共同存在，晶相被非晶相所包围。

A. 尼龙　　B. 聚乙烯　　C. 聚丙烯　　D. 聚甲醛

4）以下哪些材料熔点没有超过 100℃。（　　）

A. 苯酰　　B. 酚酞　　C. 8-羟基喹啉　　D. 乙酸苯胺

E. 安息香酸

5）材料的熔点测试过程中，影响测试结果的因素有（　　）。

A. 升温速率　　B. 试样状态

C. 试样受热过程中氧化、降解　　D. 试样密度

E. 环境湿度

（三）判断题

1）广义的熔点是指物质从晶态转变为液态的温度。（　　）

2）用毛细管法测试塑料熔融温度，两次测量结果不能超过3℃。（ ）

3）分子间力、链的柔性等因素不会影响高聚物熔点。（ ）

4）GB/T 16582—2006 规定用毛细管法和偏光显微镜法测定部分结晶聚合物的熔融行为的方法。方法 A（毛细管法）适用于所有部分结晶聚合物及它们的配混物。（ ）

5）毛细管法测定熔融行为的原理是以可控的速率加热样品，测定开始出现明显形状变化及结晶相完全消失时的温度，以结晶相完全消失时的温度作为样品的熔融温度。（ ）

第四节 高分子材料熔体流动速率测定

一、学习目标

① 了解高分子材料熔体流动速率测定相关名词解释；

② 掌握高分子材料熔体流动速率测定方法；

③ 了解高分子材料熔体流动速率影响因素。

能进行常见高分子材料熔体流动速率的测定。

① 培育学生的科学精神和态度；

② 构建安全意识、提升学生现场管理能力；

③ 培养学生的团队协作、团队互助等意识。

二、工作任务

熔体流动速率的测定可用于判定热塑性塑料处于熔融状态时的流动性，了解聚合物相相对分子质量大小及分子量的分布；了解分子交联的程度，为塑料成型加工选择工艺条件提供依据。

本项目工作任务见表 4-5。

表 4-5 高分子材料熔体流动速率测定工作任务

编号	任务名称	要求	实验用品
1	高分子材料熔体流动速率的测定	1. 能利用天平正确称量试样； 2. 能进行熔体流动速率仪的操作； 3. 能进行熔体流动速率的正确计算； 4. 能按照测试标准进行结果的数据处理	熔体流动速率仪及配件、天平、试样、手套、纱布、镊子、托盘等
2	试验数据记录与整理	1. 将试验结果填写在试验数据表中，给出结论并对结果进行评价； 2. 完成试验报告	试验报告

三、知识准备

（一）测试标准

GB/T 3682.1—2018《塑料 热塑性塑料熔体质量流动速率（MFR）和熔体体积流动速率（MVR）的测定 第1部分：标准方法》。

（二）相关名词解释

1）熔体质量流动速率（MFR）：在规定的温度、负荷和活塞位置条件下，熔融树脂通过规定长度和内径的口模的挤出速率。以规定时间挤出的质量作为熔体质量流动速率，单位为g/10min。

2）熔体体积流动速率（MVR）：在规定的温度、负荷和活塞位置条件下，熔融树脂通过规定长度和内径的口模的挤出速率。以规定时间挤出的体积作为熔体体积流动速率，单位为cm^3/10min。

3）负荷：在规定的试验条件下，活塞和附加的单个或多个砝码组合的质量之和，单位为kg。

4）预压试样棒：聚合物样品经过预压缩得到的试验用试样棒。

5）时间-温度历史：在试样制备和试验过程中，试样所经历的时间和温度。

6）标准口模：标称长度8.000mm、标称内径2.095mm的口模。

7）半口模：标称长度4.000mm、标称内径1.050mm的口模。

8）湿度敏感性塑料：流变性能对其水分含量敏感的塑料。

（三）测试原理

在规定的温度和负荷下，由通过规定长度和直径的口模挤出的熔融物质，计算熔体质量流动速率（MFR）和熔体体积流动速率（MVR）。

测定MFR（方法A），称量规定时间内挤出物的质量，计算挤出速率，以g/10min表示。

测定MVR（方法B），记录活塞在规定时间内的位移或活塞移动规定的距离所需的时间，计算挤出速率，以cm^3/10min表示。

若已知材料在试验温度下的熔体密度，则MVR可以转化为MFR，反之亦然。

（四）结果计算

1. *方法A：质量测量法*

（1）熔体质量流动速率（MFR）

$$\text{MFR}(T,\ m_{\text{nom}})=\frac{600\times m}{t}$$

式中　T——试验温度，℃；

m_{nom}——标称负荷，kg；

600——g/s转换为g/10min的系数（10min=600s）；

m——料条切段的平均质量，g；

t——切断的时间间隔，s。

（2）由 MFR 计算熔体体积流动速率（MVR）

$$MVR(T, m) = \frac{MFR(T, m_{nom})}{\rho}$$

式中 $MFR(T, m_{nom})$——熔体质量流动速率；

ρ——熔体密度，g/cm^3。

2. 方法 B：位移测量方法

（1）熔体体积流动速率（MVR）

$$MVR(T, m_{nom}) = \frac{A \times 600 \times l}{t}$$

式中 T——试验温度，℃；

m_{nom}——标称负荷，kg；

A——料筒标准横截面积和活塞头的平均值，cm^2；

600——g/s 转换为 g/10min 的系数（10min = 600s）；

l——活塞移动预定测量距离或各个测量距离的平均值，cm；

t——预定测量时间或各个测量时间的平均值，s。

（2）由 MVR 计算熔体质量流动速率（MFR）

$$MFR(T, m_{nom}) = \frac{A \times 600 \times l \times \rho}{t}$$

$$\rho = \frac{m}{A \times l}$$

式中 ρ——熔体在试验温度下的密度，g/cm^3；

m——活塞移动 $l$cm 时挤出的试样质量，g。

（五）结果表示

结果用三位有效数字表示，小数点后最多保留两位小数，并记录试验温度和使用的负荷。例如：MFR = 10.6g/10min（190℃/2.16kg），MFR = 0.15g/10min（190℃/2.16kg），MVR = 10.9cm^3/10min（190℃/2.16kg），MVR = 0.17cm^3/10min（190℃/2.16kg）。

四、实践操作

1）检查熔体流动速率测定仪仪器是否完好，配件是否齐全。

2）装入口模。从仪器料筒的上端口装入口模，并用装料杆将其压到与口模挡板接触为止。

3）将活塞杆（组合件）从料筒的上端放入料筒中。

4）插上电源插头，打开控制面板上的电源开关，电源指示灯亮。在试验参数设定页设定试验温度、取样时间间隔（参照表 4-6 试验参数指南）、取样次数、加载负荷。按“升温”键，仪器开始升温，当温度稳定到设定值后，恒温至少 15min。

5）参照表 4-6 试验参数指南，称取适合的料量。

6）恒温 15min 后，带上准备好的手套（防止烫伤）取出活塞杆，将事先准备好的试样用装料斗和装料杆分次装入并压实，压实过程应尽可能将空气排出，全过程要在 1min 内完成。装料压实完成后，立即开始预热 5min(计时)，然后立即将活塞重新放入料筒中，进行预热。

7) 在预热后，即装料完成 5min 后，如果在预热时没有加负荷或负荷不足，此时应把选定的负荷加到活塞上。

8) 让活塞在重力的作用下下降，直到挤出没有气泡的料条，根据试样的实际黏度，这一过程可能在加负荷前或加负荷后完成。用切断工具切断挤出料条并丢弃，此时加载了负荷的活塞在重力作用下继续下降。

9) 当活塞杆下参照标线到达料筒顶面时，用计时器计时，同时用切断工具切断挤出料条并丢弃。

10) 逐一收集按一定时间间隔切断的料条，以测定挤出速率，切断时间间隔取决于试样熔体流动速率的大小，料条的长度不应短于 10mm，最好为 10~20mm。

11) 当活塞杆的上标线达到料筒顶面时停止切断。丢弃所有可见气泡的料条。冷却后，将保留下来的料条(最好是 3 个或以上)逐一称量，精确到 1g，计算它们的平均质量。

12) 在试验界面输入料条平均质量，按"enter"键，仪器自动计算出熔体流动速率值，并在界面主页显示出来。选择"打印结果"，打印试验报告。

13) 试验后，应进行清理工作：

① 待料筒内的料全部挤出后，戴上准备好的手套(防止烫伤)取下砝码和活塞杆，并把活塞杆清洗干净；

② 把连接口模挡板的推拉杆向外拉出，用装料杆顶出口模，用口模清理棒清理口模孔里的试验料，再用纱布条在小孔内往复擦拭，直到干净为止。同时把装料杆清洗干净；

③ 用洁净的白纱布绕在料筒清料杆上，趁热擦拭料筒，直至擦干净为止。

14) 关闭熔体流动速率测定仪电源开关，拔下电源插头。

五、应知应会

(一) 试样

1) 只要能够装入料筒内膛，试样可为任何形状，例如：粒料、薄膜条、粉料和模塑切片或挤出碎片。

2) 为确保挤出料条无气泡，测试粉末样品时可将材料挤压预成型或挤压成颗粒状。

3) 试样的形状对确定试验结果的再现性有很重要的影响，因此应控制试样形状增加实验室内试验结果的可比性，并减少试验差异。

4) 试验前应按照材料标准对试样进行状态调节，必要时还应进行稳定化处理。

(二) 测试仪器

熔体流动速率测定仪及典型装置如图 4-5 所示，其主要有料筒、活塞、温控系统、口模、负荷等部件组成。

1. 料筒

料筒长度为 115~180mm，内径为 9.550mm±0.007mm，由可在加热系统达到最高温度下耐磨损和抗腐蚀性稳定的材料制成，料筒内壁的维氏硬度应不低于 500(HV5~HV100)，

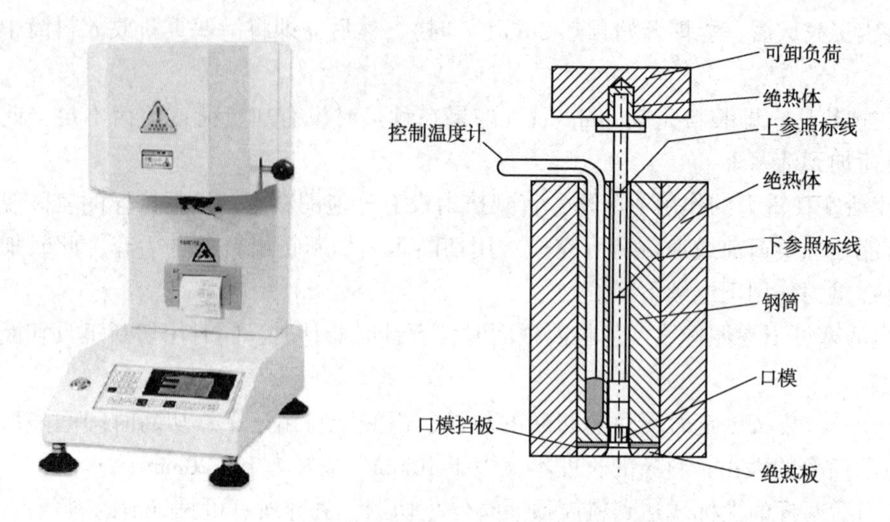

图 4-5 熔体流动速率测定仪及典型装置

表面粗糙度(算术平均偏差)应小于R_a0. 25。总体上，料筒内壁表面性能和尺寸应不受所测试材料的影响。

2. 活塞

活塞的工作长度应至少与料筒长度相同。活塞头长度应为 6. 35mm±0. 10mm，直径应为 9. 474mm±0. 007mm。活塞头下边缘应有半径 $0.4^{0.0}_{-0.1}$mm 的圆角，上边缘应去除尖角。活塞头以上的活塞杆直径应小于或等于 9. 0mm。

3. 温度控制系统

温度控制应满足在试验过程中，所有可设定的料筒温度下，标准口模顶部 10mm±1mm 和 70mm±1mm 之间的温度偏差不超过规定的最大温度允差。温度控制系统应满足以 0. 1℃或更小的温度间隔设置试验温度。

4. 口模

口模应由碳化钨或硬化钢制成。若测试样品有腐蚀性，可使用钴-铬-钨合金、铬合金、合成蓝宝石或其他适合的材料制造的口模。口模长度为 8. 000mm±0. 025mm；内孔应圆而直，内径为 2. 095mm 且均匀，其任何部位的公差应在±0. 005mm 范围内。

试验用标准口模标称长度 8. 000mm，标称内径 2. 095mm。当报告使用半口模获得的 MFR 和 MVR 值时，应注明使用了半口模。

5. 料筒竖直保持装置

可使用一个垂直于料筒轴线的双向气泡水平仪和可调的仪器支脚来使料筒保持竖直。

6. 负荷

可卸负荷位于活塞顶部，由一组可调节砝码组成，这些砝码与活塞所组合的质量可调节到所选定的所需负荷，最大允许偏差为±0. 5%。

7. 附件

主要有装料杆、清料杆、压料杆、口模清理棒、温度校准装置、切断工具、计时器、天平、位移测量装置等。

（三）试验参数指南

1. 方法 A：质量测量方法

表 4-6　试验参数指南

MFR[a]/(g/10min) MVR[a]/(cm^3/10min)	料筒中试样质量[b,c,d]/g	挤出料条切段时间间隔[e]/s
>0.1，≤0.15	3~5	240
>0.15，≤0.4	3~5	120
>0.4，≤1	4~6	40
>1，≤2	4~6	20
>2，≤5	4~8	10
>5[f]	4~8	5

[a] 如果本试验中所测得的数值小于 0.1g/10min(MFR)或 0.1cm^3/10min(MVR)，建议不测熔体流动速率。MFR>100g/10min 时，仅当计时器的分辨率为 0.01s 且使用方法 B 时，才可以使用标准口模。或者，在方法 A 中使用半口模。

[b] 当材料密度大于 1.0g/cm^3时，可能需增加试样量，低密度试样用少的试样量。

[c] 试样量是影响试验重复性的重要因素，因此需要将试样量的变化控制在 0.1g 以减小各次试验间的差异。

[d] 当使用半口模时，应适当增加试样量以弥补口模减小的体积，所需额外试样的体积约为 0.3cm^3。

[e] 切断时间间隔应满足挤出料条的长度在 10~20mm 之间。在此限制条件下操作，特别是对于测定挤出切断时间间隔较短的高 MFR 试样时，有时可能无法实现。采用更长的切断时间间隔可以减少试验误差。仪器分辨率对误差的影响根据仪器的不同而不同，可通过不确定度预估分析来进行评估。

[f] 当测定 MFR>10g/10min 的试样时，为获得足够的准确度，要么进一步提高测量时间的精度并且选用更长的切断时间间隔，要么使用方法 B。

2. 方法 B：质量测量方法

试验参数见表 4-7。

表 4-7　试验参数

MVR/(cm^3/10min) MFR/(g/10min)	活塞最小位移/mm
>0.1，≤0.15	0.5
>0.15，≤0.4	1
>0.4，≤1	2
>1，≤20	5
>20	10

注：①这些参数满足一次加料进行至少 3 次测量。由于受仪器位移分辨率的影响，选择比表中最小位移更大的活塞位移可减少试验误差。对于 MVR 小于 0.4cm^3/10min 的材料使用最大的切断时间 240s 可减小误差，但仍需满足一次加料进行至少 3 次测量。仪器的分辨率对试验结果的影响，可由不确定度进行评价。

②对于有些材料，测量结果可能由于活塞移动的位移而改变。为了提高重复性，关键是每次试验都应保持相同位移。

（四）热塑性塑料相关材料标准规定的测定熔体流动速率的试验条件

热塑性塑料相关材料标准规定的测定熔体流动速率的试验条件见表 4-8。

表 4-8　测定熔体流动速率的试验条件

<table>
<tr><th rowspan="2">材料</th><th rowspan="2">相关标准</th><th colspan="3">测定熔体流动速率的试验条件[b]</th></tr>
<tr><th>条件代号</th><th>试验温度 T/℃</th><th>标称负荷(组合)m_{nom}/kg</th></tr>
<tr><td>ABS</td><td>GB/T 20417</td><td>U</td><td>220</td><td>10</td></tr>
<tr><td>ASA、ACS、AEDPS</td><td>ISO 6402</td><td>U</td><td>220</td><td>10</td></tr>
<tr><td rowspan="3">E/VAC</td><td rowspan="3">GB/T 39204</td><td>D</td><td>190</td><td>2.16</td></tr>
<tr><td>B</td><td>150</td><td>2.16</td></tr>
<tr><td>Z</td><td>125</td><td>0.325</td></tr>
<tr><td>MABS</td><td>ISO 10366</td><td>U</td><td>220</td><td>10</td></tr>
<tr><td rowspan="3">PB[a]</td><td>ISO 8986</td><td>D
F</td><td>190</td><td>2.16
10</td></tr>
<tr><td>GB/T 19473</td><td>T</td><td>190</td><td>5</td></tr>
<tr><td>ISO 15494</td><td>D
T</td><td>190</td><td>2.16
5</td></tr>
<tr><td>PC</td><td>ISO 7391</td><td>W</td><td>300</td><td>1.2</td></tr>
<tr><td rowspan="3">PE[a]</td><td>GB/T 1845</td><td>E
D
T
G</td><td>190</td><td>5</td></tr>
<tr><td>SH/T 1758
SH/T 1768</td><td>T</td><td>190</td><td>5</td></tr>
<tr><td>GB/T 13663
GB 15558
GB/T 28799
ISO 15494</td><td>T</td><td>190</td><td>5</td></tr>
<tr><td>PMMA</td><td>GB/T 15597</td><td>N</td><td>230</td><td>3.80</td></tr>
<tr><td>POM</td><td>GB/T 22271</td><td>D</td><td>190</td><td>2.16</td></tr>
<tr><td rowspan="4">PP[a]</td><td>GB/T 2546</td><td>M
P</td><td>230</td><td>2.16
5</td></tr>
<tr><td>SH/T 1750</td><td>M</td><td>230</td><td>2.16</td></tr>
<tr><td>GB/T 18742</td><td>M</td><td>230</td><td>2.16</td></tr>
<tr><td>ISO 15494</td><td>M
T</td><td>230
190</td><td>2.16
5</td></tr>
<tr><td>PS</td><td>GB/T 6594</td><td>H</td><td>200</td><td>5</td></tr>
<tr><td>PS-1</td><td>GB/T 18964</td><td>H</td><td>200</td><td>5</td></tr>
<tr><td>SAN</td><td>GB/T 21460</td><td>U</td><td>220</td><td>10</td></tr>
</table>

注：[a]材料标准中可能会给出该类材料熔体密度的理论值。

[b]GB/T 3682 各部分发布时，相关材料标准中规定或列出了这些试验条件。GB/T 3682 各部分的使用者在使用这些试验条件以前，应从这些材料标准的最新发布版本或其他新发布的材料标准中确认这些试验条件的有效性。随着材料的发展，研究和采用其他试验温度和标称负荷的组合是必要的和可能的，可按标准附录 A 进行。

（五）测试注意事项

1）如果预热时，用到口模塞，并且未加负荷或加荷不足，应把选定的负荷加到活塞上，待试样稳定数秒，移走口模塞。如果同时使用负荷支架和口模塞，则先移除负荷支架。

2）在试验开始前，强烈建议避免采用手压或施加额外负荷的方法进行外力清除多余试样的操作。为能在规定的时间内完成 MFR 或 MVR 测定如需外力清除多余试样，应保证外力清除操作完成至少 2min 后再开始正式试验，且外力清除过程应在 1min 之内完成。如进行了外力清除，则应在试验报告中报告。

3）对于 MFR（和 MVR）较小和（或）出口膨胀较大的材料，在最大切断时间间隔 240s 时也可能无法获得 10mm 或更长的料条。在这种情况下，仅在 240s 切断时间间隔获得的各料条切段质量超过 0.04g 时，才可使用方法 A，否则应使用方法 B。

4）如果单个称量值中的最大值和最小值之差超过平均值的 15%，则舍弃该组数据，并用新样品重新试验。建议按照挤出顺序称量料条，如果质量持续变化明显，应记为非正常现象。从装料结束到切断最后一个料条的时间不应超过 25min。为防止测试过程中材料降解或交联，有些材料可能需要减少试验时间。在这种情况下，建议采用 GB/T 3682.2—2018 进行测试。

（六）影响因素

1）容量效应：测量过程中，熔体流速逐渐加大时挤出速率与料筒中熔体高度有关，这可能是由于熔体与料筒有黏附力，阻碍活塞杆下移。为了避免容量效应，应在同一高度截取样条。

2）温度波动：温度偏高，熔体流动速率大；温度偏低则反之。如用 PP 做试验，229.5℃熔体流动速率为 1.83g/10min，230℃则为 1.86g/10min，可见温度波动对测试结果有影响，因此在测试中要求温度稳定，温度波动应控制在±0.1℃以内。

3）聚合物热降解：聚合物在料筒中受热发生降解，特别是粉状聚合物，由于空气中的氧加速热降解效应，使黏度降低，从而加快流动速率。为了减少这种影响，一方面。对于粉状试样，应尽量压密实，减少空气，同时加入一些热稳定剂；另一方面，测试时可通入氮气保护，这样可以使热降解的影响最小。

六、试验记录

试 验 报 告

项目：高分子材料熔体流动速率测定

姓名：　　　　　　　　　　　　　　　　　　测试日期：

一、测试条件

检测依据：

标准编号：　　　　　　　　　　　　　　　　方法：A(　　)，B(　　)

二、仪器设备

序号	仪器名称	型号
1	熔体流动速率测定仪	
2	天平	

三、试验条件

试验温度/℃	
负载/kg	
切料间隔时间/s	

四、试验结果

材料编号	样品描述	检测项目	序号	检测结果/(g/10min)

七、技能操作评分表

技能操作评分表

项目：高分子材料熔体流动速率测定

姓名：

项目	考核内容	分值	考核记录		扣分说明	扣分标准	扣分
原料准备（5分）	原料选择	2.0	正确			0	
			不正确			2.0	
	原料称量	3.0	正确、规范			0	
			不正确			3.0	
仪器操作（50分）	仪器检查	5.0	有			0	
			没有			5.0	
	仪器开机	5.0	正确、规范			0	
			不正确			5.0	
	安装原料	5	正确、规范			0	
			不正确			5.0	
	试验参数设置	10.0	合理			0	
			不合理			10.0	
	取样与称量	10.0	正确、规范			0	
			不正确			10.0	
	仪器清理	10.0	正确、规范			0	
			不正确			10.0	
	仪器停机	5.0	正确、规范			0	
			不正确			5.0	

续表

项目	考核内容	分值	考核记录		扣分说明	扣分标准	扣分
记录与报告（10分）	原始记录	5.0	完整、规范			0	
			欠完整、不规范			5.0	
	报告(完整、明确、清晰)	5.0	规范			0	
			不规范			5.0	
文明操作（15分）	操作时机台及周围环境	3.0	整洁			0	
			脏乱			3.0	
	废样、棉布处理	4.0	按规定处理			0	
			乱扔乱倒			4.0	
	结束时机台及周围环境	4.0	清理干净			0	
			未清理、脏乱			4.0	
	工具处理	4.0	已归位			0	
			未归位			4.0	
结果评价（20分）	计算公式	10.0	正确			0	
			不正确			10.0	
	有效数字运算	10.0	符合要求			0	
			不符合要求			10.0	
操作时间（5分）	1. 达到规定时限，教师有权终止试验； 2. 每提前5min加1分，加分上限为5分						
重大错误(否定项)		1. 损坏测试仪器，仪器操作项得分为0分； 2. 引发人身伤害事故且较为严重，总分不得超过50分； 3. 伪造数据，记录与报告项、结果评价项得分均为0分					
合计							

评分人签名：

日期：

八、目标检测

（一）单选题

1）塑料熔体流动速率的单位是(　　)。

A. P·s　　B. g/10min　　C. kJ/M^2　　D. MPa

2）测定聚丙烯的熔体流动速率时，测试温度应为(　　)。

A. 190℃　　B. 200℃　　C. 220℃　　D. 230℃

3）测定 MFR 时切取样条的尺寸最好为(　　)。

A. 0~10mm　　B. 10~20mm　　C. 20~25mm　　D. 25~30mm

4）熔体流动速率试验中，加样步骤应在(　　)内完成。

A. 10min　　B. 1min　　C. 8min　　D. 12min

5）测试聚乙烯熔体流动速率时的试验温度为(　　)。

A. 180℃　　B. 190℃　　C. 200℃　　D. 210℃

6）（　　）规定了在规定的温度和负荷条件下测定热塑性塑料熔体质量流动速率（MFR）和熔体体积流动速率（MVR）的方法。

A. GB/T 3682—2006　　B. GB/T 3689—2000

C. GB/T 3682—2000　　D. GB/T 3689—2006

7）测定某高分子材料 MFR 时，设置间隔时间为 30s 取样一次，称量 5 次样条质量为 0.0204g、0.0248g、0.0226g、0.0234g、0.0236g，则熔体流动速率为（　　）g/10min。

A. 0.4592　　B. 0.458　　C. 0.459　　D. 0.468

8）塑料熔体流动速率测试时，如果材料的熔体流动速率高于（　　），在预热过程中试样的损失就不能忽视。

A. 1g/10min　　B. 10g/10min　　C. 5g/10min　　D. 8g/10min

（二）多选题

1）测定聚乙烯塑料的熔体流动速率可以选用的试验条件是（　　）。

A. 190℃/2.16kg　　B. 190℃/21.6kg　　C. 190℃/0.325kg

D. 190℃/5kg　　E. 190℃/3.8kg

2）测试塑料的 MFR 时，影响测试结果的主要因素有（　　）。

A. 容量效应　　B. 温度波动　　C. 聚合物的热降解

D. 试样形状　　E. 试样中的水分含量

3）熔体流动速率测试过程中，作用在聚合物熔体上的负荷是（　　）之和。

A. 砝码　　B. 托盘　　C. 口模

D. 活塞　　E. 压料杆

4）塑料熔体流动速率仪器的结构包括（　　）等部分。

A. 活塞　　B. 标准口模　　C. 砝码

D. 温度控制装置　　E. 加热装置

5）测定 PE 材料的熔体流动速率时，试验温度是 190℃，试验负荷有（　　）几种。

A. 0.325kg　　B. 2.16kg　　C. 5.00kg

D. 10.00kg　　E. 21.60kg

6）测定热塑性塑料的熔体流动速率时，下列说法正确的是（　　）。

A. 测定的数值低于 0.1g/10min 时，建议不测熔体流动速率

B. MFR>100g/10min 时，仅当计时器的分辨率为 0.01s 且使用方法 B 时，才可以使用标准口模

C. 当材料密度大于 1.0g/cm，可能需增加试样量，低密度试样用少的试样量

D. 试样量不影响试验重复性

7）对口模描述正确的有（　　）。

A. 口模，由碳化钨或高硬度钢制成

B. 长 8.000mm±0.025mm

C. 内孔应圆而直，内径为 2.095mm 且均匀

D. 其任何位置的公差应在±0.005mm 范围内

8）测定熔体流动速率的典型装置应包括（　　）。

A. 可卸负荷、绝热体　　B. 上下参照标线

C. 钢筒、口模、口模挡板　　　　　　　　　　D. 绝热板、控制温度计、纱布

9）测定热塑性塑料的熔体流动速率时，下列材料试验温度是190℃有(　　)。

A. PE　　　　　B. PP　　　　　C. ABS

D. PMMA　　　　E. POM

10）对热塑性塑料熔体流动速率测试操作描述正确的有(　　)。

A. 熔体流动速率仪开机先预热至所需温度，再插入活塞杆

B. 当熔体流动速率仪到达所需温度时即可加入物料至口模中

C. 加入规定质量的试样时应分三次加入且应在一分钟内加完

D. 试验结束后应清理料筒、活塞、口模等

E. 当熔体流动速率仪料筒中加入规定质量的试样压实后应立即加载全部砝码

(三）判断题

1）熔体流动速率的测定只适用于热塑性塑料。(　　)

2）具有吸湿性的塑料，测试其 MFR 前不必干燥，因为 MFR 测试温度都远超 100℃。(　　)

3）测定 MFR 时的试样均采用粒料，否则应造粒后再行测定。(　　)

4）清洗熔体流动速度仪时，应用模口大小的金属铁棒反复清洗直到清洗干净。(　　)

5）PP 熔体流动速率测试时，切割起点对测试结果无影响。(　　)

6）测定塑料的 MFR 时，温度和负荷选择原则是使被测物料的 MFR 值不低于 0.1g/10min 且不高于 25g/10min。(　　)

7）MFR 越大，表示高分子材料的熔体黏度越高，流动性越好。(　　)

8）高聚物熔体黏度和熔体流动速率与高聚物的相对分子质量大小密切相关，一般情况，平均相对分子质量越小，熔体流动速率越高，反之熔体流动速率越低。(　　)。

9）对填充或增强材料，填料的分布状况或取向不影响熔体流动速率。(　　)

10）熔体流动速率测试结果用小数点后两位数字表示。(　　)

第五节　高分子材料水平、垂直燃烧性能测试

一、学习目标

① 了解常见的塑料材料燃烧性能相关名词解释；

② 了解塑料燃烧试样的规格要求；

③ 掌握塑料水平、垂直燃烧性能测试原理；

④ 掌握塑料水平、垂直燃烧性能测试方法。

能够独立完成塑料水平、垂直燃烧性能测试。

① 培养学生良好的职业素养；

② 培养学生安全意识，提升团队协作能力；

③ 培养学生养成良好的自我学习和信息获取能力。

④ 构建安全意识、现场 7S 管理；

⑤ 提升学生创新设计能力。

二、工作任务

在众多的塑料燃烧性能试验方法中，最具代表性、应用最广泛的方法为水平、垂直燃烧法，按热源不同，可分为炽热棒法和本生灯法两类。

本项目工作任务见表 4-9。

表 4-9 高分子材料水平、垂直燃烧性能测试工作任务

编号	任务名称	要求	实验用品
1	试样水平垂直燃烧性能测试	1. 能够利用游标卡尺进行试样尺寸的准确测量； 2. 掌握水平、垂直燃烧测试仪器正确操作使用方法； 3. 可以按照测试标准进行试验结果的数据处理	试验箱、实验室喷灯、环形支架、计时设备、量尺、金属丝网、状态调节室、游标卡尺、支撑架、干燥试验箱、空气循环烘箱、棉花垫、试样
2	数据整理和记录	1. 将试验结果填写在试验数据表中，给出结论并对结果进行评价； 2. 根据试验数据完成试验报告	试验报告

三、知识准备

（一）测试标准

GB/T 2408—2021《塑料 燃烧性能的测定 水平法和垂直法》。

（二）相关名词解释

1）余焰：在规定条件下移去引燃源后，材料的持续火焰。

2）余焰时间：余焰持续的时间。

3）余辉：在规定条件下移去引燃源，火焰终止后，或者没有产生火焰时，材料的持续辉光。

4）余辉时间：余辉持续的时间。

5）燃烧性能：（着火试验）将试样置于规定的燃烧条件下，检验其对火或耐火的反应。

6）无通风环境：在局部气流不能显著影响实验结果的空间。

7）着火危险：由着火引起的不期望的潜在性物质或条件。

8）着火试验：测量着火性能或将物体暴露在火灾影响范围内的试验。

9）火焰前端：在材料表面或经由气体混合物传播的有焰燃烧区域边界。

10）可燃性：在规定条件下材料或产品燃烧产生火焰的能力。

11）线性燃烧速率：在规定条件下单位时间材料燃烧的长度。

12）熔滴：材料因受热软化或液化而滴落的熔融滴落物。

13）自熄：在无外界物质的影响下停止燃烧。

（三）测试原理

将长方形条状试样的一端固定在水平或者垂直夹具上，其另一端暴露于规定的试验火焰中，通过测量线性燃烧速率，评价试样在规定条件下的水平燃烧性能。通过测量余焰和余辉时间（观察材料是否自熄）、燃烧程度和燃烧颗粒的滴落情况，评价试样在规定条件下的垂直燃烧性能。

（四）结果计算及表示

1. 水平燃烧试验

（1）燃烧速率计算

$$v=\frac{60L}{t}$$

式中　v——线性燃烧速率，mm/s；

L——根据标准试验记录的损坏长度，mm；

t——根据标准试验记录的时间，s。

（2）分级规定

根据下面给出的判据，应将材料分成 HB（HB＝水平燃烧）、HB40 和 HB75 级。

① HB 级材料应符合下列判据之一：

a）移去引燃源后，材料没有可见的有焰燃烧；

b）在引燃源移去后，试样出现连续的有焰燃烧，但火焰前端未超过 100mm 标线；

c）如果火焰前端超过 100mm 标线，但厚度 3.0～13.0mm、其线性燃烧速率未超过 40mm/min，或厚度低于 3.0mm 时未超过 75mm/min；

d）如果试验的厚度为 1.5～3.2mm，其线性燃烧速率未超过 40mm/min，则降至 1.5mm 最小厚度时，就应自动地接受为 HB 级。

② HB40 级材料应符合下列判据之一：

a）移去引燃源后，没有可见的有焰燃烧；

b）移去引燃源后，试样持续有焰燃烧，但火焰前端未达到 100mm 标线；

c）如果火焰前端超过 100mm 标线，线性燃烧速率不超过 40mm/min。

③ HB75 级材料应符合下列判据之一：

a）移去引燃源后，材料没有可见的有焰燃烧；

b）在引燃源移去后，试样出现连续的有焰燃烧，但火焰前端未超过 100mm 标线；

c）若火焰前端超过 100mm 标线，其线性燃烧速率不超过 75mm/min。

2. 垂直燃烧试验

（1）总余焰时间计算

$$t_f=\sum_{i=1}^{5}(t_{1,i}+t_{2,i})$$

式中　t_f——总的余焰时间，s；

$t_{1,i}$——第 i 个试样的第一次余焰时间，s；

$t_{2,i}$——第 i 个试样的第二次余焰时间，s。

（2）分级规定

垂直燃烧试验分级规定见表 4-10。

表 4-10 垂直燃烧试验分级规定

判 据	级别		
	V-0	V-1	V-2
单个试样余焰时间（t_1和t_2）	≤10s	≤30s	≤30s
任一状态调节的一组试样的总余焰时间t_f	≤50s	≤250s	≤250s
第二次施加火焰后单个试样的余焰时间加上余辉（t_2+t_3）	≤30s	≤60s	≤60s
余焰或余辉是否燃至夹持夹具	否	否	否
燃烧颗粒或滴落物是否引燃棉垫	否	否	是

注：如果试验结果不符合规定的判据，材料不能使用本试验方法分级。可采用水平燃烧试验方法对材料的燃烧行为分级。

四、实践操作

（一）水平燃烧试验

1）一组三根条状试样，应在 23℃±2℃和 50%±5%相对湿度下至少状态调节 48h。一旦从状态调节箱中移出试样，应在 1h 以内测试试样。所有试样应在 15~35℃和 45%~75%相对湿度的实验室环境中进行试验。

2）测量三根试样，每个试样在垂直于样条纵轴处标记两条线，各自离点燃端 25mm±1mm 和 100mm±1mm。

3）打开气瓶安全柜柜门，打开燃气阀。

4）观察水平垂直燃烧试验仪面板上的压力表有无显示气体压力值。

5）打开仪器电源，打开箱门，微微转动点火器开关（切记不要转动过多，防止气体点燃时火焰过大），听到有微弱气体流出声音时，点燃点火器。

6）调节控制面板上的气体流量控制旋钮，使浮阀下端达到 105mL/min。

7）引燃本生灯后，关闭点火器开关，熄灭点火器，调节本生灯下方的气体混合旋钮，使火焰不出现黄色尖端并控制火焰高度在 20mm。

8）仪器校准。同时按下面板上的“退出”“计时”键，使火焰对准热电偶加热，温度达到 100℃时，仪器会自动计时，待温度达到 700℃时，仪器停止计时，本生灯自动复位，观察燃烧时间的值是否在 44s±2s 范围内，如是，按下“复位”键，校准完成，如不是，则需要重新校准。

9）打开箱门，调节本生灯与纵轴角度成 45°角。

10）将离 25mm 标线的最远端夹在试样夹上，使试样长轴呈水平方向，其横截面轴线与水平方向成 45°角，试样安装完成后关闭箱门。

11）通过调整仪器控制面板上的“时间+”“时间-”按键，调整燃烧时间为 30s。

12）按下“运行”键，本生灯向试样移动并对试样自动施加火焰。

13）30s 后，本生灯会自动退回原位，观察试样燃烧状态，当余焰消失时，按下“停止”键，试验结束。

14）若施焰时间不足30s，火焰前沿已达到第一标线，则应立即移开本生灯，停止施焰。停止施焰后，若试样继续燃烧(包括有焰燃烧和无焰燃烧)，则记录燃烧前沿从第一标线到燃烧终止时的燃烧时间 t 和从第一标线到燃烧终止端的烧损长度 L。若燃烧前沿越过第二标线，则记录从第一标线至第二标线间的燃烧所需时间 t，此时烧损长度 L 记为75mm。重复上述操作，共试验三根试样。

15）结果判定与处理。计算试样的燃烧速度，根据燃烧速度值及试样燃烧情况，对试样的燃烧性能进行分级判定。如果第一组3个试样中仅有一个试样不符合相关级别的判据，那么再次测试另一组试样。第二组所有试样应符合相关级别的判据。

16）关闭水平垂直燃烧试验仪器，退出试验，关闭主机电源，关闭气体阀门并做好5S整理相关工作。

（二）垂直燃烧试验

1）制备一组5根条状试样，对试样进行状态调节，调节方法如下：

① 在23℃±2℃和50%±5%的相对湿度下至少状态调节48h。一旦从状态调节试验箱中移出，试样应在1h之内试验。

② 在75℃±2℃的空气循环烘箱内老化168h±2h，然后，在干燥试验箱中至少冷却4h。一旦从干燥试验箱中移出，试样应在30min之内试验。

③ 工业层合材料可以在125℃±2℃状态调节24h。

2）所有试样应在15~35℃和45%~75%相对湿度的实验室环境中进行试验。

3）用支架上的夹具夹住试样上端6mm，使试样长轴保持垂直，并使试样下端距水平铺置的干燥医用脱脂棉层距离约为300mm。撕薄的脱脂棉层尺寸为50mm×50mm，其最大未压缩厚度为6mm。

4）按照水平燃烧试验方法点燃本生灯，本生灯需垂直放置。

5）通过调整仪器控制面板上的“时间+”“时间-”按键，调整燃烧时间为10s。

6）按下“运行”键，本生灯向试样移动并对试样第一次施加火焰，10s后，本生灯自动退回原位，观察试样燃烧状态，当余焰消失时，按下“停止”键，记录第一次余焰时间t_1。

7）再次按下“运行”键，本生灯向试样移动并对试样第二次施加火焰，10s后，本生灯自动退回原位，再次观察试样燃烧状态，当余焰消失时，按下“停止”键，记录第二次余焰时间t_2，同时观察是否有余辉存在，若有余辉，需用另外计时器计时，并记录余辉时间t_3。

8）还要注意和记录是否有任何颗粒从试样上落下并且观察是否将棉垫引燃。

9）按照同样的方法，测试完5根试样。

10）结果处理及分级评定。计算总余焰时间t_f，根据计算结果及燃烧现象，按照分级标准对试样的燃烧性能进行分级评定。如果在给定条件下处理的一组5根试样，其中仅一个试样不符合某种分级的所有判据，应试验同样状态调节处理的另一组5根试样。对于V-0级，如果总余焰时间在51~55s或对V-1和V2级为251~255s时，要外加一组5个试样进行试验。第二组所有的试样应符合该级所有规定的判据。

11）关闭水平垂直燃烧试验仪器，退出试验，关闭主机电源，关闭气体阀门并做好5S整理相关工作。

五、应知应会

(一) 试样

1) 条状试样尺寸应为：长 125. 0mm±5. 0mm，宽 13. 0mm±0. 5mm，而厚度通常应提供材料的最小和最大的厚度，但厚度不应超过 13mm。边缘应平滑同时倒角半径不应超过 1. 3mm。也可采用有关各方协商一致的其他厚度，不过应该在试验报告中予以注明。

2) 水平燃烧试验最少应准备 6 根试样，垂直燃烧试验应准备 20 根试样。

(二) 试验仪器及试验装置

水平垂直燃烧试验仪主要包括通风橱、喷灯(本生灯)、环形支架、计时装置、量尺、金属丝网、支撑架、棉花垫等部分，其仪器及主要装置见图 4-6~图 4-8。

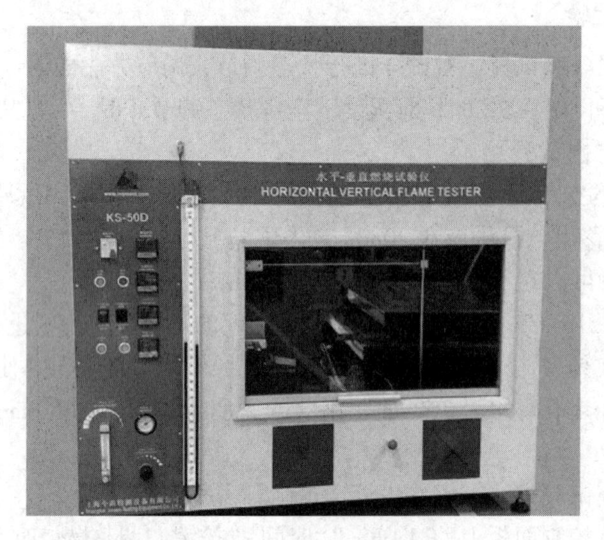

图 4-6 水平燃烧性能测试仪

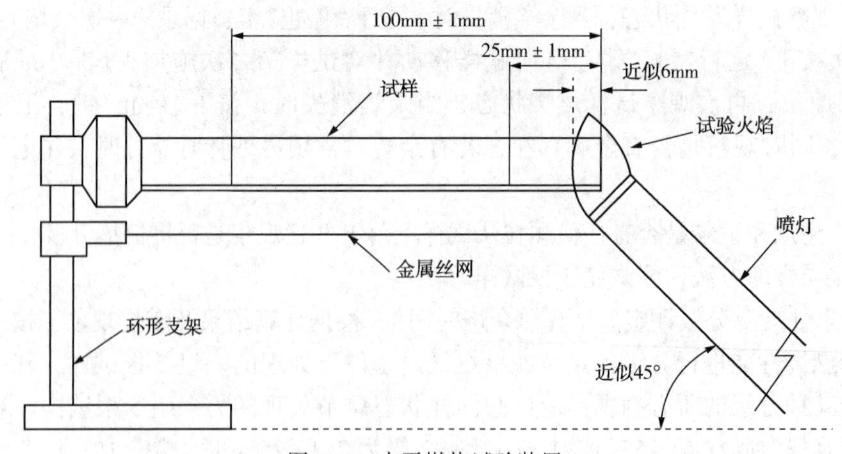

图 4-7 水平燃烧试验装置

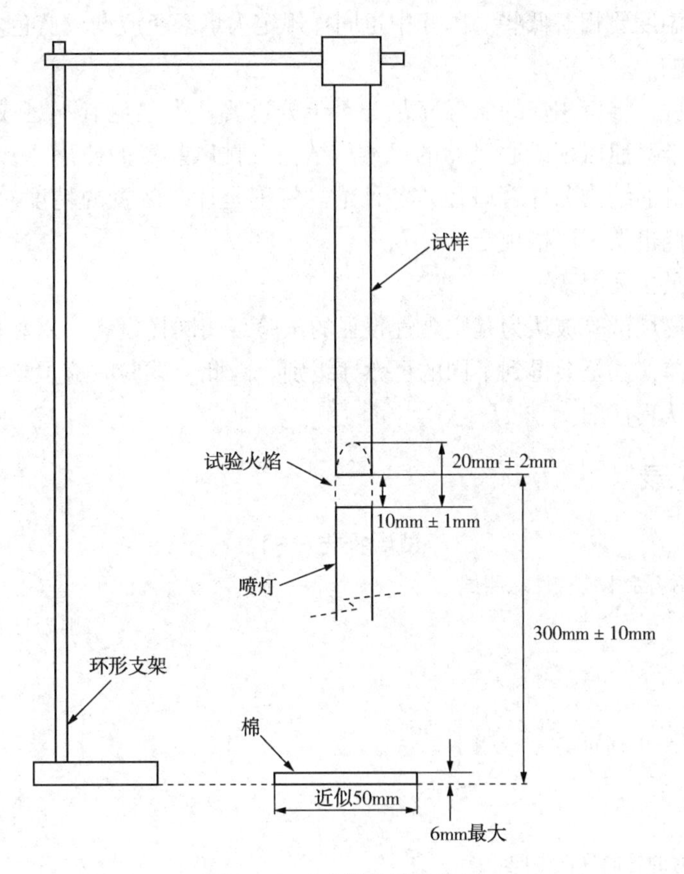

图 4-8　垂直燃烧试验装置

(三) 影响因素

(1) 试样状态调节

试样的状态调节条件对材料的水平和垂直燃烧性能有不同程度的影响。一般来说，温度高些、湿度小些，其平均燃烧速度(水平法)或总的有焰燃烧时间(垂直法)相对要大一些。对于不同类型的材料，状态调节条件对“纯”塑料试样，影响较小；而对层压材料和泡沫材料影响程度则相对大些。

(2) 试样厚度、密度、特性

试样厚度对其燃烧速度有明显影响，当试样厚度小于 3mm 时，其燃烧速度随厚度的增加而急剧减小；当试样厚度达到 3mm 以后，燃烧速度随厚度的变化较小。

一般情况下，试验密度增大，燃烧速率减小，标准规定，密度不同的试样，试验结果不能相互比较。

由于材料在成型过程中受力及取向不同而产生各向异性。各向异性材料的不同方向对试样的水平、垂直燃烧性能有一定的影响。因此标准规定，方向不同的试样，其试验结果不可相互比较，并要求在试验报告中对与试样尺寸有关的各向异性的方向加以说明。

(3) 火焰高度和火焰颜色

火焰颜色不同，其温度有一定差别，蓝色火焰时燃烧完全，温度较高；反之，带有黄色顶部的火焰，温度要相对低些。国标中也同样规定火焰颜色应调成蓝色。

（4）设备影响

进行燃烧试验，维持燃烧的氧气充足与否十分重要。为避免氧不足或通风不当对试验结果的影响，标准对通风柜或通风橱的尺寸、结构及排风装置的使用方法都做了细致的规定。另外，本生灯的结构和灯管口径、各种量具特别是计时装置的精度对试验结果也有很大影响，标准对此也做了严格规定。

（5）操作人员主观因素

水平和垂直燃烧试验被认为是主观性很强的试验。用同样设备，对相同试样相同操作，也会产生一定偏差，甚至会得到不同的可燃性级别。因此，试验时应严格按操作规定操作，观察时也要特别认真仔细。

六、试验记录

试验报告(一)

项目：高分子材料水平燃烧性能测试

姓名：　　　　　　　　　　　　　　　　　　　　　　测试日期：

一、试验条件

采用标准：

试样厚度(精确至 0.1mm)：

试样密度：

状态调节处理：

相对于试样尺寸的各向异性方向：

二、线性燃烧速率计算公式

三、试验记录

条　件	试样		
	1	2	3
施加火焰后，注明试样是否有连续的有焰燃烧			
火焰前端是否通过 25mm 和 100mm 标线			
火焰前端通过 25mm 但未通过 100mm 标线的试样，其燃烧经过的时间/s			
火焰前端通过 25mm 但未通过 100mm 标线的试样，其燃烧损坏的长度/mm			
对于火焰前端达到或超过 100mm 标线的试样，平均燃烧速率 v/(mm/s)			
试样中是否有燃料或燃滴下落			
通过等级			

试验报告(二)

项目：高分子材料垂直燃烧性能测试

姓名：　　　　　　　　　　　　　　　　　　　　　　　测试日期：

一、试验条件

采用标准：

试样厚度(精确至0.1mm)：

试样密度：

状态调节处理：

相对于试样尺寸的各向异性方向：

二、总余焰时间计算公式

三、试验记录

编号	余焰时间 t_1/s	余焰时间 t_2/s	第二次施加火焰的余焰和余辉时间 (t_2+t_3)/s	燃烧现象
1				
2				
3				
4				
5				
等级				

七、技能操作评分表

技能操作评分表

项目：高分子材料水平、垂直燃烧性能测试

姓名：

项目	考核内容	分值	考核记录		扣分说明	扣分标准	扣分
原料准备(5分)	原料选择	2.0	正确			0	
			不正确			2.0	
	原料标线	3.0	正确、规范			0	
			不正确			3.0	
仪器操作(50分)	仪器检查	5.0	有			0	
			没有			5.0	
	仪器开机顺序	5.0	正确、规范			0	
			不正确			5.0	
	试验仪器校准	5.0	正确、规范			0	
			不正确			5.0	
	试验参数设置	10.0	合理			0	
			不合理			10.0	

续表

项目	考核内容	分值	考核记录		扣分说明	扣分标准	扣分
仪器操作（50分）	试样夹持方向	10.0	正确、规范			0	
			不正确			10.0	
	仪器清理	10.0	正确、规范			0	
			不正确			10.0	
	仪器停机	5.0	正确、规范			0	
			不正确			5.0	
记录与报告（10分）	原始记录	5.0	完整、规范			0	
			欠完整、不规范			5.0	
	报告(完整、明确、清晰)	5.0	规范			0	
			不规范			5.0	
文明操作（15分）	操作时机台及周围环境	3.0	整洁			0	
			脏乱			3.0	
	缓慢转动旋钮控制火焰熄灭	4.0	正确			0	
			错误			4.0	
	结束时机台及周围环境	4.0	清理干净			0	
			未清理、脏乱			4.0	
	清理金属网及清洗托盘	4.0	正确			0	
			错误			4.0	
结果评价（20分）	计算公式	10.0	正确			0	
			不正确			10.0	
	有效数字运算	10.0	符合要求			0	
			不符合要求			10.0	
操作时间（5分）	1. 达到规定时限，教师有权终止试验； 2. 每提前5min加1分，加分上限为5分						
重大错误(否定项)		1. 损坏测试仪器，仪器操作项得分为0分； 2. 引发人身伤害事故且较为严重，总分不得超过50分； 3. 伪造数据，记录与报告项、结果评价项得分均为0分					
合计							

评分人签名：

日期：

八、目标检测

（一）单选题

1）水平燃烧性能测试中的本生灯应保持倾斜（　　）。

A. 30°　　B. 35°　　C. 40°　　D. 45°

2）引燃源移去后，在规定条件下材料的持续火焰称为(　　)。

A. 余焰　　B. 余辉　　C. 余焰时间　　D. 余辉时间

3）实验室通风橱/试验箱其内部容积至少为(　　)。

A. 0. $2m^3$　　B. 0. $5m^3$　　C. $1m^3$　　D. $2m^3$

4）燃烧性能指的是材料燃烧时或者遇到火时发生的一切(　　)变化。

A. 物理　　B. 化学　　C. 物理和化学　　D. 无

5）通常水平垂直、燃烧测试中用到的可燃气体是(　　)。

A. 氢气　　B. 氧气　　C. 氮气　　D. 甲烷

6）垂直燃烧测试法如有滴落物，应把喷灯倾斜(　　)继续燃烧。

A. 30°　　B. ±35°　　C. 40°　　D. 45°

7）水平、垂直燃烧测试时，用到的棉花垫应由(　　)脱脂棉制成。

A. 100%　　B. 50%　　C. 30%　　D. 10%

8）在水平、垂直燃烧试验中，金属丝网应为(　　)目。

A. 50　　B. 10　　C. 20　　D. 100

(二) 多选题

1）对水平燃烧性能测试试样状态调节描述正确的有(　　)。

A. 一组 3 根条状试样，应在 23℃±2℃和 50%±5%RH(相对湿度)下至少状态调节 48h

B. 一旦从状态调节箱中移出试样，应在 1h 以内测试试样

C. 所有试样应在 15~35℃和 45%~75%RH(相对湿度)的实验室环境中进行试验

D. 一组 3 根条状试样，应在 23℃±2℃和 50%±5%RH(相对湿度)下至少状态调节 24h

2）水平、垂直燃烧法试验装置应包括(　　)。

A. 试验箱　　B. 环形支架

C. 支撑架　　D. 计时器

E. 棉花垫

3）对于垂直燃烧性能测试试验，下列说法正确的是(　　)。

A. 根据垂直燃烧试验试样的行为，把材料分为 V-0、V-1 和 V-2 级

B. 所有试样应在 16~35℃和 45%~75%RH(相对湿度)的实验室环境中进行试验

C. 夹住试样上端 6mm 的长度，纵轴垂直，使试样下端高出水平棉层 300mm±10mm

D. 当试样余焰熄灭后，立即重新施加火焰放在试样上面

4）水平、垂直燃烧性能测试试验报告应包括(　　)。

A. 注明参照的标准　　B. 材料详细信息

C. 试样厚度　　D. 状态调节处理

E. 评出等级

5）材料燃烧性能测试过程中，影响测试结果的因素有(　　)等。

A. 试样的种类　　B. 测试环境温度

C. 试样的密度　　D. 试样调整时间

E. 测试设备

6）水平燃烧性能测试中线性燃烧速率计算与(　　)有关。

A. 试样质量　　　　　　　　　B. 材料的损坏长度
C. 记录材料的燃烧时间　　　　D. 试样的周长

7）水平燃烧法测试对材料的评级包括(　　)。

A. HB 级　　B. HB40 级　　C. HB75 级　　D. HB125 级

8）垂直燃烧法测试对材料的评级包括(　　)。

A. V-I　　B. V-0　　C. V-1　　D. V-2

（三）判断题

1）在火焰终止后，或者没有产生火焰时，移去引燃源后，在规定的试验条件下，材料的持续辉光称为余辉。(　　)

2）水平燃烧法测试原理是将长方形条状试样的一端固定在水平或垂直夹具上，其另一端暴露于规定的试验火焰中。通过测量非线性燃烧速率，评价试样的水平燃烧行为。(　　)

3）垂直燃烧法测试原理是通过测量其余焰和余辉时间、燃烧的范围和燃烧颗粒滴落情况，评价试样的垂直燃烧行为。(　　)

4）按 GB/T 2408—2021 测试材料的燃烧行为受诸多因素(密度、材料的各向异性、试样的厚度)的影响。(　　)

5）垂直燃烧性能测试时，测量 3 根试样，每个试样在垂直于样条纵轴处标记两条线，各自离点燃端 125mm±1mm 和 100mm±1mm。(　　)

第六节　高分子材料氧指数的测定

一、学习目标

知识目标

① 了解常见的塑料材料氧指数测定相关名词解释；
② 了解塑料材料氧指数测定原理；
③ 掌握塑料材料氧指数测定方法。

能够利用氧指数测定仪器进行塑料氧指数测定。

① 培养学生良好的职业素养；
② 培养学生严谨的科学精神；
③ 培养学生的安全意识，提升团队协作能力。

二、工作任务

本项目工作任务见表 4-11。

表 4-11 高分子材料氧指数的测定工作任务

编号	任务名称	要求	实验用品
1	氧指数燃烧性能测试	1. 掌握氧指数燃烧方法； 2. 掌握氧指数仪器的正确操作方法； 3. 可以进行燃烧速度与余焰时间记录与计算； 4. 能依据测试标准进行试验结果的数据处理	氧指数测定仪、燃烧筒、试样夹、气源、气体测量和控制装置、点火器、计时器、排烟系统、试样
2	数据整理和记录	1. 将试验结果填写在试验数据表中，给出结论并对结果进行评价； 2. 根据试验数据完成试验报告	试验报告

三、知识准备

(一) 测试标准

GB/T 2406.1—2008《塑料 用氧指数法测定燃烧行为 第1部分：导则》；GB/T 2406.2—2008《塑料 用氧指数法测定燃烧行为 第2部分：室温试验》。

(二) 相关名词解释

氧指数：通入23℃±2℃的氧、氮混合气体时，刚好维持材料燃烧的最小氧浓度，以体积分数表示。

(三) 测试原理

将一个试样垂直固定在向上流动的氧、氮混合气体的透明燃烧筒里，点燃试样顶端，并观察试样的燃烧特性，把试样连续燃烧时间或试样燃烧长度与给定的判据相比较，通过在不同氧浓度下的一系列试验，估算氧浓度的最小值。

为了与规定的最小氧指数值进行比较，试验三个试样，根据判据判定至少两个试样熄灭。

(四) 结果计算

(1) 初始氧浓度范围的确定

采用任意浓度改变量(即步长，下同)，选取不同氧浓度，重复燃烧试验，若前一试验的结果为不燃即“○”，则需升高氧浓度；若前一试验的结果为燃烧即“×”，则需降低氧浓度，直到得到两个试验结果分别为“○”和“×”，且氧浓度相差≤1.0%。将这结果为“○”反应的氧浓度值记作初始氧浓度值C_0。应注意，这两个相差≤1.0%且得到相反反应的氧浓度不一定要求必须来自相继试验的两个试样。另外，“○”反应的氧浓度不一定要小于“×”反应的氧浓度。

(2) 窄范围氧浓度确定(即N_L系列数据获取)

再用初始氧浓度C_0重复试验操作一次，记录此次C_0值及所对应的反应。此值即为N_L和N_T系列的第一个值。根据此次结果，用0.2%为浓度改变量(步长)d，改变氧浓度(“○”反应的增加，“×”反应的降低)，重复试验操作，直至得到不同于C_0所得的燃烧反应为止。测得一组氧浓度值及所对应的反应，记下这些氧浓度值及其对应的反应，即为N_T系列数据。

(3) 重复性试验(N_T系列数据获取)

根据上次测试结果，以步长d=0.2%改变氧浓度(“○”反应的增加，“×”反应的降低)，再测 4 根试样，记下各次的氧浓度及对应的反应，最后一根试样所用的氧浓度，用C_f表示。这 4 个结果加上第二阶段反应不同于C_0结果的那个一起构成N_T系列的数据。

(4) K 值

K 的数值和符号取决于N_T系列的反应形式，可按表 4-12 确定。

表 4-12　计算氧指数时所需 K 值的确定表

1	2	3	4	5	6
最后 5 次试验的反应	a. N_L 前几次测试反应如下时的 K 值				
	○	○○	○○○	○○○○	
×○○○○	-0.55	-0.55	-0.55	-0.55	○××××
×○○○×	-1.25	-1.25	-1.25	-1.25	○×××○
×○○×○	0.37	0.38	0.38	0.38	○××○×
×○○××	-0.17	-0.14	-0.14	-0.14	○××○○
×○×○○	-0.02	0.04	0.04	0.04	○×○××
×○×○×	-0.50	-0.46	-0.45	-0.45	○×○×○×
×○××○	1.17	1.24	1.25	1.25	○×○○×
×○×××	0.61	0.73	0.76	0.76	○×○○○
××○○○	-0.30	-0.27	-0.26	-0.26	○○×××
××○○×	-0.83	-0.76	-0.75	-0.75	○○××○
××○×○	0.83	0.94	0.95	0.95	○○×○×
××○××	0.30	0.46	0.50	0.50	○○×○○
×××○○	0.50	0.65	0.68	0.68	○○○××
×××○×	-0.04	0.19	0.24	0.25	○○○×○
××××○	1.60	1.92	2.00	2.01	○○○○×
×××××	0.89	1.33	1.47	1.50	○○○○○
	b. N_L 前几次测试反应如下时的 K 值				最后 5 次试验的反应
	×	××	×××	××××	

① 如果初始氧浓度C_0再次试验的结果为“○”反应，则第一个相反的反应便是“×”反应。从表 4-10 第 1 列中找出与N_T系列最后 5 次试验结果一致的那一行，再根据N_T系列的前几个反应中“○”反应的数目，在表 4-10 的上部查出所对应的栏，即得到所需的 K 值，其正负号与表 4-10 中符号相同。

② 如C_0的试验结果为“×”反应，则第一个相反的反应便是“○”反应。从表 4-10 最后一列找出与N_T系列最后 5 次结果一致的一行，再按N_T系列的前几个反应(即得到“×”反应的数目)，在表 4-10 的下部查出所对应的栏，得到所需的 K 值，但此 K 的正负号与表 4-10 中符号相反。

(5) 氧指数

$$OI = C_f + kd$$

式中　OI——氧指数,%;

C_f——系列最后一个氧浓度,%;

d——为试验的氧浓度之差，即步长，标准方法中为0.2%；

K——为查*K*值表所得的系数。

(6) 结果表示

计算氧浓度标准偏差时，*OI*值取两位小数，报告*OI*时，准确至0.1，不修约。

四、实践操作

取样应按照材料标准进行选取，至少需要15根试验试样。

1) 除非另有规定，否则每个试样试验前应在温度23℃±2℃和湿度50%±5%条件下至少调节88h。

2) 试验装置应放置在温度23℃±2℃的环境中。必要时将试样放置在23℃±2℃和50%±5%的密闭容器中，当需要时从容器中取出。

3) 开始试验时氧浓度的确定。假如没有相关经验，可以在空气中点燃试件做试验，燃烧迅速者开始试验时氧浓度可选18%左右；如燃烧困难或点不着火，则估计为25%或更高。

4) 将试样夹在夹具上，垂直安装在燃烧筒中轴处，试件上端到筒顶的距离至少100mm，试件下端高于底部配气装置顶端至少100mm。

5) 开启氧指数测试仪，调节气体控制装置，使混合气中的氧浓度为上述开始设定的氧浓度，并以(40±10)mm/s的速度洗涤燃烧筒至少30s。

6) 点燃点火器，调整好火焰高度。有两种方法点燃试样，可根据情况选择其一。

① 方法A：顶端点燃法。在试样上距点燃端50mm处画标记线。火焰覆盖顶端整个表面，不能碰到棱边/侧面。火焰最长作用时间30s，若不能点燃，则增大氧浓度，直至30s内点燃。试样的顶部全部点燃后，立即移走点火器，开始计时或观察试样烧掉的长度；

② 方法B：扩散点燃法。在试样上距点燃端10mm和60mm处画两条参考标记线。点燃试样时，火焰施加顶端整个表面和直、侧表面约6mm长。火焰最长作用时间30s，每隔5s稍移开点火器观察，直至直、侧表面稳定燃烧或可见燃烧部分前锋到达上标线，立即移走点火器，开始计时或观察试样燃烧长度。若30s内不能点燃试样，则增加氧浓度，再次点燃，直至30s内点燃为止。

7) 点燃试样后，立即开始计时，观察试样燃烧长度及燃烧行为。若燃烧中止，但在1s以内自发再燃，则继续观察和计时。如果试样的燃烧时间或燃烧长度均不超过表4-13中的规定，则这次试验记录为“○”反应，并记下燃烧长度或时间。如果二者之一超过表4-11中的规定，扑灭火焰，记录这次试验为“×”反应。还要记下材料燃烧特性，例如熔滴烟灰结炭，漂游性燃烧灼烧余辉或其他需要记录的特性。如果有无焰燃烧，应根据需要，报告无焰燃烧情况或包括无焰燃烧时的氧指数。

表4-13　燃烧行为评价

试样型式	点燃方式	评价准则(两者取一)	
		燃烧时间/s	燃烧长度
Ⅰ、Ⅱ、Ⅲ、Ⅳ	A法	≥180	燃烧前锋超过上标线
	B法		燃烧前锋超过下标线
Ⅴ	C法		燃烧前锋超过下标线

8）取出试样，擦净燃烧筒和点火器表面的污物，使燃烧筒的温度恢复至常温或另换一个为常温的燃烧筒，换上另一试样进行下一步试验。如果试样足够长，可以将试样倒过来或剪掉燃烧过的部分再用，但不能用于计算氧浓度。

9）确定初始氧浓度范围，获取N_L系列数据，获取N_T系列数据，确定K值，计算氧浓度。

10）关闭仪器电源，关闭气源，做好5S整理相关工作。

五、应知应会

（一）试样

按产品标准的有关规定或按有关标准模塑或切割尺寸规定要求的试样(注：不同型式、不同厚度的试样，测试结果不可比)。每组试样至少15条。试样表面清洁，无影响燃烧行为的缺陷，如气泡裂纹、飞边毛刺等。在制备好的试样上需按点燃方法的要求画出标线。试样的状态调节按规定的常温常湿下进行，即环境温度为10~35℃，相对湿度为45%~75%。如有特殊要求，按产品标准中的规定(见表4-14)。

表4-14　氧指数测试试样尺寸

类型	型式	长		宽		厚		用途
		基本尺寸	极限偏差	基本尺寸	极限偏差	基本尺寸	极限偏差	
自撑材料	Ⅰ	80~150		10	±0.5	4	±0.25	用于模塑材料
	Ⅱ					10	±0.5	用于泡沫材料
	Ⅲ					<10.5		用于原厚的片材
	Ⅳ	70~150		6.5	±0.5	3	±0.25	用于电器用模塑料或片材
非自撑材料	Ⅴ	140	−5	52	±0.5	≤10.5		用于软片或薄膜等

（二）试验仪器

氧指数测定仪结构如图4-9所示。其主要包括燃烧筒、试样夹、流量测量和控制系统、气源、点火器、排烟系统、计时装置等部件。

1）燃烧筒：耐热玻璃管，其最小内径75mm，高450mm，顶部出口内径为40mm，直接固定在可通过氧氮混合气流的基座上。底部用直径为3~5mm的玻璃珠充填，充填高度为80~100mm。在玻璃珠上方装有金属网，防止燃烧杂物堵住气体入口和配气通路。

2）试样夹：试样夹有自撑材料的试样夹和非自撑材料的试样夹。

3）流量测量和控制系统：能测量进入燃烧筒的气体流量，控制精度在±5%(体积分数)之内。流量测量和控制系统至少每2年校准一次。

4）气源：用标准规定的氧、氮及所需的氧、氮气钢瓶和调节装置，气体使用的压力不低于1MPa。

5）点火器：由一根金属管制成，尾端有内径为(2±1)mm的喷嘴，能插入燃烧筒内点燃试样。通以混有空气的丙烷，或丁烷、石油液化气、煤气、天然气等可燃气体。点燃后，当喷嘴向下时，火焰的长度为16mm±4mm(注：仲裁试验时，需以混有空气的丙烷作为点燃气体)。

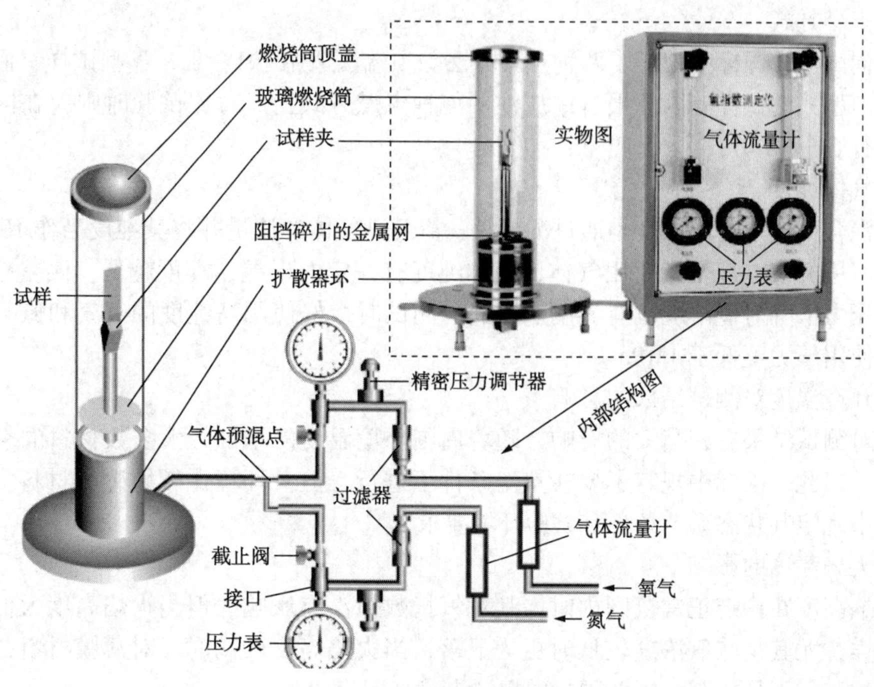

图 4-9　氧指数测定仪

6）排烟系统：能排除试验过程产生的烟尘和灰粒，但不应影响燃烧筒中温度和气体流速。

7）计时装置：具有±0. 25s 精度的计时器。

（三）影响因素

（1）试样的尺寸、外观和制备方法对结果的影响

① 试样厚度的影响。试样越薄，就越容易燃烧，测得的氧指数越低；反之，试样越厚，测得的氧指数越高。因此标准中规定，不同厚度的试样，其所测得的结果没有可比性。

② 试样长度的影响。试样太长时，其顶端离燃烧筒顶部太近，容易受外界大气成分的影响，产生测量误差；试样太短时，又不便于画标线和观察。标准中规定试样长度在 70～150mm（Ⅳ型），并规定安装试样时，应保证试样顶端低于燃烧筒顶端至少 100mm。一般来说，试样长度在允许范围，即 70～150mm 之间变化，不会影响试验结果。

③ 试样外观缺陷的影响。试样如带有影响其燃烧性能的缺陷，如气泡、裂纹、溶胀、飞边、毛刺等，对试样的点燃及燃烧行为均有影响，因此加工时应引起注意。

④ 试样制备方法的影响。不同的制备方法，条件各不相同，对材料的结晶度、固化程度等有一定的影响，以致影响材料的热分解条件和燃烧试验结果。因此在进行结果比较时试样应采用相同的制备方法。

（2）混合气流流速

燃烧筒中混合气流的流速在一定范围内改变时对试验结果没有明显的影响，但当混合气体中的氧浓度低于空气中的氧浓度时，混合气流速大小对氧指数测试结果还是有一些影响的。为了防止上述影响，有些标准规定，应在燃烧筒出口处加一个限流盖，以防止外界空气倒入。因此，我国标准规定燃烧筒内混合气体流速为（40±10）mm/s，并且应加限流盖。

(3) 点燃方式

对不同试样，国标中规定了两种点燃方法。顶端法适用于Ⅰ、Ⅲ、Ⅳ型试样，而扩散法适合于任何型式的试样。因此报告中应注明何种点燃方式，而对比试验时则应在同一点燃方式下进行。

(4) 气体纯度

由于混合气流中的氧浓度是通过测量氧、氮两种气体的流量并将其纯度当作100%，而实际试验时用的气体都是工业用气体，气体纯度有一定的误差，纯度越低，误差越大，另外钢瓶内压力下降对氧浓度也有影响。因此，测试时最好使用高纯度的氧气和氮气作为气源，并且使用压力不低于1MPa。

(5) 环境温度对测试结果的影响

温度对测试结果有相当大的影响。随着周围环境温度的增加，大多数材料的氧指数值都会下降。因此，国标中规定了要在室温条件下进行，但对环境比较敏感的材料，则应在产品标准中规定其状态调节条件和试验环境要求。

(6) 火焰高度的影响

当火焰高度在一定正常范围内时，其对氧指数值没有影响。但当火焰高度太低时，不易点燃试样，尤其是在氧浓度较低时更为显著；当火焰高度较高时，对薄膜材料、壁纸及泡沫材料的点燃不易控制。因此国标中规定火焰高度为(16±4)mm。

(7) 无焰燃烧对测试结果的影响

试样的燃烧包括有焰燃烧和无焰燃烧。有些材料，尤其是填充材料、层压材料，在有焰燃烧过后，在相当一段时间内维持无焰燃烧。在判断试样的燃烧时间或燃烧长度时，包括不包括无焰燃烧对测试结果影响很大。国标中对氧指数的测试应当为有焰燃烧。但由于无焰燃烧在引起火灾方面有很大影响，因而应根据需要报告无焰燃烧情况或包括无焰燃烧时的氧指数。

(8) 燃烧筒温度对试验结果的影响

燃烧筒温度直接影响试样周围的温度，对于维持燃烧，保持热量平衡影响较大，因而会影响试验结果。当燃烧筒温度升到75℃时，可引起测定值明显降低。因此标准中规定燃烧筒应在常温下使用，并在试验时最好用两个燃烧筒交换着使用。

六、试验记录

试验报告

项目：高分子材料氧指数的测定

姓名：　　　　　　　　　　　　　　　　　　　　　测试日期：

一、试验条件

采用标准：

点燃方法：A(　　)，B(　　)

二、试验材料

试样类型：

试样尺寸：

试样密度：

各向异性：

状态调节：

三、试验记录

初始氧浓度确定

氧浓度/%					
燃烧时间/s					
燃烧长度/mm					
反应“○”或“×”					

N_L系列数据确定

氧浓度/%					
燃烧时间/s					
燃烧长度/mm					
反应“○”或“×”					

N_T系列数据确定

<table>
<tr><td>氧浓度/%</td><td rowspan="4"></td><td></td><td></td><td></td><td></td><td></td><td rowspan="4">C_f</td></tr>
<tr><td>燃烧时间/s</td><td></td><td></td><td></td><td></td><td></td></tr>
<tr><td>燃烧长度/mm</td><td></td><td></td><td></td><td></td><td></td></tr>
<tr><td>反应“○”或“×”</td><td></td><td></td><td></td><td></td><td></td></tr>
</table>

四、结果计算

（1）K值

（2）氧指数计算

七、技能操作评分表

技能操作评分表

项目：高分子材料氧指数的测定

姓名：

<table>
<tr><th>项目</th><th>考核内容</th><th>分值</th><th colspan="2">考核记录</th><th>扣分说明</th><th>扣分标准</th><th>扣分</th></tr>
<tr><td rowspan="4">试样准备
（5分）</td><td rowspan="2">试样选择</td><td rowspan="2">2.0</td><td>正确</td><td></td><td rowspan="4"></td><td>0</td><td rowspan="2"></td></tr>
<tr><td>不正确</td><td></td><td>2.0</td></tr>
<tr><td rowspan="2">试样画标线</td><td rowspan="2">3.0</td><td>正确、规范</td><td></td><td>0</td><td rowspan="2"></td></tr>
<tr><td>不正确</td><td></td><td>3.0</td></tr>
</table>

续表

项目	考核内容	分值	考核记录		扣分说明	扣分标准	扣分
试验操作（35分）	设备检查	5.0	有			0	
			没有			5.0	
	仪器开机、气瓶开启	5.0	正确、规范			0	
			不正确			5.0	
	氧浓度调节	5.0	正确、规范			0	
			不正确			5.0	
	试验参数设置	5.0	合理			0	
			不合理			5.0	
	点燃操作	5.0	正确、规范			0	
			不正确			5.0	
	仪器清理	5.0	正确、规范			0	
			不正确			5.0	
	仪器停机	5.0	正确、规范			0	
			不正确			5.0	
数据确定及报告记录（25分）	初始氧浓度	5.0	完整、规范			0	
			欠完整、不规范			5.0	
	N_L系列数据确定	5.0	正确、规范			0	
			不正确			5.0	
	N_T系列数据确定	10.0	正确、规范			0	
			不正确			10.0	
	报告（完整、明确、清晰）	5.0	规范			0	
			不规范			5.0	
文明操作（15分）	操作时机台及周围环境	3.0	整洁			0	
			脏乱			3.0	
	废样处理	4.0	按规定处理			0	
			乱扔乱倒			4.0	
	结束时机台及周围环境	4.0	清理干净			0	
			未清理、脏乱			4.0	
	工具处理	4.0	已归位			0	
			未归位			4.0	
结果评价（20分）	计算公式	10.0	正确			0	
			不正确			10.0	
	有效数字运算	10.0	符合要求			0	
			不符合要求			10.0	
操作时间（5分）	1. 达到规定时限，教师有权终止试验； 2. 每提前5min加1分，加分上限为5分						
重大错误（否定项）		1. 损坏测试仪器，仪器操作项得分为0分； 2. 引发人身伤害事故且较为严重，总分不得超过50分； 3. 伪造数据，记录与报告项、结果评价项得分均为0分					
合计							

评分人签名：

日期：

八、目标检测

(一) 单选题

1）“塑料用氧指数法测定燃烧行为 第2部分：室温试验”国家标准的标准号为(　　)。

A. GB/T 2406. 2—2007　　B. GB/T 2406. 2—2008
C. GB/T 2406. 2—2009　　D. GB/T 2406. 2—2010

2）氧指数测定试验时为了与规定的最小氧指数进行比较，测试3个试样，根据判据判定至少(　　)个试样熄灭。

A. 1　　B. 2　　C. 3　　D. 4

3）氧指数设备中点火器由一根直径为(　　)能插进燃烧筒中的管子构成。

A. 2mm±1mm　　B. 4mm±1mm　　C. 6mm±1mm　　D. 8mm±1mm

4）氧指数测定试验中，取样标准规定所取样品至少能制备(　　)试样。

A. 5个　　B. 10个　　C. 15个　　D. 20个

5）氧指数测定试验有(　　)种点燃试样的方法。

A. 1　　B. 2　　C. 3　　D. 4

6）氧指数测定试验中，计时器测量时间精确到(　　)s。

A. 0. 1　　B. 0. 5　　C. 1　　D. 5

(二) 多选题

1）氧指数测定仪应包含(　　)等部件。

A. 试验燃烧筒　　B. 试样夹、制备薄膜卷筒的工具
C. 气源　　D. 气体测量和控制装置
E. 点火器、计时器、排烟系统

2）氧指数测试仪器的排烟系统需满足(　　)等条件。

A. 能恒温恒湿　　B. 有通风和排风设施
C. 能排除燃烧筒内的烟尘或灰粒　　D. 不能干扰燃烧筒内气体流速和温度

3）氧指数测定试验时，对气源描述正确的有(　　)。

A. 可采用纯度(质量分数)不低于98%的氧气和/或氮气作为气源
B. 采用纯度(质量分数)不低于90%的氧气和/或氮气作为气源
C. 可采用清洁的空气[含氧气20. 9%(体积)]作为气源
D. 可采用清洁的空气[含氧气80. 9%(体积)]作为气源

4）氧指数测定试验时，对于试样夹的描述正确的是(　　)。

A. 用于燃烧筒中央垂直支撑试样
B. 对于自撑材料，夹持处离开判断试样可能燃烧到的最近点至少15mm
C. 对于薄膜和薄片，使用框架，由两垂直边框支撑试样，离边框顶端20mm和100mm处画标线
D. 夹具和支撑边框应平滑，以使上升气流受到的干扰最小

5）氧指数测定试验报告应包括(　　)等内容。

A. 注明采用的标准

B. 声明本试验结果仅与本试验条件下试样的行为有关，不能用于评价其他形式或其他条件下材料着火的危险性

C. 注明受试材料完整鉴别，包括材料的类型、密度、材料或样品原有的不均匀性相关的各项异性

D. 试样类型(Ⅰ~Ⅵ)

E. 氧指数值或采用方法C时规定的最小氧指数值，并报告是否高于规定的氧指数

(三) 判断题

1) 氧指数测定试验的点燃方法有顶面点燃法和扩散点燃法。( )

2) 氧指数测定试验时，试验试样不需要状态调节。( )

3) 氧指数 *OI*，以质量分数表示。( )

4) 除非另有规定，否则每个试样试验前应在温度23℃±2℃和湿度50%±5%条件下至少调节28h。( )

5) 按照方法A试验Ⅰ、Ⅱ、Ⅲ、Ⅳ或Ⅶ型试样时，应在离点燃端60mm处画标线。( )

6) 试验装置应放置在温度23℃±2℃的环境中，必要时将试样放置在23℃±2℃和50%±5%的密闭容器中，在需要时从容器中取出。( )

7) 氧指数测定试验应有通风和排风设施，能排除燃烧筒内的烟尘或灰粒，但不能干扰燃烧筒内气体的流速和温度。( )

8) 氧指数测定试验时，试样取样应按材料标准进行取样，所取的样品至少制备15根试样，也可按GB/T 2828.1—2003或ISO 2859—2：1985进行。( )

扫一扫获取更多学习资源

第五章　高分子材料老化性能测试

第一节　高分子材料热老化试验

一、学习目标

① 掌握老化相关名词及解释；
② 掌握热老化试验箱的结构及测试原理；
③ 掌握热老化试验测试方法。

能进行高分子材料的热老化试验。

① 培养学生严谨的科学精神；
② 构建学生的安全意识，提高现场管理能力；
③ 培养学生遵章守纪、按章操作的工作作风。

二、工作任务

热老化试验(常压法)又称为热空气暴露试验，是用于评定材料耐热老化性能的一种简便的人工模拟加速环境试验方法，能在较短时间内评定材料对高温的适应性。

本项目的工作任务见表5-1。

表5-1　高分子材料热老化试验工作任务

编号	任务名称	要　求	实验用品
1	试样老化性能测试	1. 能利用热老化试验箱进行材料老化试验； 2. 能按照要求进行老化后相关性能的测试； 3. 对材料老化性能进行评定	热老化试验箱、试样、相关性能测试仪器
2	整理和填写试验数据	1. 进行单一温度、多温度下的老化结果计算； 2. 绘制热老化曲线等图表； 3. 完成试验报告	试验报告

三、知识准备

(一) 测试标准

GB/T 7141—2008《塑料热老化试验方法》。

（二）相关名词解释

1）塑料老化：塑料在加工、储存和使用过程中受环境长期影响，在热、光、高能辐射、机械应力、超声波、化学药品及微生物等作用下，引起化学结构的破坏，致使其物理、化学性质和机械性能变坏的现象称为“老化”。

2）热老化：热引起的聚合物老化现象。

3）外观变化：发黏、变硬、脆裂、变形、变色、失光、起泡、龟裂甚至粉化等变化。

4）物理性质变化：溶解、溶胀、流变性、耐寒、耐热、透气透水等性能的变化。

5）力学性能变化：拉伸强度、弯曲强度、硬度和弹性、相对伸长率、应力松弛等性能的变化。

6）电性能变化：如表面电阻、介电常数、电击穿强度等性能的变化。

7）换气率：指单位时间内进入试验舱的清洁空气量与试验舱容积之间的比率。

（三）测试原理

将塑料试样置于给定条件（温度、风速、换气率等）的热老化试验箱中，使其经受热和氧的加速老化作用。通过检测暴露前后性能的变化，评定塑料的耐热老化性能。

（四）结果计算及表示

（1）单一温度下结果计算

当材料在单一温度下进行比较时，应使用方差分析比较每种材料在每个暴露时间被测性能数据的平均值，使用每一种被比较材料的每组平行测定结果进行方差分析。推荐使用置信度为95%的F统计量确定方差分析结果的有效性。

（2）多温度下老化结果计算

当材料在一系列不同的温度下进行比较时，应采用以下方法分析数据，并估算在更低温度下达到预定性能变化水平所需要的暴露时间。该时间能够用于材料温度稳定性的基本评定，或用作在选定温度下的最大预期使用寿命的估计。

① 绘制所有采用温度下暴露时间对被测性能的函数曲线，曲线应按图5-1绘制，横坐标为时间的对数，纵坐标为被测性能值。

② 使用回归分析确定暴露时间的对数与被测性能的关系，使用回归方程确定达到性能变化预定水平所需要的暴露时间。一个可接受的回归方程应满足 $r_2 \geqslant 80\%$。与老化时间相对的残差（利用回归方程预测的性能保留值减去实测值）曲线应是随机分布的。不推荐使用图解法来估算达到性能变化预定水平所需要的暴露时间。

③ 以达到性能变化预定水平所需时间（通过可接受的回归方程确定）的对数与每次暴露所用绝对温度倒数（$1/T$，温度单位K）的函数绘制曲线。其典型曲线（众所周知的阿累尼乌斯曲线）如图5-2所示。用回归分析来确定时间的对数与绝对温度倒数关系的方程，一个可接受的回归方程应满足②中描述的要求。

④ 使用达到规定性能变化水平所需时间的对数与绝对温度倒数的函数方程，来确定在所有相关方商定的预选温度下达到此性能变化的时间。

⑤ 使用时间的95%置信区间来计算特定性能的变化量，标准误差通过对某一温度下的估算时间进行回归分析获得，回归分析在大多数应用软件包中可获得，95%的置信区间可由计算时间±（2×估计时间的标准误差）确定。

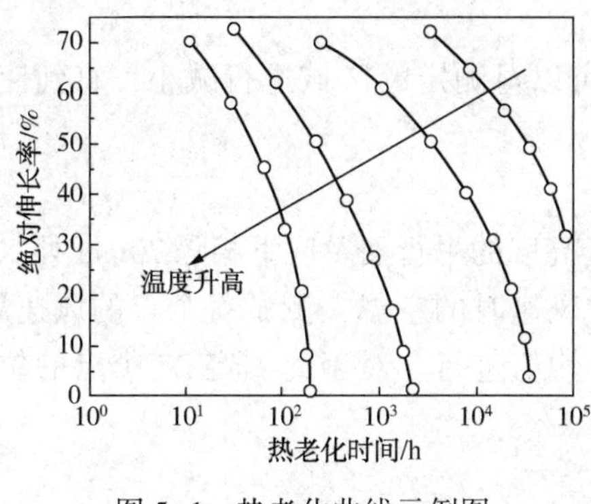

图 5-1　热老化曲线示例图

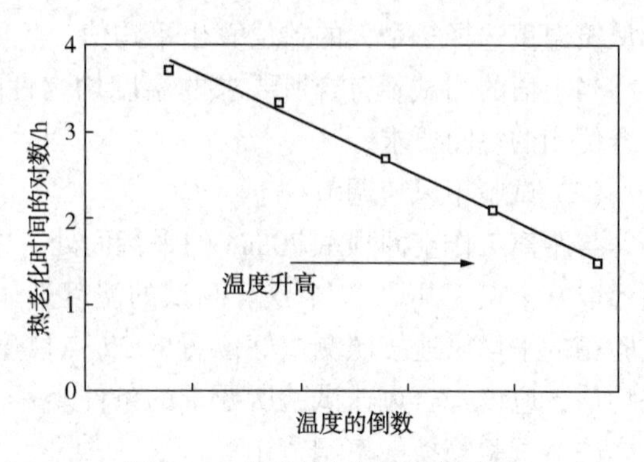

图 5-2　典型的阿累尼乌斯曲线

(3) 热老化性能评定

① 通过目测，试样发生局部粉化、龟裂、斑点、起泡、变形等外观的变化；

② 质量(重量)的变化；

③ 拉伸强度、断裂伸长率、弯曲强度、冲击强度、硬度等力学性能的变化；

④ 透光率、变色、褪色等光学性能的变化；

⑤ 电阻率、耐电压强度及介电常数等电性能的变化；

⑥ 其他性能的变化。

(4) 结果表示

① 方差分析的结果，在单一温度下每种材料每个暴露周期的结果比较；

② 绘制相关图表；

③ 所用每个温度下性能对暴露时间函数的回归方程；

④ 达到规定性能变化的时间对绝对温度倒数函数的回归方程；

⑤ 每种被测材料在选定温度下达到性能变化的估算时间；

⑥ 对于每种被测材料在选定温度下达到特定性能的变化时间，取时间的 95%置信区间来计算特定性能的变化量。

四、实践操作

1. 试验箱选择

根据要求选择合适的试验箱。

2. 试验箱调节

(1) 试验箱温度调节

在试验箱中取 9 个温度测试点，其次 1~8 点分别放至试验箱里的 8 个角落上，每一点间距内壁 70mm，最后 1 个点在试验箱的几何中间处。

在试样箱里面的温度计插入孔上安装热电偶，放在工作室中的热电偶的各条引线的长度不能短于 30cm。把通风孔调到打开状态，按下鼓风机进行启动，试样箱里不安放试样。

将温度提到老化要测试的温度，恒温一个小时以上，待恒温的温度升到所需温度进行测试。温度稳定以后每次相隔 5min 对温度的读数进行记录，记录 5 次，从 45 个记录的温度中算出平均值来设定箱温。在这 45 个读数里面求一个平均值来对箱温百分数来适合温度均匀性的规定，首先选择两个最高读数，各自减去箱温，再用箱温减去最低的两个温度，再从箱温里选择 2 个大的差值算出平均值。

当上面的测试不符合所要求的温度均匀性时，可以对测定的区域进行减小，直到使之符合使用的空间要求。

（2）试验箱风速调节

与距离工作空间顶端 70mm 的平行面处、中心处高度的平行面及底下相隔 70mm 处水平面各取 9 个点，共取 27 个点。测试的温度选用测试风速时的室温，测试每个点的风速后，试验箱的平均风速按照测试好位置的 27 点风度的平均值进行。对于此测定 27 个点的位置平均值，应该符合风速试验所要求的条件。

（3）试验箱换气率调节

换气率要达到符合要求必须调节好出入门的位置。

3. 试验温度

当在单一温度下进行时，所有材料应在同一装置中同时暴露。

当进行一系列温度下的测试时，为了确定规定的性能变化和温度间的关系，应最少使用 4 个温度，推荐按以下方法选择暴露温度。

① 最低温度应能在六个月内使性能变化或使产品失效达到预期水平，第二个温度较高，应能在大约一个月内使性能变化或使产品失效达到相同的水平；

② 第三和第四个温度应能够分别在大约一周和一天内达到预期水平；

③ 如有可能，可从表 5-2 中选择暴露温度。

表 5-2 测定可氧化降解塑料热老化性能时推荐的温度和暴露时间

推荐的暴露温度/℃	温度的对数/℃	90℃时估计的失效时间/h				
		1~10	11~24	25~48	49~96	97~192
30	1.477	A				
40	1.602	B	A			
50	1.699	C	B	A		
60	1.778	D	C	B	A	
70	1.845	E	D	C	B	A
80	1.903		E	D	C	B
90	1.954			E	D	C
100	2.000				E	D
110	2.041					E

注：推荐的暴露周期为：A—2 周、4 周、8 周、16 周、24 周、32 周；B—3d、6d、12d、24d、36d、48d；C—1d、2d、4d、8d、12d、16d；D—8h、16h、32h、64h、96h、128h；E—2h、4h、8h、16h、24h、32h。

4. 暴露前测试

选择试样进行状态调节，进行相关性能测试。

5. 安置试样

试验前，试样需统一编号、测量尺寸，将清洁的试样用包有惰性材料的金属夹或金属丝挂置于试验箱的网板或试样架上。试样与工作室内壁之间距离不小于 70mm，试样间距不小于 10mm。

6. 升温计时

将试样置于常温的试验箱中，逐渐升温到规定温度后开始计时，若已知温度突变对试样无有害影响及对试验结果无明显影响，亦可将试样放置于达到试验温度的箱中，温度恢复到规定值时开始计时。

7. 周期取样

按规定或预定的试验周期依次从试验箱中取样，直至结束，取样要快，并暂停通风，尽可能减少箱内温度变化。

8. 性能测试

根据所选定的项目，按有关塑料性能试验方法，检测暴露前后试样性能的变化。

五、应知应会

（一）试样

1）所需试样的数量和类型应符合检测特定性能的相应国家标准的规定，在所选的每个周期和温度下均应满足该要求。在所选的每个周期和温度下每种材料至少暴露三个平行试样，除非另有规定或所有相关方另有商定。

2）试样厚度应相当于但不大于预期应用中的最小厚度。

3）试样的制作方法应与其在预期应用中的相同。

4）一系列温度的所有试验试样均应为同一批次。

5）按照 GB/T 2918 的规定，初始试验在标准实验室环境中进行，试样应根据国家标准规定的性能测试方法的要求进行状态调节。

（二）测试仪器

在 GB/T 7141—2008 中规定了两种老化箱，A 法是重力对流式热老化试验箱（不带强制空气循环），推荐使用标称厚度不大于 0.25mm 的试样；B 法是强制通风式热老化试验箱（带强制空气循环），推荐使用标称厚度大于 0.25mm 的试样，采用（50±10）次/h 的换气室。

老化试验箱如图 5-3 所示。

图 5-3　热老化试验箱

（三）影响因素

1. 选择的试验温度

通常按照材料的种类、用途性能乃至性能的检测条件来选择塑料热老化试验的温度。温度选择的规定是在没有发生严重的形变或者不会改变老化反应过程的条件下，尽量提升试验的温度，以期在更短的时间内取得原来预料的效果。但是，温度过高则可能引起试样严重变形（弯曲、收缩、膨胀、开裂、分解变色），导致反应过程与实际不符，试验得不到正确的结果。

2. 试验箱温度变动、风速、换气率

温度的变动是影响热老化结果最重要的因素，试验箱箱内温度波动一定要小，室温的变动也不能够超过 10℃，否则会影响试验结果。

风速变大就会使热老化速率变快和热交换率变高，所以风速对热交换有显著的影响。

在保证氧化反应充分的前提下，尽可能用小的换气率。换气量过大，耗电量大，温度分布亦不易均匀，换气量过小则氧化反应不充分，影响老化速度。

3. 试样放置

若放置的试样过密过多，会影响空气流动，使挥发物不易排除，造成温度分布不均，从而影响试验结果。

4. 评定指标的选择

老化程度的表示，是以性能指标保持率或变化百分率来表示，但同一材料经受热氧作用后的各性能指标并不是以相同的速度变化，如高密度聚乙烯材料，老化过程中断裂伸长率变化最快，其次是缺口冲击强度，拉伸强度则最慢。

六、试验记录

试 验 报 告

项目：高分子材料热老化试验

姓名： 测试日期：

一、试验材料

试样材料： 试样型号： 试样厚度：

试样加工方法： 状态调节：

二、试验条件

采用方法：A 法(　　)，B 法(　　)

试验箱湿度：

试验箱空气流动的线速度：

三、性能评价

试样	暴露温度	暴露周期	性能测试		保持率	试样可见变化
			老化前	老化后		
1						
2						
3						
4						
5						
6						
7						
8						
9						
10						

七、技能操作评分表

技能操作评分表

项目：高分子材料热老化试验

姓名：

项目	考核内容	分值	考核记录		扣分说明	扣分标准	扣分
试样准备（5分）	试样选择	5.0	符合			0	
			不符合			5.0	
仪器操作（50分）	仪器检查	10.0	正确			0	
			不正确			10.0	
	仪器开机	10.0	顺序正确			0	
			顺序错误			10.0	
	安装试样	15.0	正确			0	
			错误			15.0	
	试验参数设置	15.0	合理			0	
			不合理			15.0	
记录与报告（30分）	数据记录及结果评定	20.0	完整、规范、正确			0	
			欠完整			20.0	
	报告（完整、明确、清晰）	10.0	规范			0	
			不规范			10.0	
文明操作（15分）	操作时机台及周围环境	5.0	整洁			0	
			脏乱			5.0	
	废品处理	5.0	按规定处理			0	
			乱扔乱倒			5.0	
	结束时机台及周围环境	5.0	清理干净			0	
			未清理、脏乱			5.0	
重大错误（否定项）		1. 损坏测试仪器，仪器操作项得分为0分； 2. 引发人身伤害事故且较为严重，总分不得超过50分； 3. 伪造数据，记录与报告项、结果评价项得分均为0分					
		合计					

评分人签名：

日期：

八、目标检测

（一）单选题

1）GB/T 7141—2008 规定了塑料仅在（　　）的热空气中暴露较长时间时的暴露条件。

A. 相同温度　　B. 工作温度　　C. 分解温度　　D. 不同温度

2）推荐使用 ASTM D3826 来测定脆化终点，脆化终点是指在 0.1mm/min 的初始应变速率下，当(　　)的被测试样断裂伸长率为5%或更小值时，材料即达到其脆化终点。

A. 55%　　B. 75%　　C. 50%　　D. 25%

3）塑料热老化试验时，如采用方法A(重力对流式热老化试验箱)，应推荐使用标称厚度不大于(　　)的薄型试样。

A. 0. 03 mm　　B. 0. 05mm　　C. 0. 25mm　　D. 0. 15mm

4）在热环境下暴露的可降解塑料可能发生多种(　　)。

A. 物理变化　　B. 物理和化学变化　　C. 化学变化　　D. 以上都不正确

5）材料的脆化未必与相对分子质量的减小相一致。应使用试验方法(　　)来测定在热暴露过程中可能发生的相对分子质量变化。

A. ISO 16014—2　　B. GB/T 7241—1995

C. ISO 16015-2　　D. GB/T 7141—2008

(二) 多选题

1）一般情况下，塑料在高温下的短期暴露会(　　)。

A. 释放出易挥发物质，如水分、溶剂或增塑剂

B. 减少模塑应力，增进热固性塑料固化，提高结晶度

C. 使增塑剂或着色剂或二者均发生颜色变化

D. 通常，随着挥发物的减少或进一步的聚合反应将会出现进一步收缩

2）根据塑料在热老化试验中性能的变化来评价塑料的老化程度。下列变化可用于评定老化性能变化的是(　　)。

A. 局部粉化、龟裂、起泡、变形、斑点等外观的变化

B. 冲击强度、弯曲强度、断裂伸长率、拉伸强度等力学性能的变化

C. 变色、褪色及透光率等光学性能的变化

D. 电阻率、介电常数、电压强度等其他电性能的变化

E. 质量(重量)的变化

3）塑料热老化试验中，对试样描述正确的是(　　)。

A. 所需试样的数量和类型应符合检测特定性能的相应国家标准的规定，在所选的每个周期和温度下均应满足该要求

B. 在所选的每个周期和温度下每种材料至少暴露3个平行试样，除非另有规定或所有相关方另有商定，试样厚度应相当于但不大于预期实际应用中的最小厚度

C. 试样的制作方法应与其在预期应用中的相同

D. 塑料热老化试验时，一系列温度的所有试样均应为同一批次

4）当在单一温度下进行热老化试验时，说法正确的是(　　)。

A. 所有材料应在同一装置中同时暴露

B. 每种材料在每个暴露周期的平行试样数量要足够多

C. 每种材料在每个暴露周期的平行试样数为5个

D. 所有材料应在同一装置中分批暴露

5）在进行塑料热老化试验时，以下描述正确的有(　　)。

A. 根据适用的试验方法测试一组非暴露试样的选定性能，不包括状态调节

B. 将试样安装在试样架上，并将试样架放在热老化试验箱内，确保试样的两面均暴露

在气流中。为了使热老化试验箱内温度变化的影响最小，建议周期性地调整试样或试样架的位置

C. 在规定的温度下将留存的系列试样在选定的时间区间内暴露

D. 暴露后按照规定的方法调节这些试样，然后进行测试

6）当材料在单一温度下进行比较时，说法正确的有(　　)。

A. 应使用方差分析比较每种材料在每个暴露时间的被测性能数据的平均值

B. 使用每一种被比较材料的每组平行测定结果进行方差分析

C. 推荐使用置信度为95%的F统计量确定方差分析结果的有效性

D. 绘制所有采用温度下暴露时间对被测性能的函数曲线进行数据分析

(三）判断题

1）塑料热老化试验报告中应包含所采用的暴露温度和每个温度下的暴露周期。(　　)

2）塑料热老化试验试样架的设计应确保试样周围的空气流通。(　　)

3）塑料热老化试验时，如采用方法B(强制通风式热老化试验箱)，应推荐使用标称厚度大于0.05mm的试样。(　　)

4）塑料热老化试验箱装置应与GB/T 11026.4—1999一致(带强制空气循环)，采用(500±10)次/h的换气率及箱内保持均匀的试验温度。(　　)

5）在某些情况下，材料可以在一个温度下暴露一个特定周期，紧接着在另一个温度下暴露一个特定周期，GB/T 7141—2008适于这些方面的应用。(　　)

6）当材料在单一温度下进行比较时，应使用方差分析比较每种材料在每个暴露时间的被测性能数据的平均值，使用每一种被比较材料的每组平行测定结果进行方差分析，推荐使用置信度为90%的F统计量确定方差分析结果的有效性。(　　)

第二节　高分子材料人工气候老化试验

一、学习目标

知识目标

① 了解高分子材料人工气候老化试验原理及试验要点；

② 掌握荧光紫外灯法进行老化试验的测试操作。

能力目标

能利用荧光紫外灯法正确进行塑料人工气候老化试验。

素质目标

① 培养学生自我学习的习惯、爱好和能力；

② 锻炼学生的组织协调、团队协作能力；

③ 构建学生安全意识，提高现场管理能力。

二、工作任务

高分子材料人工气候老化试验是在一个试验箱中同时模拟大气环境中的光、氧、热、湿度和降雨等因素的一种人工加速老化试验方法。在这些模拟因素中，光源最为重要，根据光源的不同，人工气候老化试验方法又分为三种：开放式碳弧灯法、氙弧灯法及荧光紫外灯法。

项目的工作任务见表5-3。

表5-3 高分子材料人工气候老化试验工作任务

编号	任务名称	要求	实验用品
1	人工气候老化性能测试	1. 能够正确操作使用荧光紫外老化试验箱； 2. 能按照国家标准进行测试分析及结果处理	荧光紫外老化试验箱、试样
2	填写试验数据	1. 把试验结果填写在试验数据表中； 2. 完成试验报告	试验报告

三、知识准备

（一）测试标准

GB/T 14522—2008《机械工业产品用塑料、涂料、橡胶材料 人工气候老化试验方法 荧光紫外灯》。

（二）相关名词解释

1）存放样品：存放在稳定的条件下用来比较暴露前后性能变化的部分试验材料。

2）对照材料：一种与试验材料有相似成分和结构的材料，用来与试验材料同时暴露后进行性能比较。

3）对照样品：用来暴露的对照材料的一部分。

4）辐照度：单位时间单位面积上所照射的某波长或某波长带通内的辐射能量，单位为W/m^2。

5）辐照量：辐照度的时间积分，单位为J/m^2。

6）光谱能量分布：某光源发射的或某物体接受的绝对或相对辐射能量，是波长的函数。

7）黑板温度计：一种温度测量装置，由一块金属底板和一个热敏元件组成，热敏元件紧贴在金属底板的中央，整个装置的受光面涂有黑色涂层，可以均匀地吸收全日光光谱辐射。

8）荧光紫外灯：一种低压汞弧灯，汞弧发出的辐射被磷涂层转换成较长波长的紫外辐射，其光谱能量分布取决于汞弧的发射光谱、磷涂层的发射光谱和玻璃管的紫外辐射透过率。

（三）测试原理

试样暴露于规定的环境条件和实验室光源下，通过测定试样表面的辐照度或辐照量与试样性能的变化，以评定材料的耐候性。

进行试验时，建议将被试材料与已知性能的类似材料同时暴露。暴露于不同装置的试验结果之间不宜进行比较，除非是被试材料在这些装置上的试验重现性已被确定。

四、实践操作

1）对每一个试样进行标识，标识符号应位于试样的非检测区，并不易消失或褪色。

2）确定试样哪些性能需要检测，例如，颜色、光泽、粉化、裂纹等外观性能，拉伸强度、断裂伸长率、弯曲强度等力学性能，在暴露试样前，按照有关标准或规范进行检测。如果有要求，例如，破坏性试验，使用存放样品进行性能检测。

3）将试样安装在设备的试样架里，试样不应受到附加的应力，对于橡胶试样在应力状态下的试验，其安装方法见 GB/T 7762。

对于检测颜色等外观改变的试验，可以用一个不透明的遮罩遮住试样的一部分，这部分遮盖区域可以和相邻的暴露区域作对比，便于检查暴露的进程，但性能检测的结果应基于存放样品和暴露试样的比较。

为了保持试验条件的一致性，试样架上所有的空位都应安装耐腐蚀材料制成的平板。

是否使用背衬和背衬材料可能会影响试验结果，对于小尺寸试样安装时不能覆盖整个试样架暴露窗口的情况，宜使用背衬来防止水蒸气的逸出。背衬的使用应由试验的有关方确认。

4）按选择的试验条件设定程序，进行试验直至要求的试验时间，试验期内应维持试验条件的稳定，尽量减少由于维护设备或检查试样引起的试验中断。

5）试样位置的更换：

① 辐照度最大处一般位于暴露区的中心位置，如果离暴露区中心位置最远处的辐照度具有最大辐照度的90%以上，则没有必要更换试样的位置。确定试样暴露区域内辐照度均匀性的方法见 GB/T 16422.1。

② 如果离暴露区中心位置最远处的辐照度是最大辐照度的70%～90%，应采用下列两种方法之一放置试样或更换试样的位置。

a）在试验期内定期更换试样位置，以确保每个试样获得相等的辐照量。更换试样位置的具体方法由有关方协商确定；

b）仅在那些具有最大辐照度90%以上的区域放置试样。

6）如果需要中间检测，宜在干燥暴露段快结束时进行，取放试样时，注意不要触碰和损坏试样的检测表面。检测后，试样应放回原位，检测表面的方位和以前一样。

7）试验设备需要定期维护来保持试验条件的一致性，应按照制造商的指示进行维护和校准。

8）暴露结束后，按照有关标准或规范进行性能检测。

五、应知应会

（一）试样

1. 试样形状和制备方法

1）试样的制备方法能够对其表观耐久性产生显著影响，因此试样制备方法应经过相关方协商，最好紧密结合材料在典型应用中的常用加工方法。试验报告中应包括试样制备方法的完整描述。

2）试样尺寸通常在暴露后相应的性能测试方法中有规定。当要测定特定类型的制品性能时，在可能情况下应暴露制品本身。

3）如果被测材料是粒状、碎片状、粉末状或其他原料状态经挤出或模塑成型后的聚合物，那么被暴露样品应从以适当方法制备的片材上裁取。样品的确切形状及尺寸按照相关性能的特定测试方法确定。从片材上或制品上加工或裁取单个样品的方法可能影响性能测试结果，并且因此影响样品的表观耐久性。试样的制备方法见 GB/T 17037.1—2019、GB/T 17037.3—2003 等标准。

4）在某些情况下，需要从暴露后的大样中裁取单个样品进行性能测试。例如，对边缘易分层的材料，需要以大片材形式暴露后进行取样。从暴露后的片材中裁取和制备样品的方法对单个样品性能的影响会更大，此裁样方法对于暴露后易脆化材料的影响尤其明显。ISO 2818：1994 描述了样品的机械加工制备方法。当这一制备方法被特别指明时，只能从已暴露大样上裁取单个试样进行性能测试。

当从已暴露片材或大制品上裁取试样时，最好在离固定材料的夹具或暴露样品边缘至少为 20mm 的区域内选取。在样品制备过程中决不能去除样品暴露面的任何部分。

5）当在暴露试验中进行试样比较时，应使用尺寸及暴露面积相似的试验样品。

2. 试样数量

1）每一组试验条件或每一个暴露周期的试样数量应在暴露后性能测试方法中规定。

2）如果性能测试方法没有规定暴露试样的数量，推荐每种材料每个暴露阶段所需的重复样品最少为 3 个。

3）当通过破坏性试验进行试样性能测试时，所需试样总数应由暴露阶段数以及非暴露存放样品是否与暴露试样同时试验来确定。

4）每个暴露试验最好包括已知耐久性的对照物材料。推荐同时使用耐久性较差和较好的对照物材料。在进行实验室间比对前，所有相关方需就所用对照物材料进行协商，对照物材料样品数最好与所用试验材料样品数相同。

3. 贮存及状态调节

1）如果试验样品和(或)参照样品是从大样材上裁取或切割的，则应按照 GB/T 2918—2018 制备后进行状态调节。在某些情况下，为方便试样制备，可能需在裁取或切割前对片材进行预处理。

2）当利用试验来表征被暴露材料的力学性能时，应在所有的性能测试前对样品进行适当的状态调节。所用条件见 GB/T 2918—2018。一些塑料的性能对水分含量非常敏感，并且状态调节的持续时间可能要比 GB/T 2918—2018 规定的时间长，尤其是暴露在恶劣气候条件下的样品。

3）存放样品应避光保存在标准实验室环境中，最好是 GB/T 2918—2018 规定的某一标准大气环境中。

4）某些材料，尤其是老化后的材料，在避光保存时会发生变色，因此其暴露表面一旦变干就必须尽快进行颜色测定或目测对比。

（二）试验条件

人工气候暴露试验条件的选择主要包括：光源、温度、相对湿度及降雨(喷水)或凝露周期等，现简单介绍它们的选择依据及一般确定方法。

1. 光源

选择原则是要求人工光源的光谱特性与导致材料老化破坏最敏感的波长相近，并结合试验目的和材料的使用环境来考虑。

2. 温度

空气温度的选择，以材料使用环境最高气温为依据，比其稍微高一些，常选50℃左右，黑板温度的选择，是以材料在使用环境中材料表面最高温度为依据，比其稍微高一些，多选(63±3)℃。

3. 相对湿度

相对湿度对材料老化的影响因材料品种不同而异，以材料在使用环境所在地年平均相对湿度为依据，通常在50%~70%范围内选择。

4. 降雨(喷水)

降雨(喷水)条件的选择，以自然气候的降雨数据为依据。国际上降雨(喷水)周期[降雨(喷水)时间/不降雨(喷水)时间]多选18min/102min或12min/48min，也可选3min/17min及5min/25min。人工老化降雨(喷水)采用蒸馏水或去离子水。

(三) 试验装置

试验装置由试验箱和辐射测量仪组成。

1. 试验箱

又称人工气候箱(见图5-4)，虽有不同类型，但均应包括以下规定的几个部件。

① 光源：光源是暴露试验的辐射能量源，它是决定模拟性的关键因素，光源应使试样表面得到的辐照度符合各种光源暴露试验方法的要求，并保持稳定。

② 试样架：用于安放试样及规定的传感装置；试样架与光源的距离应能使试样表面所受到的光谱辐照均匀并在允许偏差以内。规定的传感装置可用于监控辐照功率和调节发光，使辐照度波动最小。

③ 润湿装置：给试样暴露面提供均匀的喷水或凝露，可使用喷水管或冷凝水蒸气的方法来实现喷水或凝露。

④ 控湿装置：控制和测量箱内的相对湿度，它由放置在试验箱空气流中，但又避免直接辐射和喷水的传感器来控制。

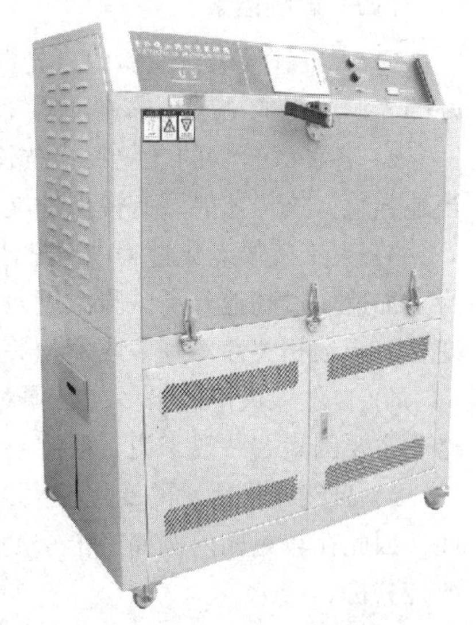

图5-4 人工气候老化试验箱

⑤ 温度传感器：测量及控制箱内空气温度，并可测量和控制黑板传感器的温度。使用的温度计应为标准温度计或黑板温度计。温度计应安装在试样架上，使它接受的辐射和冷却条件与试样架上试样表面所接受的相同。标准温度计与试样在相同位置接受辐射时，近似于导热性差的深色试样的温度。黑板温度计则由一块近似于“黑体”吸收特性的涂黑吸收金属板组成，板的温度由热接触良好的温度计或热电偶指示。相同操作时所示温度低于标准温度。

⑥ 程控装置：设备应有控制试样湿润或非湿润时间程序及非辐射时间程序的装置。

2. 辐射测量仪

辐射测量仪(见图5-5)是一种利用光电传感器来测量试样表面辐照度与辐照量的仪器，光电传感器需安装在能使它接受的辐射与试样表面接受辐射相同的位置。如果光电传感器与试样表面不处于同一位置，应有一个足够大的观测范围，并校正它处于试样表面相同距离时的辐照度。辐射仪必须在使用的光源辐射区域内校正。

当进行辐照度测量时，必须报告有关双方商定的波长范围。通常使用300~400nm或300~800nm波长范围内的辐照度。

图5-5　辐射测量仪

（四）影响因素

1）人工气候老化试验中，光源是最为重要的因素之一。一般来说，用对太阳光模拟性好的光源所得的结果与户外自然气候老化的相关性较好。

2）各种聚合物的老化敏感波长不同，人工光源中必须包含这些敏感波长的光，且要适当地强化，这样才能既有模拟性又有加速性。

3）人工气候老化过程中要适当控制温度，温度对老化反应有较强的加速作用，但不能为了加速而过高地升高试验温度，温度太高会掩盖光老化的特性，即引起老化机理的明显变化，导致相关性不好，或不相关。

4）自然气候中因素多，必须对引起特定的聚合物老化的主要因素进行模拟和强化，忽略非主要因素。一般来说，最主要的因素是光、热、氧，其次还有湿度和其他腐蚀性气体。

5）自然气候因素的变化较大，如光和温度，它们具有短期波动和长期平均值恒定的特性，因此在较短期内例如一个季度内试验，则测试季节要郑重考虑，并要对波动因素进行统计分析。

6）人工气候中的湿度条件的设置要视具体材料而定，有的材料对湿度较敏感，如含有亲水基团的材料，在对这些材料试验时必须考虑户外使用条件的强化特点，对其加以模拟。

7）性能评定指标的选择很重要，不同的指标之间可能不相关，从而导致两种气候适宜之间的相关性不同。

8）具体的试验条件下所得出的相关性是有局限性的，用来预测未测试材料要慎重。

六、试验记录

试验报告

项目：高分子材料人工气候老化试验

姓名： 测试日期：

一、试样

试样及来源	
试样成分	
制备方法	
状态调节	

二、暴露试验

设备型号和荧光紫外灯类型	
光照时辐照度的平均值及其偏差	
黑板温度计温度的平均值及其偏差	
试验时间(小时、周期数或辐照量)	
背衬材料(如有)	
试样位置更换方法(如有)	
引用标准	

三、各项性能测试结果

试样	性能测试		保持率
	老化前	老化后	

七、技能操作评分表

技能操作评分表

项目：高分子材料人工气候老化试验

姓名：

项目	考核内容	分值	考核记录		扣分说明	扣分标准	扣分
试样准备（10分）	试样选择	10.0	正确			0	
			不正确			10.0	
试验步骤（50）	试样标识	20.0	正确、规范			0	
			不正确			20.0	
	试样安装	20.0	安置合理			0	
			不合理			20.0	
	选择试验条件及程序设定	10.0	规范			0	
			不规范			10.0	

续表

项目	考核内容	分值	考核记录	扣分说明	扣分标准	扣分
文明操作（10分）	废样处理	10.0	按规定处理		0	
			乱扔乱倒		10.0	
结果评价（30分）	各项性能测试	30.0	正确		0	
			不正确		30.0	
			不符合要求		20.0	
重大错误（否定项）		1. 损坏测试仪器，仪器操作项得分为0分； 2. 引发人身伤害事故且较为严重，总分不得超过50分； 3. 伪造数据，记录与报告项、结果评价项得分均为0分				
合计						

评分人签名：

日期：

八、目标检测

（一）单选题

1）国家测试标准“塑料、涂料、橡胶材料人工气候老化试验方法荧光紫外灯”的标准号为（　　）。

A. GB/T 14522—2005　　B. GB/T 14522—2006

C. GB/T 14522—2007　　D. GB/T 14522—2008

2）GB/T 14522—2008 适用于塑料、涂料、橡胶等材料的（　　）比较和筛选试验。

A. 耐热性　　B. 耐候性　　C. 环保性　　D. 安全性

3）辐照度是单位时间、单位面积上所照射的某波长或某波长带通内的辐射能量，单位为（　　）。

A. g/m^2　　B. W/cm^2　　C. W/m^2　　D. g/cm^2

4）辐照量是指辐照度的（　　）积分，单位为 J/m^2。

A. 速度　　B. 时间　　C. 位移　　D. 速率

5）黑板温度计是一种温度测量装置，由一块金属底板和一个（　　）组成。

A. 热敏元件　　B. 温度计　　C. 热电开关　　D. 电磁元件

（二）多选题

1）荧光紫外灯是一种低压汞弧灯，汞弧发出的辐射被磷涂层转换成较长波长的紫外辐射，其光谱能量分布取决于（　　）。

A. 电压大小　　B. 汞弧的发射光谱

C. 磷涂层的发射光谱　　D. 玻璃管的紫外辐射透过率

2）塑料老化检测有（　　）

A. 自然老化　　B. 人工气候老化

C. 热老化　　D. 自然日光气候老化

3）塑料人工气候老化测试时，提供潮湿的常用方式有（　　）。

A. 放入开水中　　　　　　　　　　　　　B. 水蒸气凝露于试样上

C. 向试样喷洒软化水或去离子水　　　　　D. 下雨天放到室外

4）通过(　　)等方式获得暴露试验的结果。

A. 仪器自动测试出试验结果

B. 试样暴露前后的性能值

C. 暴露后的试样和存放样品的性能值比较

D. 暴露后的试样和与之同时暴露的对照试样的性能值比较

5）GB/T 14522—2008 可以使用的荧光紫外灯类型有(　　)。

A. UVA-340 荧光紫外灯　　　　　　　　B. UVA-320 荧光紫外灯

C. UVA-351 荧光紫外灯　　　　　　　　D. UVA-313 荧光紫外灯

(三) 判断题

1）GB/T 14522—2008 规定测试时应采用荧光紫外灯，荧光紫外灯的辐射主要是紫外线，其低于 400nm 的辐射占总辐射的 70%以上。(　　)

2）试验中一般采用同一类型的荧光紫外灯，建议不要混合使用不同类型的荧光紫外灯。(　　)

3）试验箱必须采用相同的设计，且应由耐腐蚀的材料制成。(　　)

4）试样架应使用不影响试验结果的耐腐蚀材料制成，当设备提供凝露方式时，试样架的设计应确保试样安装后有充分的自由空气冷却试样背面，从而在试样暴露面产生结冰。(　　)

5）对涂料进行人工气候老化测试时，对于每一种涂层，在同一个试验设备上应采用适当数量的试样进行试验，一般不少于 5 个。(　　)

扫一扫获取更多学习资源

第六章　高分子材料光电性能测试

第一节　高分子材料透光性能测试

一、学习目标

① 了解高分子材料透光性能测试相关名词解释；
② 掌握高分子材料透光性能测试原理；
③ 掌握高分子材料透光性能测试方法；
④ 掌握高分子材料透光性能影响因素。

能进行透明塑料透光率和雾度的测试。

① 培养学生良好的职业素养；
② 培养学生严谨的科学精神；
③ 培养学生养成良好的自我学习和信息获取能力。

二、工作任务

材料的透光性能主要是以透光率和雾度来表示的。透光率和雾度是两个独立的指标，是透明材料两项十分重要的光学性能指标。一般来说，透光率高的材料，雾度值低，反之亦然，但不完全如此。例如，窗玻璃材料透光性应该高，也不应有浑浊。有些材料透光率高，雾度值却很大，如毛玻璃。

本项目的工作任务见表 6-1。

表 6-1　高分子材料透光性能测试工作任务

编号	任务名称	要　求	实验用品
1	试样透光率和雾度测定	1. 能利用 WGT-S 透光率雾度测定仪进行试样透光率和雾度的测定； 2. 能按照测试标准进行试验结果的数据处理	WGT-S 透光率雾度测定仪、透明塑料薄膜试样、自来水或去离子水
2	试验数据记录与整理	1. 将试验结果填写在试验数据表中，给出结论并对结果进行评价； 2. 完成试验报告	试验报告

三、知识准备

（一）测试标准

GB/T 2410—2008《透明塑料透光率和雾度的测定》。

（二）相关名词解释

1）透光率：透过试样的光通量与射到试样上的光通量之比，用百分数表示。

2）雾度：透过试样而偏离入射光方向的散射光通量与透射光通量之比，用百分数表示。

（三）测试原理及方法

通过测试入射光通量、通过试样的总透射光通量、仪器和试样的散射光通量、仪器散射光通量，按照公式计算透光率和雾度。

测试方法有方法A：雾度计法；方法B：分光光度计法。本项目以常用的雾度计法来进行测试。

（四）结果计算及表示

（1）透光率

$$T_t = \frac{T_2}{T_1} \times 100$$

式中　T_t——透光率；

T_2——通过试样的总透射光通量；

T_1——入射光通量。

（2）雾度

$$H = \left(\frac{T_4}{T_2} - \frac{T_3}{T_1}\right) \times 100$$

式中　H——雾度；

T_4——仪器和试样的散射光通量；

T_2——通过试样的总透射光通量；

T_3——仪器散射光通量；

T_1——入射光通量。

（3）结果表示

透光率和雾度测试结果取平均值，精确到0.1%。

四、实践操作

1. *启动前检查及试样准备*

打开主机电源之前须检查各插接电线是否正确无误，电源是否有可靠接地；频率的波动不应超过额定频率的±2%；电源电压的波动范围不应超过额定电压的±10%；室温在5~35℃范围内，相对湿度不大于85%；在稳固的基础或工作台上，正确安装；在无振动、周围无腐蚀性介质的环境中使用。

测量薄膜试样的厚度（厚度小于0.1mm时，至少精确到0.001mm；厚度大于0.1mm

时，至少精确到0.01mm)，将薄膜夹于磁性夹具之间并拉平。

应在与试样状态调节相同环境下进行试验。

2. 仪器启动及预热

将仪器的三只保护盖旋下，开启电源进行预热(20min)，两窗口显示两个小数点，准备指示灯“ready”显示红光，不久“ready”灯显示绿光，左边读数窗出现“P”，右边出现“H”，并发出蜂鸣呼叫声。

3. 空白试验

在无样品(测液体时需装上样品盒)的情况下按“TEST”按钮，仪器将显示“P100.00”“H0.00”，如不显示“P100.00”“H0.00”，即 P<100.0、H>0.00，说明光源预热不够，可重关电源后再开机，重复1~2次，在显示“P100.00”“H0.00”下仪器预热稳定数分钟后，再次按下“TEST”按钮，计算机采集仪器自身数据后，再度出现“P”“H”并发出蜂鸣呼叫声，即可装样进行测量。

4. 试样透光率及雾度测定

1) 装上样品(放置夹具时应注意薄膜一面应紧贴积分球)，按下“TEST”按钮，指示灯转为红光，不久就在显示屏上显示出透光率数值及雾度数值，前者单位为0.1%，后者为0.01%。此时，指示灯转为绿光，需要进行复测时，可不拿下样品，重按“TEST”按钮可重复测量，然后取其算术平均值作为测量结果，以提高测量准确度。更换样品重复按“TEST”按钮可连续测得同一批试样的结果。

2) 更换样品或测完一组样品后，都应进行一次空白试验。

5. 数据处理

准确将数据记录在试验报告中，取三个试样的平均值作为试验结果，结果需精确至0.1%。

6. 仪器关机及整理

取下试样，关闭透光率雾度测定仪仪器电源，拔掉电源线，将仪器的三只保护盖盖上，做好5S整理相关工作。

五、应知应会

(一) 试样

试样尺寸应大到可以遮盖住积分球的入口窗，建议试样为直径50mm的圆片，或者是50mm×50mm的方片。如无其他特殊要求，每组三个试样。

试样不能有影响材料性能的缺陷，也不能有对研究造成偏差的缺陷；试样两测量表面应平整且平行，无灰尘、油污、异物、划痕等，并无可见的内部缺陷和颗粒(要求测试这些缺陷对雾度的影响除外)。

试样应在温度23℃±2℃和50%±10%RH(相对湿度)的环境下，按照GB/T 2918—2018状态调节不少于40h后，进行试验。特殊情况按材料说明书或按供需双方商定的条件进行状态调节。

(二) 测试仪器

仪器分发射系统(左侧)和接收系统(右侧)两大部分，中间是开启式的样品室。透光率雾度测定仪、设备结构及仪器原理见图 6-1～图 6-3。

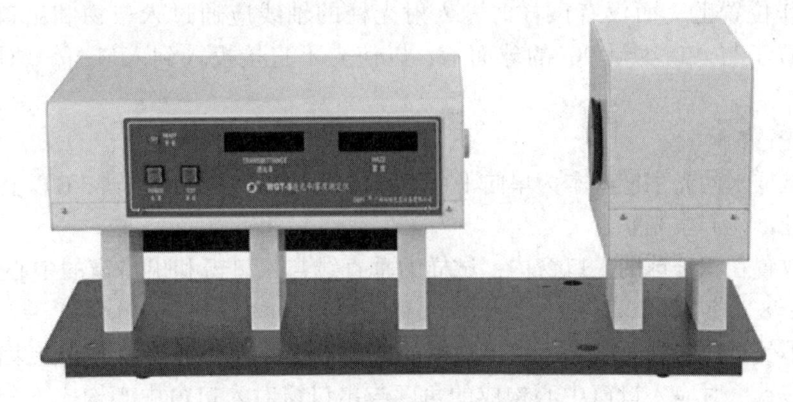

图 6-1　透光率雾度测定仪

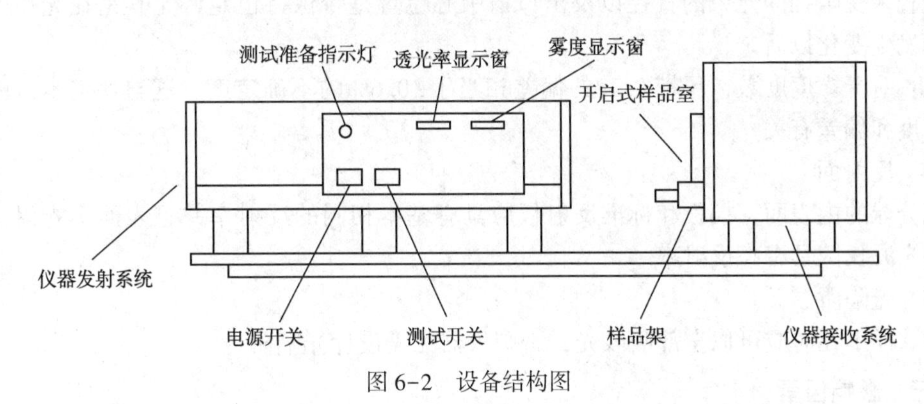

图 6-2　设备结构图

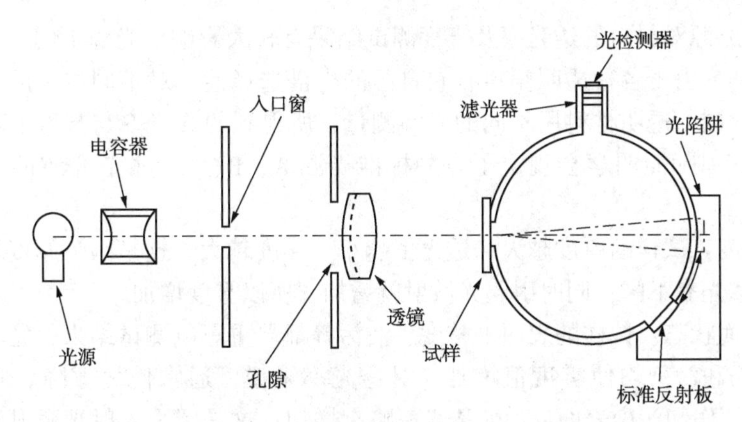

图 6-3　仪器原理图

（1）光源

光源和光检测器输出的混合光经过过滤后应为符合国际照明委员会（CIE）1931 年标准比色法测定要求的 C 光源或 A 光源。其输出信号在所用光通量范围内与入射光通量成比例，并具有 1%以内的精度。在每个试样的测试过程中，光源和检流计的光学性能应保持恒定。

（2）积分球

用积分球收集透过的光通量，只要窗口的总面积不超过积分球内反射表面积的 4%，任何直径的球均适用。出口窗和入口窗的中心在球的同一最大圆周上，两者的中心与球的中心构成的角度应不小于170°。出口窗的直径与入口窗的中心构成角度在8°以内。当光陷阱在工作位置上，而没有试样时，入射光柱的轴线应通过入口窗和出口窗的中心。光检测器应置于与入口窗呈90°的球面上，以使光不直接投入到入口窗。球体旋转角为8.0°±0.5°。

(3) 聚光透镜

照射在试样上的光束应基本为单向平行光，任何光线不能偏离光轴3℃以上。光束在球的任意窗口处不能产生光晕。

当试样放置在积分球的入口窗内，试样的垂直线与入口窗和出口窗的中心连线之间的角度不应大于8°。

当光束不受试样阻挡时，光束在出口窗的截面近似圆形，边界分明，光束的中心与出口窗的中心一致。对应入口窗中心构成的角度与出口窗对入口窗中心构成1.3°±0.1°的环带。检查未受阻挡的光束的直径以及出口窗中心位置是否保持恒定，尤其是在光源的孔径和焦距发生变化以后。

注：对于雾度度数，环带0.1°的偏差相当于±0.6%的不确定度，这与评定本试验方法的精密度和偏差有关。

(4) 反射面

积分球的内表面、挡板和标准反射板应具有基本相同的反射率并且表面不光滑。在整个可见光波长区具有高反射率。

(5) 光陷阱

当试样不在时应可以全部吸收光，否则仪器无需设计光陷阱。

(三) 影响因素

1) 光源：光源对材料的透光率及雾度测试结果有较大影响。光源不同，它的相对光谱能量分布就不同，由于各种透明塑料有它自己的光谱选择性，对不同波长的光，透光率是不相同的。因此同一透明材料用不同的光源测量，所得到的透光率与雾度值不同。为了消除光源的影响，国际照明学会规定了三种标准光源A、B、C，本节介绍的方法采用了C光源。

2) 试样厚度：试样的厚度越大，透光率越小，雾度越大。这是因为厚度增加，对光吸收增多，因此透光率下降，同时引起光散射就增加，所以雾度增加。

3) 试样表面状态：试样的表面平整度、沾污等都严重影响测试结果，尤其对雾度影响较大。表面擦伤和污染均使雾度值增加，对透光率来说，通常使之下降。但有些塑料如PC、PS，轻微擦伤和污染表面反而使透光率略有增加。这是因为入射光照射到试样上有一部分被反射，轻度擦伤和污染，使反射减少，透过增加之故，如擦伤和污染进一步加重，则透光率下降。

4) 仪器：不同实验室的同类仪器，测试结果稍有差别。这主要是由仪器误差和操作误差引起的。仪器方面，光源的变化、积分球内表面、标准板及光电池的变化都可能引起误差；操作方面，主要是读数误差。所以要求严格操作和定期校正仪器。

(四) 透光率雾度测试仪常见故障及处理方法

透光率雾度测试仪常见故障及处理方法见表6-2。

表 6-2　透光率雾度测试仪常见故障及处理方法

故障现象	原因分析	排除方法
显示“8888888888”且光源不亮	计算机系统出错或卤钨灯损坏	1. 重新按测试按钮或关机重新开机光源不亮，将仪器左侧挡板取下； 2. 松开灯座上方的两只螺丝，取下灯泡； 3. 更换灯泡，拧紧螺丝(请将灯泡四周的指纹擦拭干净)； 4. 开启上盖，调节灯座支架的位置，使光斑居中
标准反射器没有动作	电路或机械故障	1. 打开上盖，按控制面板上的微动开关，若该板上的发光管不跳动，则电路板坏； 2. 若发光管跳动，则机械传动部分卡住。请打开接收系统(右侧)的上盖，对传动部分进行检查，稍做拨动

六、试验记录

试 验 报 告

项目：高分子材料透光性能测试

姓名：　　　　　　　　　　　　　　　　　　　　　　　　测试日期：

一、试验材料

试样材料：　　　　　　　　　　　　试样尺寸：

制备方法：　　　　　　　　　　　　试样数量：

二、试验条件

状态调节：　　　　　　　　　　　　试验环境：

三、计算公式

(1) 透光率

(2) 雾度

四、试验数据记录与处理

项目	1	2	3	平均值	结果表示
透光率					
雾度					

七、技能操作评分表

技能操作评分表

项目：高分子材料透光性能测试

姓名：

项目	考核内容	分值	考核记录		扣分说明	扣分标准	扣分
试样准备(10 分)	试样选取	4.0	正确			0	
			不正确			4.0	
	尺寸测量	6.0	正确、规范			0	
			不正确			6.0	

续表

项目	考核内容	分值	考核记录		扣分说明	扣分标准	扣分
仪器操作（50分）	仪器放置	5.0	正确			0	
			错误			5.0	
	仪器检查	10.0	正确、规范			0	
			不正确			10.0	
	开机及预热	10.0	正确、规范			0	
			不正确			10.0	
	试样安装	10.0	正确、规范			0	
			不正确			10.0	
	是否进行空白试验操作	10.0	是、规范			0	
			否			10.0	
	仪器关机	5.0	正确、规范			0	
			不正确			5.0	
记录与报告（15分）	原始记录	5.0	完整、规范			0	
			欠完整、不规范			5.0	
	报告（完整、明确、清晰）	10.0	规范			0	
			不规范			10.0	
文明操作（20分）	操作时机台及周围环境	5.0	整洁			0	
			脏乱			5.0	
	废样处理	4.0	按规定处理			0	
			乱扔乱倒			4.0	
	结束时机台及周围环境	6.0	清理干净			0	
			未清理、脏乱			6.0	
	量具、工具处理	5.0	已归位			0	
			未归位			5.0	
结果及数据处理（5分）	平均值及精度值处理	5.0	正确、规范			0	
			不正确			5.0	
操作时间（5分）	1. 达到规定时限，教师有权终止试验； 2. 每提前5min加1分，加分上限为5分						
重大错误（否定项）		1. 损坏测试仪器，仪器操作项得分为0分； 2. 引发人身伤害事故且较为严重，总分不得超过50分； 3. 伪造数据，记录与报告项、结果评价项得分均为0分					
合计							

评分人签名：

日期：

八、目标检测

(一) 单选题

1) 进行透明塑料透光率和雾度的测定时，试样的预处理和试验环境按(　　)选用。

A. GB/T 2918—2018　　B. GB/T 2411—2008

C. GB/T 2410—2008　　D. GB/T 2410—1980

2) 塑料透光率和雾度的测定时，无其他特殊要求下，每组(　　)个试样。

A. 2　　B. 3　　C. 4　　D. 5

3) 测量试样的厚度时，厚度小于 0.1mm 时，至少精确到(　　)mm，厚度大于 0.1mm 时，至少精确到(　　)mm。

A. 0.001、0.001　　B. 0.001、0.01　　C. 0.01、0.01　　D. 0.001、0.001

4) 塑料透光率雾度测定仪电源电压的波动范围不应超过额定电压的(　　)。

A. ±10%　　B. ±5%　　C. ±15%　　D. ±20%

5) 透光率雾度测定仪使用环境的湿度应不大于(　　)。

A. 50%　　B. 75%　　C. 85%　　D. 80%

6) WGT-S 透光率雾度测定仪开机预热不少于(　　)min。

A. 5　　B. 10　　C. 15　　D. 20

7) WGT-S 透光率雾度测定仪的仪器分为发射系统和(　　)两大部分，中间是开启式的样品室。

A. 接收系统　　B. 分析系统　　C. 计算机系统　　D. 处理系统

8) 塑料透光率和雾度的测定时，试样不能有影响(　　)的缺陷，也不能有对研究造成偏差的缺陷(　　)。

A. 材料尺寸　　B. 材料质量　　C. 材料种类　　D. 材料性能

9) 进行塑料透光率和雾度的测定时，在窗口显示(　　)且仪器预热稳定数分钟，按“TEST”开关，计算机采集仪器自身数据后，再度出现数字并发出蜂鸣呼叫，即可进行测量。

A. “P100.00”“H1.00”　　B. “P000.00”“H0.00”

C. “P100.00”“H0.00”　　D. “P000.00”“H1.00”

(二) 多选题

1) 透明塑料透光率和雾度的测定试样报告应包含(　　)等部分。

A. 状态调节和试验环境　　B. 采用的标准

C. 光源类型　　D. 试验结果平均值

E. 试样数量

2) 对透光率计算公式$T_t = \frac{T_2}{T_1} \times 100$描述正确的是(　　)。

A. T_t为透光率　　B. T_2为通过试样的总透射光通量

C. T_1为入射光通量　　D. 结果取平均值，精确到 1%

3）常用(　　)来表征透明塑料的透明度。

A. 折光率　　B. 透光率　　C. 反射率　　D. 雾度

4）透明塑料的透明度与(　　)有关。

A. 试样的长度　　B. 试样的宽度　　C. 试样的厚度　　D. 光源

5）对雾度计算公式 $H=\left(\frac{T_4}{T_2}-\frac{T_3}{T_1}\right)\times 100$ 描述正确的有(　　)。

A. H 为雾度　　B. T_2为仪器和试样的散射光通量

C. T_4为通过试样的总透射光通量　　D. T_3为仪器的散射光通量

E. T_1为入射光通量

6）透光率雾度测试仪中，对积分球描述正确的有(　　)。

A. 用积分球收集透过的光通量，只要窗口的总面积不超过积分球内反射表面积的 4%，任何直径的球均适用

B. 出口窗和入口窗的中心在球的同一最大圆周上，两者的中心与球的中心构成的角度应不小于 170°

C. 出口窗的直径与入口窗的中心构成角度在 8°以内

D. 当光陷阱在工作位置上而没有试样时，入射光柱的轴线应通过入口窗和出口窗的中心

7）透光率雾度测定仪中，对光源应满足的条件描述正确的有(　　)。

A. 光源和光检测器输出的混合光经过过滤后应为符合国际照明委员会(CIE)1931 年标准比色法测定要求的 C 光源或 A 光源

B. 其输出信号在所用光通量范围内与入射光通量成比例，并具有 1%以内的精度

C. 照射在试样上的光束应基本为单向平行光，任何光线不能偏离光轴 3°以上

D. 在每个试样的测试过程中，光源和检流计的光学性能应保持恒定

8）下列材料中，常用作透明制品的有(　　)。

A. ABS　　B. PC　　C. PS　　D. PMMA

E. PPO

9）塑料透光性和雾度测试时，对试样状态调节描述正确的是(　　)。

A. 在温度 23℃±2℃的环境下

B. 按照 GB/T 2918—2018 状态调节不少于 20h

C. 在相对湿度 50%±10%的环境下

D. 特殊情况按材料说明书或按供需双方商定的条件进行状态调节

10）塑料透光性和雾度测试试样应满足(　　)等要求。

A. 试样不能有影响材料性能的缺陷，也不能有对研究造成偏差的缺陷

B. 试样尺寸应大到可以遮盖住积分球的入口窗，建议试样为直径 50mm 的圆片，或者是 50mm×50mm 的方片

C. 试样两侧表面应平整且平行，无灰尘、油污、异物、划痕等，并无可见的内部缺陷和颗粒(要求测试这些缺陷对雾度的影响时除外)

D. 无其他特殊要求下，每组五个试样

（三）判断题

1）透光率是指透过试样的光通量与射到试样上的光通量之比，用整数表示。（　　）

2）雾度是指透过试样而偏离入射光方向的散射光通量与透射光通量之比，用百分数表示。（　　）

3）GB/T 2410—2008 规定了透明塑料透光率和雾度的两种测定方法，方法 A 是雾度计法，方法 B 是分光光度计法。（　　）

4）GB/T 2410—2008 适用于测定板状、片状、薄膜状不透明塑料的透光率和雾度。（　　）

5）聚光透镜需使照射在试样上的光束应基本为单向平行光，任何光线不能偏离光轴 5° 以上。（　　）

6）合格的聚光透镜应使光束在球的任意窗口处不能产生光晕。（　　）

7）积分球的内表面、挡板和标准反射板应具有基本相同的反射率并且表面光滑。（　　）

第二节　高分子材料体积和表面电阻率测试

一、学习目标

知识目标

① 掌握电学性能相关名词解释；

② 掌握体积和表面电阻率测试原理；

③ 掌握体积和表面电阻率测试方法；

④ 掌握体积和表面电阻率的计算。

能力目标

能进行高分子材料的体积和表面电阻率的测试。

素质目标

① 培养学生良好的职业素养；

② 培养学生严谨的科学精神；

③ 培养学生的安全意识，提升团队协作能力。

二、工作任务

电阻率是材料最重要的电学性质之一。导体的电阻率低于 $10^6\Omega\cdot cm$，半导体的电阻率在 $10^6\sim10^9\Omega\cdot cm$ 之间，电阻率高于 $10^9\Omega\cdot cm$ 的称为绝缘体。聚合物的体积电阻率一般为 $10^8\sim10^{18}\Omega\cdot cm$，属于绝缘体，其测试方法与导体及半导体有很大不同。

本项目工作任务见表 6-3。

表 6-3　高分子材料体积和表面电阻率测试工作任务

编号	任务名称	要　求	实验用品
1	高分子材料体积和表面电阻率测试	1. 能进行体积和表面电阻率测试仪的操作； 2. 能进行体积和表面电阻率的计算； 3. 能按照测试标准对试验结果进行数据处理	体积和表面电阻率测试仪、固体绝缘材料试样、千分尺等
2	试验数据记录与整理	1. 记录试验结果； 2. 完成试验报告	试验报告

三、知识准备

（一）测试标准

对于不同材料均有相应的测试标准，本节内容选取固体绝缘材料进行体积电阻率和表面电阻率测试，参照标准为 GBT 1410—2006《固体绝缘材料体积电阻率和表面电阻率试验方法》。

（二）相关名词解释

1）体积电阻：在试样两相对表面上放置的两电极间所加直流电压与流过这两个电极之间的稳态电流之商，不包括沿试样表面的电流，在两电极上可能形成的极化忽略不计。

2）体积电阻率：在绝缘材料中的直流电场强度和稳态电流密度之商，即单位体积内的体积电阻。

3）表面电阻：在试样表面上的两电极间所加电压与在规定的电化时间里流过两电极间的电流之商，在两电极上可能形成的极化忽略不计。

4）表面电阻率：在绝缘材料的表面层里的直流电场强度与线电流密度之商，即单位面积内的表面电阻。面积的大小是不重要的。

5）电极：电极是具有一定形状、尺寸和结构的与被测试样相接触的导体。

（三）测试原理

测量高电阻常用的方法是直接法或比较法，本节介绍直接法中的直流放大法，也称高阻计法，该方法采用直流放大器，对通过试样的微弱电流经过放大后，推动指示仪表，测量出绝缘电阻，再根据试样尺寸计算出材料的电阻率。不同仪器有不同的测试电极连接方式，对应的测试结果计算公式有所不同，见图 6-4、图 6-5。

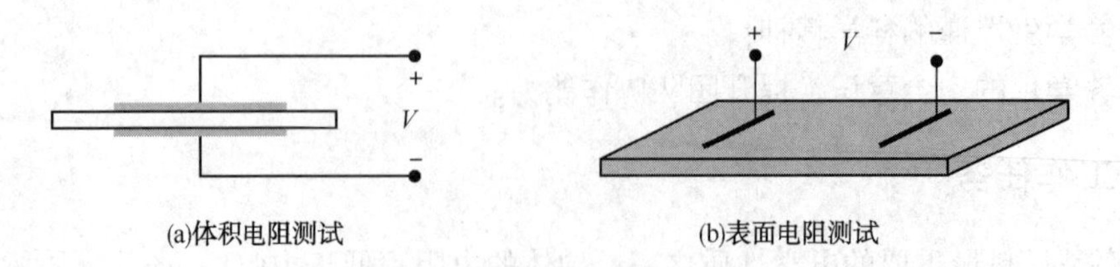

图 6-4　两电极测量方法

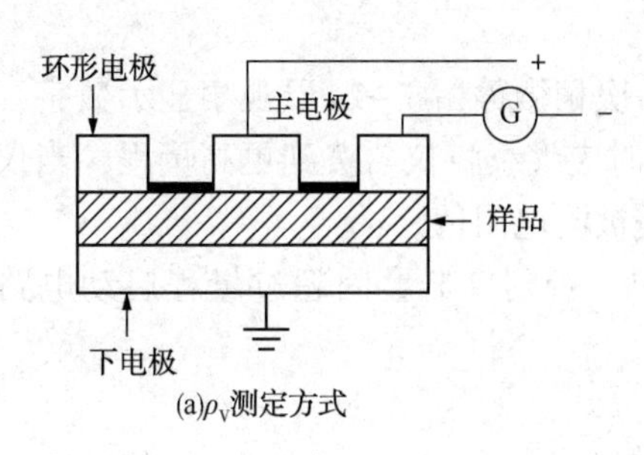

(a)ρ_V测定方式

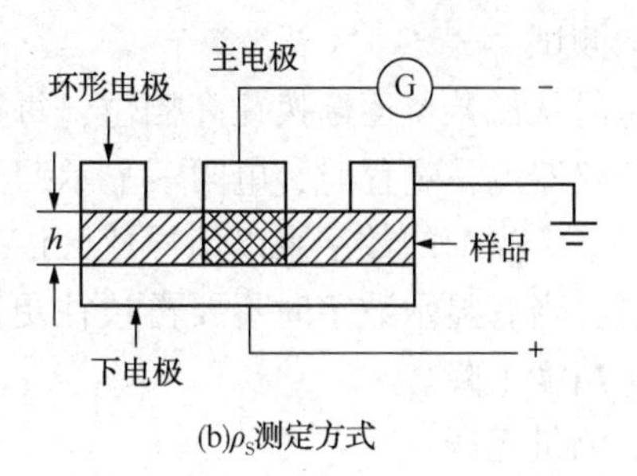

(b)ρ_S测定方式

图 6-5　三电极测量方法

(四) 结果计算

(1) 体积电阻率

$$\rho_V = R_X \frac{A}{h}$$

式中　ρ_V——体积电阻率，Ω · cm；

R_X——体积电阻，Ω；

A——被保护电极的有效面积，cm^2；

h——试样厚度，cm。

(2) 表面电阻率

$$\rho_s = R_X \frac{P}{g}$$

式中　ρ_s——表面电阻率，Ω · cm；

R_X——表面电阻，Ω；

P——特定使用电极装置中被保护电极的有效周长，cm；

g——两电极之间的距离，cm。

四、实践操作

(1) 试样检查与准备

试样应平整、均匀，无裂纹和机械杂质等缺陷，并在温度 23℃和相对湿度 65%的条件下状态调节 24h。

(2) 仪器开机

将电流电阻量程置于“10^4”挡，电压量程置于 10V，然后开机。

(3) 仪器调零

在“R_X”两端开路的情况下，调零使电流表的显示为“0000”，调零完毕后关机。

(4) 连接线路

将试样与电极接好，并用测试线将主机与屏蔽箱连接好，将测试按钮拨到“R_V”边(测体积电阻时)，或将测试按钮拨到“R_S”边(测表面电阻时)，而后开机。

注意：测体积电阻和表面电阻的电极线路连接方式不同。

(5) 选择合适的测试电压挡位

在测试过程中不要随意改动测量电压，可能因电压过高或电流过大损坏试样或仪器。

（6）测试

测量时从低挡位逐渐拨往高挡位，每拨动一次稍微停留 1～2s 以观察显示数字，当被测电阻大于仪器测量量程时，电阻表显示“1”，此时应继续将仪器拨到更高量程，当仪器有显示值时停下，当前的数字乘以信号放大倍率即是被测电阻值。

注意：当有显示数字时不要再拨往更高挡位，否则仪器会因超过量程启动电路保护而导致测量精度下降。

（7）测量完毕

将电阻电流量程拨回“10^4”挡，电压量程调至 10V，关闭仪器电源，并做好 5S 整理相关工作。

（8）计算

将测得的电阻值代入相应公式计算相应电阻率。

五、应知应会

（一）试样

一般应至少配备 3 个试样。在进行测量的区域，不应对试样进行处理和标记。如果样品和电极接触的区域被重新处理过，应在测量报告中加以表述。测量表面电阻时，不应对表面进行清洁。

（二）测试仪器

体积表面电阻率测试仪如图 6-6 所示。

仪器主要技术参数如下：

1）电阻测量范围：$1\times10^{4}\sim1\times10^{18}\Omega$。

2）电流测量范围：$2\times10^{-4}\sim1\times10^{-16}$A。

3）显示方式：液晶数字屏显示。

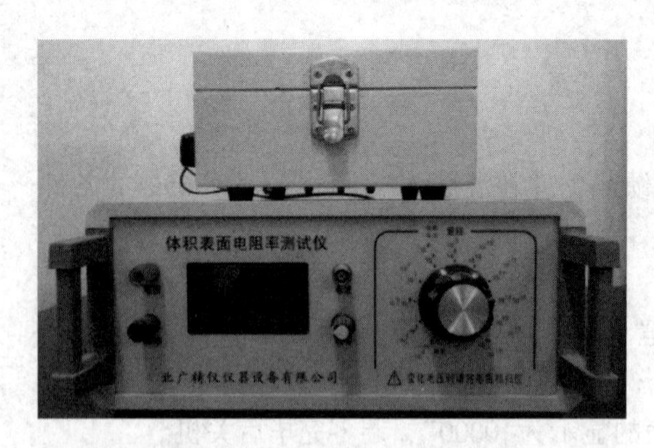

图 6-6　体积表面电阻率测试仪

4）内置测试电压：有 6 种，10V、50V、100V、250V、500V 和 1000V。

5）基本准确度：1%。

6）使用环境：温度 0～40℃，相对湿度<80%。

7）供电形式：AC 220V、50Hz，功耗约 5W。

8）仪器尺寸：285mm×245mm×120mm。

9）质量：约 2.5kg。

10）工作环境：使用环境温度-10～50℃，相对湿度<90%。

（三）影响因素

（1）施加电压的大小和时间

在所施加的电压远低于试样的击穿电压时，测试电压对电阻率完全无影响。对板状试样一般选 100～1000V 的直流电压。薄膜试样的体积电阻率一般随测试场强的增加而略有减小，一般测试电压低于500V。

流经试样的电流，随时间的增加而迅速衰减。这是由于流经试样的电流不像导体那样仅是传导电流，而是由瞬时充电电流、吸收电流和漏导电流三种电流组成的。很显然，各种材料的电流随时间的变化情况不一样，因而在比较时要选取相同的读取电流时间。

(2) 电极的性质和尺寸

电极要求与试样接触良好，电极材料本身电导率大，耐腐蚀，不污染试样，不同的电极材料和尺寸对测试结果会产生影响。

(3) 试样处理和测试过程中周围大气条件和试样的温度、湿度

温度升高会使得测试时得到的电流值增大，即体积电阻率和表面电阻率随温度升高而减小。因此必须记录测试温度。常规采用标准温度进行测量。

对于极性材料及强极性材料，因吸水性强其体积电阻降低。又因水气附着于试样表面，在空气中二氧化碳的作用下，使表面形成一层导电物，造成表面电阻降低。对于非极性和弱极性材料影响很小，聚乙烯、聚苯乙烯和聚四氟乙烯等甚至在水中浸泡24h，其体积电阻率都没有明显的变化。要对试样进行状态调节，通常是在标准湿度下不少于16h。

六、试验记录

试 验 报 告

项目：高分子材料体积和表面电阻率测试

姓名：　　　　　　　　　　　　测试日期：

一、试验材料

材料：　　　　　　　　　　　　试样形状和尺寸：

电极和保护装置的形式、材料和尺寸：

试样处理：

二、试验条件

温度：　　　　　　　　　　　　湿度：

测量方法：　　　　　　　　　　施加电压：

三、计算公式

体积电阻率计算：

表面电阻率计算：

四、试验数据记录与处理

项　目	1	2	3	平均值
样品厚度/cm				
体积电阻R_X/Ω				
表面电阻R_X/Ω				
体积电阻率ρ_V/(Ω·cm)				
表面电阻率ρ_s/(Ω·cm)				

七、技能操作评分表

技能操作评分表

项目：高分子材料体积和表面电阻率测试

姓名：

项目	考核内容	分值	考核记录		扣分说明	扣分标准	扣分
原料准备（15分）	原料选择	15.0	正确			0	
			不正确			15.0	
仪器操作（50分）	仪器检查	10.0	有			0	
			没有			10.0	
	安放试样	5.0	正确、规范			0	
			不正确			5.0	
	试验前调节电流挡位是否在 10^4	10.0	设置合理			0	
			设置不合理			10.0	
	试验前后电压挡位是否调至10V	10.0	正确、规范			0	
			不正确			10.0	
	电极连接	10.0	正确、规范			0	
			不正确			10.0	
	仪器开机	5.0	正确、规范			0	
			不正确			5.0	
文明操作（15分）	操作时机台及周围环境	5.0	整洁			0	
			脏乱			3.0	
			乱扔乱倒			5.0	
	结束时机台及周围环境	5.0	清理干净			0	
			未清理脏乱			5.0	
	工具处理	5.0	已归位			0	
			未归位			5.0	
结果计算（20分）	数据记录及结果计算	20.0	正确			0	
			不正确			20.0	
操作时间（5分）	1. 达到规定时限，教师有权终止试验； 2. 每提前5min加1分，加分上限为5分						
重大错误（否定项）		1. 损坏测试仪器，仪器操作项得分为0分； 2. 引发人身伤害事故且较为严重，总分不得超过50分； 3. 伪造数据，记录与报告项、结果评价项得分均为0分					
合计							

评分人签名：

日期：

八、目标检测

（一）选择题

1）体积电阻率单位是(　　)。

A. Ω · cm　　B. Ω · mm　　C. Ω · kV　　D. Ω · V

2）体积电阻为在试样两相对表面上放置的两电极间所加直流电压与流过这两个电极之间的稳态电流(　　)，不包括沿试样表面的电流，在两电极上可能形成的极化忽略不计。

A. 之和　　B. 之积　　C. 之商　　D. 比值

3）体积电阻率即单位体积的(　　)。

A. 体积电阻系数　　B. 体积电阻　　C. 表面电阻率　　D. 体积比电阻

4）(　　)是具有一定形状、尺寸和结构的与被测试样相接触的导体。

A. 电池　　B. 电阻　　C. 电压　　D. 电极

5）GB/T 1410—2006 规定了(　　)体积电阻率和表面电阻率的试验方法。

A. 液体绝缘材料　　B. 固体绝缘材料　　C. 金属材料　　D. 非金属材料

（二）多选题

1）对体积电阻率描述正确的是(　　)。

A. 体积电阻率能被用作选择特定用途绝缘材料的一个参数

B. 电阻率随温度和湿度的变化而显著变化，因此在为一些运行条件而设计时必须对其了解

C. 体积电阻率的测量常被用于检查绝缘材料生产是否始终如一，或检测能影响材料质量而又不能用其他方法检测到的导电杂质

D. 表面电阻随湿度变化很快，而体积电阻随温度变化却很慢，尽管其最终的变化也许较大

2）体积和表面电阻率测试仪器对电源的要求正确的是(　　)。

A. 要求有很稳定的交流电压源

B. 可用蓄电池或一个整流稳压的电源来提供。对电源的稳定度要求是由电压变化导致的电流变化与被测电流相比可忽略不计

C. 最常用的电压是 100V、500V 和 1000V

D. 在某些情况下，试样的电阻与施加电压的极性有关

3）关于体积、表面电阻率测量方法描述正确的是(　　)。

A. 测量高电阻常用的方法是直接法或比较法

B. 直接法是测量加在试样上的直流电压和流过它的电流(伏安法)而求得未知电阻

C. 比较法是确定电桥线路中试样未知电阻与电阻器已知电阻之间的比值，或是在固定电压下比较通过这两种电阻的电流

D. 比较法是测量加在试样上的直流电压和流过它的电流(伏安法)而求得未知电阻

4）关于体积、表面电阻率测量方法描述正确的是(　　)。

A. 对于低于 10^5Ω 的电阻，测量装置测量未知电阻的总精确度应至少为±10%

B. 对于更高的电阻，总精确度应至少为±30%

C. 对于低于 10^{10}Ω 的电阻，测量装置测量未知电阻的总精确度应至少为±10%

D. 对于更高的电阻，总精确度应至少为±20%

5）关于体积电阻率测量试样描述正确的是(　　)。

A. 测定体积电阻率，试样的形状不限，只要能允许使用第三电极来抵消表面效应引起的误差即可

B. 在被保护电极与保护电极之间的试样表面上的间隙要有均匀的宽度，并且在表面泄漏不致于引起测量误差的条件下间隙应尽可能地窄

C. 对于表面泄漏可忽略不计的试样，测量体积电阻时可去掉保护，只要已证明去掉保护对结果的影响可忽略不计

D. 1mm 的间隙通常为切实可行的最小间隙

（三）判断题

1）绝缘材料用的电极材料应是一类容易加到试样上、能与试样表面紧密接触且不致于因电极电阻或对试样的污染而引入很大误差的导电材料。(　　)

2）导电橡皮不可用作电极材料。(　　)

3）金属箔可粘贴在试样表面作为测量体积电阻用的电极，但它不适用于测量表面电阻。(　　)

4）测量表面电阻时，可以清洗表面，除非另有协议或规定。(　　)

5）体积电阻率和表面电阻率都对温度变化特别不敏感。(　　)

6）体积电阻率计算公式为$\rho_V = R_X \dfrac{A}{h}$，其中 A 是被保护电极的有效面积。(　　)

7）表面电阻率计算公式为$\rho_s = R_X \dfrac{P}{g}$，其中 g 为特定使用电极装置中被保护电极的有效周长，单位为 cm 或 m。(　　)

第三节　高分子材料介电常数和介质损耗因数测试

一、学习目标

知识目标

① 掌握介电和电阻特性相关名词解释；

② 掌握固体绝缘材料介电常数和介质损耗测试原理；

③ 掌握固体绝缘材料介电常数和介质损耗测试方法。

能力目标

能对固体绝缘高分子材料进行高频介电常数和介质损耗因数的测试。

素质目标

① 培养学生良好的职业素养；

② 培养学生的科学精神和态度；

③ 构建学生安全意识，提高现场管理能力。

二、工作任务

介电特性是电介质材料极其重要的性质。在实际应用中，电介质材料的介电系数和介质损耗是非常重要的参数。例如，制造电容器的材料要求介电常数尽量大，而介质损耗尽量小。相反地，制造仪表绝缘器件的材料则要求介电常数和介质损耗都尽量小。而在某些特殊情况下，则要求材料的介质损耗较大。所以，通过测定介电常数及介质损耗因数可进一步了解影响介质损耗和介电常数的各种因素，为提高材料的性能提供依据。

本项目工作任务见表 6-4。

表 6-4　高分子材料介电常数和介质损耗因数测试工作任务

编号	任务名称	要　求	实验用品
1	介电常数和介质损耗因数测试	1. 能进行试样尺寸的测量； 2. 能操作仪器进行介电常数和介质损耗因数的测试； 3. 能进行介电常数和介质损耗因数测试结果的计算； 4. 能按照测试标准进行试验结果的数据处理	介电常数和介质损耗测试仪、测试夹具、电感线圈、游标卡尺、试样
2	试验数据的整理和记录	1. 将试验结果填写在试验数据表中； 2. 完成试验报告	试验报告

三、知识准备

（一）测试标准

GB/T 31838.6—2021《固体绝缘材料 介电和电阻特性 第 6 部分：介电特性(AC 方法) 相对介电常数和介质损耗因数(频率 0.1Hz~10MHz)》。

（二）相关名词解释

1）电气绝缘材料：具有可忽略不计的低电导率的固体材料，用于隔离电势不同的导体部分。

2）介电特性：用交流电压测量出的绝缘材料的综合性能，包括电容、绝对介电常数、相对介电常数、相对复介电常数、介质损耗因数。

3）绝对介电常数：电通密度除以电场强度的商。

4）相对介电常数：绝对介电常数与真空介电常数 ε 的比值。

5）相对复介电常数：稳定的正弦场下，以复数表示的介电常数。

6）介质损耗因数(损耗角正切值)：复介电常数的虚部与实部的比值。

7）电容(C)：导体间存在电势差时，导体和电介质组成的系统存储电荷的特性。

8）施加电压：电极间施加的电压。

9）测量电极：贴附于材料表面的或者埋入材料内部的导体，与之接触以测量材料的介电或电阻特性。

（三）测试原理

介电常数介质损耗因数测试仪的基本原理是采用高频谐振法，以单片机作为仪器的控制系统，采用频率数字锁定、标准频率测试点自动设定、谐振点自动搜索、Q 值量程自动转换、数值显示等技术，在较高的测试频率条件下，通过测量高频电路或谐振回路的 Q 值、电感器的电感量和分布电容量、电容器的电容量和损耗因数、电工材料的高频介质损耗、高频回路有效并联及串联电阻、传输线的特性阻抗等计算出材料的介电常数及介质损耗因数。

(四) 结果计算

(1) 介电常数

$$\varepsilon=\varepsilon_0\times\varepsilon_r$$

式中　ε——介电常数，F/m；

ε_0——真空介电常数，F/m；

ε_r——相对介电常数，F/m。

(2) 相对介电常数

$$\varepsilon_r=\frac{C_x}{C_0}$$

式中　ε_r——相对介电常数，F/m；

C_x——电容性试样(电容器)加入电极间所测得的电容，F；

C_0——电极之间为真空时测得的电容，F。

(3) 介质损耗因数(介质损耗角正切)

$$\tan\delta=\frac{\text{每个周期内介质损耗的能量}}{\text{每个周期内介质储存的能量}}$$

式中　$\tan\delta$——介质损耗因数。

四、实践操作

以下测试操作基于 ZJD-B 型介电常数及介质损耗测试仪进行，不同仪器测试步骤可能不同。

1. 介电常数测试

1) 准备好测试样品，被测样品要求为圆形，直径 50.4~52mm/38.4~40mm，样品厚度可在 1~5mm 之间，样品太薄或太厚会使测试精度下降，样品要尽可能平整。

2) 将测试夹具装置上的插头插入主机测试回路的“电容”两个端子上。

3) 在主机电感端子上插上和测试频率相适应的高 Q 值电感线圈(如：1MHz 时电感取 100μH，15MHz 时电感取 1.5μH)。

4) 调节测试夹具的测微杆，使测试夹具的平板电容极片相接为止，按“ZERO”清零按键，将初始值设置为 0。

5) 松开两片极片，将被测样品夹入平板电容上下极片之间，调节测试夹具的测微杆，直到平板电容极片夹住样品为止，读取的测试装置液晶显示屏上显示的样品厚度值D_2。

6) 旋转主调电容旋钮改变主调电容电容量，使主机处于谐振点(Q 值最大值)上。

7) 取出测试夹具中的样品，此时主机又失去谐振(Q 值变小)，再次调节测试夹具的测微杆，使主机再回到谐振点上，读取测试装置液晶显示屏上的数值D_4。

8) 利用公式$\varepsilon=D_2/D_4$计算被测样品的介电常数。

9) 测试完成后，做好 5S 整理相关工作。

2. 介质损耗测试

1) 准备好测试样品，被测样品要求为圆形，直径 50.4~52mm/38.4~40mm，样品厚度可在 1~5mm 之间，样品太薄或太厚会使测试精度下降，样品要尽可能平整。

2）进行分布容量测量：

① 选一个适当的谐振电感接到“L_X”的两端；

② 将调谐电容器调到最大值附近 500pF 左右，令这个电容为C_1；

③ 按下仪器面板的频率搜索键，使测试回路谐振，谐振时 Q 的读数为Q_1；

④ 将测试夹具接在“C_x”两端，放入材料，测出材料厚度后取出材料，调节主调电容，使测试电路重新谐振，此时可变电容器值为C_2，Q 值读数为Q_2。

3）将测试夹具装置上的插头插入到主机测试回路的“电容”两个端子上。

4）在主机电感端子上插上和测试频率相适应的高 Q 值电感线圈（如：1MHz 时电感取 100μH，15MHz 时电感取 1.5μH）。

5）调节测试夹具的测微杆，使测试夹具的平板电容极片相接为止，按“ZERO”清零按键，将初始值设置为 0。

6）松开两片极片，将被测样品夹入平板电容上下极片之间，调节测试夹具的测微杆，直到平板电容极片夹住样品为止，读取的测试装置液晶显示屏上显示的样品厚度值D_2。

7）旋转主调电容旋钮改变主调电容电容量，使主机处于谐振点（Q 值最大值）上。

8）按一次主机上的“tanδ”键，在显示屏上原电感显示位置上将显示C_0值。

9）取出测试夹具中样品（保持测试夹具平板电容极片间距不变），此时主机又失去谐振（Q 值变小），再改变主机上的主调电容容量，使主机重新处于谐振点上。

10）再次按下主机上的“tanδ”键，显示屏上原C_2和Q_2显示变化为C_1和Q_1，同时显示介质损耗系数，测试完成。

11）做好 5S 整理相关工作。

五、应知应会

（一）试样

（1）试样尺寸

如无其他规定，各种类型的试样推荐使用表 6-5 中的尺寸，试样的尺寸应大于包括保护电极在内的测试电极的尺寸。

表 6-5　推荐的试样尺寸

类　　型	推荐的试样尺寸	备注
热塑性材料	60mm×60mm×1mm	见 ISO 294-1 及 ISO 294-3
热固性材料		见 ISO 295
长纤维增强聚酯和乙烯基酯模塑料（SMB/BMC）	100mm×100mm×3mm	
环氧基板和层压板		
浸渍树脂和清漆		材料描述见 IEC 60455 和 IEC 60464 系列
浇注树脂		材料描述见 IEC 60455 系列
管材和棒状材料		材料描述见 IEC 61212
弹性材料	100mm×100mm×3mm	

（2）试样数量

应根据相关产品标准确定试样的数量。若没有可参考的标准或数据，至少应准备三个试样进行试验。

（3）试样条件处理和预处理

应按照相关产品标准对试样进行条件处理和预处理。若没有可参考的产品标准，则应按照 IEC 60212（标准条件 B）的规定，在 23℃、50%相对湿度条件下，进行至少 4 天的条件处理。

（4）试样制备

应根据材料的相关标准，确定试样的形状并进行制备。在试样制备和移动过程中，不应改变试样状态，也不应损坏试样。

如果试样表面与电极接触区域进行了机加工，则应在试验报告中记录加工类型。试样应具有简单的几何形状（如具有平行测量区域的板、圆筒等）。

如可能，来自成品的试样，应根据成品厚度制备。

（二）测试仪器

介电常数介质损耗测试仪（见图 6-7）主要由 Q 表（测量电路见图 6-8）、测试装置（夹具）、数据采集及测量控件、电感器等组成。

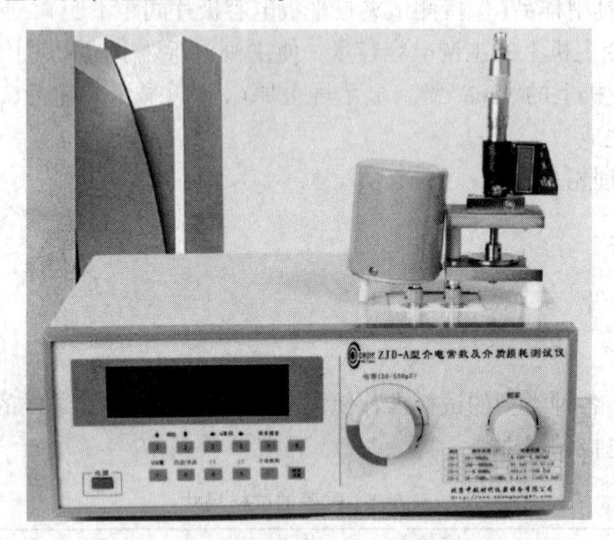

图 6-7　介电常数介质损耗测试仪

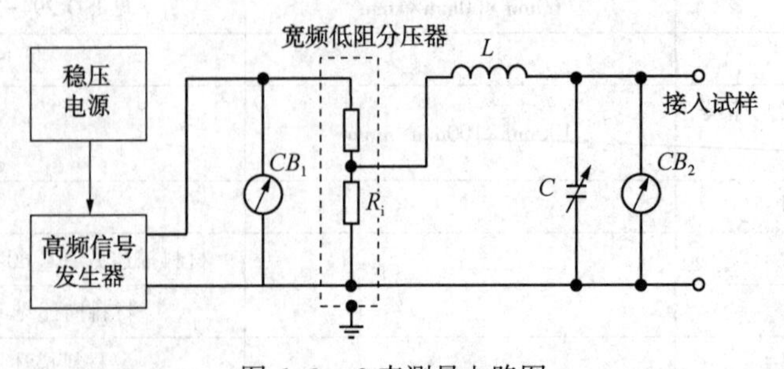

图 6-8　Q 表测量电路图

（三）影响因素

1）温度的影响：在同一频率下，材料介电性能随温度变化很大，特别是在松弛区变化剧烈。因此必须标注测量时的温度，一般应在标准试验条件 23℃进行测试。

2）湿度的影响：材料的极性越强，受湿度的影响越明显，主要是水分子使材料的极性增加，同时潮湿的空气作用于材料的表面增加了表面电导，由此使材料的 ε 与 $\tan\delta$ 都会增加。因此，必须对试样进行状态调节，并在标准湿度环境下测试。

3）测试电压：对板状试样，电压高至 2kV 对结果影响不大，但电压过大，会使周围空气电离，而增加附加损耗。对薄膜材料，当测试的平均强度超过 10～20kV/mm 时，$\tan\delta$ 值都有明显增大，一般测试薄膜，电压要低于 500V 为宜。

4）杂散电容：许多高频下的测试，杂散电容都会影响整个系统的电容，为消除杂散电容，对板状试样通常采用测微电极系统并从测量值中减去边缘电容，若不用测微电极还需减去对地电容。

5）接触电极材料：在工频和音频下，无论是板状试样、管状试样还是薄膜，凡是体积电阻率测量时所用的电极系统及电极材料皆可使用。在高频下，由于频率的提高，使电极的附加损耗变大。因而要求接触电极材料本身的电阻一定小。

6）薄膜试样层数：对于极薄的薄膜，在测试时不能像板状试样那样采用单片，而往往采用多层。随着层数增加，介电常数略有上升趋势，介质损耗因数略有下降，且分散性变小。因此，一般 5～10μm 的薄膜选 4 层，10～15μm 的薄膜选 3 层，15～30μm 的薄膜选 1 层，大于 30μm 的薄膜选单层。

六、试验记录

试验报告

项目：高分子材料介电常数和介质损耗因数测试

姓名：　　　　　　　　　　　　　　　　　　　　　　　　　　　测试日期：

一、试验材料

所选用的材料：

二、试验条件

温度：　　　　　　　　　　　　　　　　　　　　　　　　　　　湿度：

三、计算公式

四、试验数据记录与处理

序号		1	2	3	平均值
试样厚度					
试样直径					
测试数据	C_0				
	C_1				
	C_2				
	Q_1				
	Q_2				
	ε				
	$\tan\delta$				

七、技能操作评分表

技能操作评分表

项目：高分子材料介电常数和介质损耗因数测试

姓名：

项目	考核内容	分值	考核记录		扣分说明	扣分标准	扣分
材料准备（5分）	材料尺寸测量	5.0	正确			0	
			不正确			5.0	
仪器操作（50分）	仪器的接线	7.5	有			0	
			没有			7.5	
	试样安装	10.0	正确、规范			0	
			不正确			10.0	
	仪器开机	5.0	正确、规范			0	
			不正确			5.0	
	调节平板电容器	10.0	设置合理			0	
			设置不合理			5.0	
	参数调节	10.0	正确、规范			0	
			不正确			10.0	
	仪器停机	7.5	正确、规范			0	
			不正确			7.5	
记录与报告（5分）	各数值记录	5.0	完整、规范			0	
			欠完整、不规范			3.0	
			不规范			5.0	
文明操作（20分）	操作时机台及周围环境	7.0	整洁			0	
			脏乱			5.0	
			乱扔乱倒			7.0	
	结束时机台及周围环境	7.0	清理干净			0	
			未清理、脏乱			7.0	
	工具处理	6.0	摆放整齐、放回原位			0	
			摆放不整齐、未放回原位			6.0	
结果评价（20分）	计算公式	10.0	正确			0	
			不正确			10.0	
	有效数字运算	10.0	符合要求			0	
			不符合要求			10.0	

续表

项目	考核内容	分值	考核记录	扣分说明	扣分标准	扣分
操作时间 （5分）	1. 达到规定时限，教师有权终止试验； 2. 每提前5min加1分，加分上限为5分					
重大错误（否定项）		1. 损坏测试仪器，仪器操作项得分为0分； 2. 引发人身伤害事故且较为严重，总分不得超过50分； 3. 伪造数据，记录与报告项、结果评价项得分均为0分				
		合计				

评分人签名：

日期：

八、目标检测

（一）单选题

1）介电常数随(　　)增大而减小。

A. 频率　　B. 电压　　C. 电流　　D. 电阻

2）介电常数表示材料的(　　)特性。

A. 导电　　B. 电阻率　　C. 电介质极化　　D. 电频

3）介电常数在2.8~3.6之间的物质称为(　　)。

A. 强极性物质　　B. 弱极性物质　　C. 电介质极化　　D. 电频

4）介质损耗因数用(　　)表示。

A. $\tan\epsilon$　　B. $\tan\beta$　　C. $\tan\theta$　　D. $\tan\delta$

5）损耗角正切表示(　　)。

A. 存储电荷消耗的能量大小　　B. 极化损耗

C. 电流损耗　　D. 电频损耗

（二）多选题

1）对介电常数和介质损耗测试仪电压源描述正确的是(　　)。

A. 电压源应提供稳定的余弦电压

B. 在测量期间，电压源的电压值波动应不超过±5%。电压波形应近似于正弦波，其正负峰值的幅度差小于2%

C. 正弦形状（峰值与r.m.s比值等于$\sqrt{2}$）的偏差应在±5%范围内

D. 首选电压为0.1V、0.5V、10V、100V、500V、1000V和2000V

2）对介电常数和介质损耗测试仪精度描述正确的是(　　)。

A. 测量设备宜能够测量与预期材料特性一致的未知介电常数

B. 测量设备宜能够测量与预期材料特性一致的未知介质损耗因数

C. 测量系统的精度应记录在报告中

D. 测量系统的偏离性应记录在报告中

3）测量介电常数和介质损耗因数的方法有(　　)。

A. 电阻法　　B. 阻抗分析仪法　　C. 数字移相法　　D. 电桥法

4）对于电桥法测量介电常数和介质损耗因数描述正确的是(　　)。

A. 对于介电常数和介质损耗因数的测量，可使用平衡电桥替代技术，即在电桥的一个桥臂上接入或不接入试品，调整桥臂达到平衡

B. 通常使用的电桥有西林电桥、变压器电桥(即互感耦合比例臂电桥)和并联T型电桥

C. 变压器电桥的缺点是采取保护电极不需任何外加附件或过多操作

D. 变压器电桥的优点是采取保护电极不需任何外加附件或过多操作，与其他电桥相比没有缺点

5）测量介电常数和介质损耗因数测试推荐试样尺寸有(　　)。

A. 管材和棒状材料 60mm×60mm×1mm

B. 长纤维增强聚酯和乙烯基酯模塑料 100mm×100mm×3mm

C. 热塑性材料 60mm×60mm×1mm

D. 弹性材料 100mm×100mm×3mm

(三）判断题

1）介质损耗是介质极化和介质电导相互作用的效应。(　　)

2）介电常数随材料极性化的增大而减少。(　　)

3）介电常数和介质损耗因数测量时，应根据材料的相关标准，确定试样的形状并进行制备。在试样制备和移动过程中，不应改变试样状态，也不应损坏试样。(　　)

4）介电常数和介质损耗因数测量时，应根据相关产品标准确定试样的数量。若没有可参考的标准或数据，至少应准备5个试样进行试验。(　　)

5）当试样的测量电容为C_x时，根据公式$\varepsilon_r=\frac{C_x}{C_0}$计算相对介电常数。(　　)

第四节　高分子材料电气强度测试

一、学习目标

知识目标

① 掌握电气强度、击穿电压等相关名词解释；

② 掌握高分子绝缘材料电气强度测试原理；

③ 掌握高分子绝缘材料击穿电压、电气强度测试方法。

能利用电压击穿试验仪进行高分子绝缘材料击穿电压、电气强度测试。

素质目标

① 培养学生的安全意识；

② 培养学生遵章守纪，按章操作的工作作风；

③ 培养学生勇于探究与实践的科学精神。

二、工作任务

电气强度测试主要适用于固体绝缘材料(如：塑料、橡胶、薄膜、树脂、云母、陶瓷、玻璃、绝缘漆等介质)在工频电压或直流电压下击穿电压强度和耐电压的测试。

本项目工作任务见表6-6。

表6-6　高分子材料电气强度测试工作任务

编号	任务名称	要　求	实验用品
1	电气强度测试	1. 能进行电压击穿试验仪的安全规范操作； 2. 能按照测试标准进行电气强度的计算	电压击穿试验仪、试样、放电棒、绝缘垫、绝缘靴、绝缘手套
2	试验数据记录与计算	1. 记录试验结果； 2. 完成试验报告	试验报告

三、知识准备

(一) 测试标准

GB/T 1408.1—2016《绝缘材料 电气强度试验方法 第1部分：工频下试验》；GB/T 1695—2005《硫化橡胶 工频击穿电压强度和耐电压的测定方法》。

(二) 相关名词解释

1) 电气击穿：试样承受电应力作用时，其绝缘性能严重损失，由此引起的试验回路电流促使相应的回路断路器动作。

2) 闪络：试样和电极周围的气体或液体媒质承受电应力作用时，其绝缘性能损失，由此引起的试验回路电流促使相应的回路断路器动作。

3) 击穿电压：(在连续升压试验中)在规定的试验条件下，试样发生击穿时的电压。(在逐级升压试验中)试样承受住的最高电压，即在该电压水平下，整个时间内试样不发生击穿。

4) 电气强度：在规定的试验条件下，击穿电压与施加电压的两电极之间距离的商。

5) 耐电压值：迅速将电压升高到规定值，保持一定时间试样未被击穿，称此电压值为试样的耐电压值。

(三) 测试原理

将电极装到试样上，使用击穿电压试验仪在两电极之间施加电压，以匀速增压或者20s逐级增压的方式升高电压观察试样是否被击穿。

(四) 结果计算

$$E=\frac{U}{d}$$

式中　E——击穿强度，kV/mm；

U——击穿电压，kV；

d——试样厚度，单位mm。

（五）结果表示

除非另有规定，通常应做5次试验，取试验结果的中值作为电气强度或击穿电压的值。如果任何一个试验结果偏离中值的15%以上，则另做5次试验，然后由10次试验的中值作为其电气强度或击穿电压的值。

四、实践操作

1）检查电压击穿试验仪地线、高压线、数据线是否接好，仪器高压输出为交流电压，如果需要做直流试验时，请取出高压硅堆间的短路杆。

2）取5个待测试样，利用厚度仪测量试样厚度。

3）将高压端连接线的红色夹头夹到上电极（铜棒）上，取出装置盒，将试样放入上下电极之间，放回装置盒。

4）试样安装完毕，关闭试验箱门，打开电压击穿试验仪右侧的总电源开关，机器预热15min。

5）打开电脑，双击本仪器软件图标，在登录界面输入登录密码，进入试验主界面。

6）点击工具栏“试验参数”按钮，输入或选择试验单位、送样单位、试验方式、试验方法、试验人员、试验温度、试验湿度、试验时间、材料名称、试样制备方法执行标准、峰降电压、初始电压、升压速度、梯度电压（梯度耐压试验）、梯度时间（梯度耐压试验）、终止电压、试验介质、电极形状、使用量程等试验参数。

7）点击工具栏“试样参数”按钮，输入试样编号、试样形状、试样尺寸、试样厚度等试样信息，输入完成后点击“应用”按钮。

8）点击“开始试验”，仪器会自动升压进行测试。

9）待试样击穿后会自动停止试验，保存试验数据，打印试验报告。

10）打开试验箱门，取出放电棒，将放电棒的夹子夹住地线，在保持足够安全距离的情况下，用放电棒的前端触碰高压头5s以上，进行放电，放电完成后，可再用高压测电笔进行测试，确保放电完成。

11）放电完毕后，取出试样，观察试样电压击穿情况。

12）关闭仪器电源，做好“5S”整理相关工作。

五、应知应会

（一）试样

1. 试样总体要求

电气强度测试时，垂直于非叠层材料表面和垂直于叠层材料层向的试验、平行于非叠层材料表面和平行于叠层材料层向的试验对电极和试样都有明确的要求，具体请参照GB/T 1408. 1—2016。除了上述各条中已叙述过的有关试样的情况外，通常还要注意以下几点：

1）制备固体材料试样时，应注意与电极接触的试样两表面要平行，而且应尽可能平整光滑。

2）对于垂直于材料表面的试验，要求试样有足够大的面积以防止试验过程中发生闪络。

3）对于垂直于材料表面的试验，不同厚度的试样其结果不能直接相比。

2. 试样要求

本节内容选用热塑性模塑材料进行试验，试样要求如下。

1）应用 ISO 294-1 和 ISO 294-3 中 D 型注塑成型试样，尺寸为 60mm×60mm×1mm。

2）如果该尺寸不足以防止闪络或按相关材料标准规定要求用压塑成型试样，此时用按 ISO 293 压塑成型的平板试样，其直径至少为 100mm，厚(1.0±0.1)mm。

3）注塑或压塑的条件见相关材料标准，如果没有可适用的材料标准，则这些条件必须经供需双方协商。

3. 试样的预处理

绝缘材料的电气强度随温度和含水量而变化，除被试材料已有规定外，试样应在 23℃±2℃、50%±10%相对湿度条件下处理不少于 24h。

（二）测试仪器

电压击穿试验仪主要由升压部件、检测部件、传动部件、试验电极、控制系统等部分组成，仪器如图 6-9 所示。

1. 电压击穿试验仪(北京北广 BDJC 系列)主要参数

1）输入电压：AC 220V。

2）输出电压：AC 0~50kV，DC 0~50kV。

3）功率：3kV·A。

4）升压速率：0.1kV/s、0.2kV/s、0.5kV/s、1.0kV/s、2.01kV/s、3.0kV/s、5.0kV/s。

5）试验方式：交流试验和直流试验有匀速升压、梯度升压、耐压试验三种。

6）试验介质：空气。

2. 使用环境与工作条件

1）工作空间不少于 $14m^2$，周围不能有易燃和易爆物体和磁场干扰。

2）实验室独立控温，温度为 20℃±6℃，湿度为 65%±5%。

3）设备操作工作区域内地面铺设绝缘材质。

图 6-9　电压击穿试验仪

（三）影响因素

1）时间：随电压作用时间增加，热量积累增多，从而使击穿电压值下降。因此，一般规定试样击穿电压低于 20kV 时升压速度为 1.0kV/s，大于或等于 20kV 时，升压速度为 2.0kV/s。

2）温度：测试温度越高，击穿电压越低，其降低的程度与材料的性质有关。

3）试样厚度：击穿电压强度 E 与试样厚度 d 间的关系符合公式 $E=\frac{U}{d}$，试样厚度越大，越不容易被击穿。

4）环境的湿度：因为试样材料被水分子渗入从而导致材料的电阻降低，所以也会降低击穿电压值。

5）电极倒角：电极边缘附近的电场强度远远高于内部从而影响击穿电压强度。解决边缘效应非常难，如果把电极放于介质里再把电极制作成特殊形状就能消除，而实际试验中试样是处于非均匀介质的，消除边缘效应根本不可能。为了预防电极边缘处形成直角，所以通常做成有一定的倒角，国标中规定电极倒角半径为2.50mm。

6）媒质：高压击穿试验往往把样品放在一定媒质(如变压器油)中，其目的是缩小试样尺寸，防止飞弧。但媒质本身的电性能对结果有影响。一般来说，媒质的电性能对属于电击穿为主的材料有明显影响，而对以热击穿为主的材料影响极小。

六、试验记录

试 验 报 告

项目：高分子材料电气强度测试

姓名：　　　　　　　　　　　　　　　　　　　　　　测试日期：

使用本标准的编号或标准名称：

一、试验材料

所选用的材料：

电极的材料及尺寸：

二、试验条件

温度：　　　　　　　　　　　　湿度：

试样厚度：　　　　　　　　　　升压速度：

三、计算公式

击穿电压强度计算：

四、试验数据记录与处理

试样序号	材料厚度/mm	升压速度/(kV/s)	击穿电压/kV	击穿电压强度/(kV/mm)
1				
2				
3				
4				
5				
中值				

注：如果任何一个试验结果偏离中值的15%以上，需另做5次试验，取10次试验结果的中值。

七、技能操作评分表

技能操作评分表

项目：高分子材料电气强度测试

姓名：

项目	考核内容	分值	考核记录		扣分说明	扣分标准	扣分
试样（20分）	试样数量	10.0	正确			0	
			不正确			10.0	
	厚度测量	10.0	正确			0	
			不正确			10.0	
仪器操作（45分）	仪器线路检查	5.0	有			0	
			没有			5.0	
	仪器开机	5.0	正确、规范			0	
			不正确			5.0	
	安放试样	10.0	正确、规范			0	
			不正确			10.0	
	试验参数设置	10.0	合理			0	
			不合理			5.0	
			不正确			10.0	
	高压端放电	10.0	正确、规范			0	
			不正确			10.0	
	取出试样	5.0	正确、规范			0	
			不正确			5.0	
文明操作（20分）	操作时机台及周围环境	5.0	整洁			0	
			脏乱			5.0	
	废样处理	5.0	按规定处理			0	
			乱扔乱倒			5.0	
	结束时机台及周围环境	5.0	清理干净			0	
			未清理、脏乱			5.0	
	工具处理	5.0	已放回原位			0	
			未放回原位			5.0	
数据记录及结果处理（15分）	数据记录及结果处理	15.0	正确、规范			0	
			不正确			15.0	
操作时间（5分）	1. 达到规定时限，教师有权终止试验； 2. 每提前5min加1分，加分上限为5分。						
重大错误（否定项）		1. 损坏测试仪器，仪器操作项得分为0分； 2. 引发人身伤害事故且较为严重，总分不得超过50分； 3. 伪造数据，记录与报告项、结果评价项得分均为0分					
合计							

评分人签名：

日期：

八、目标检测

(一) 选择题

1) 迅速将电压升高到规定值，保持一定时间试样未被击穿，称此电压值为试样的(　　)，以 kV 表示。

A. 耐电压值　　B. 击穿电压　　C. 介电强度　　D. 击穿强度

2) 电气强度的单位用(　　)表示。

A. kV/m　　B. mV/mm　　C. kV/mm　　D. kV

3) GB/T 1695—2005 中，工频电源频率为(　　)的正弦波，其波形失真率不大于 5%。(　　)。

A. 20Hz　　B. 30Hz　　C. 40Hz　　D. 50Hz

4) 高压变压器的容量应保证次级额定电流不少于(　　)，保证设备在击穿瞬间不被烧坏。

A. 0. 2A　　B. 0. 5A　　C. 0. 1A　　D. 0. 4A

5) 板状试样电极材料是(　　)，管状试样电极内电极材料为铝箔、铜棒、导电粉末等，外电极材料为铝箔、铜箔。

A. 铝　　B. 黄铜　　C. 铁　　D. 不锈钢

6) “硫化橡胶工频击穿电压强度和耐电压的测定方法”国家标准的标准号为(　　)。

A. GB/T 1695—2000　　B. GB/T 1695—2005

C. GB/T 1696—2000　　D. GB/T 1696—2005

(二) 多选题

1) 硫化橡胶击穿电压强度测试时试样厚度描述正确的是(　　)。

A. 厚度测量装置结构与精度应符合 GB/T 5723 要求

B. 测量结果精确到 0. 01mm

C. 厚度测量装置结构与精度应符合 GB/T 5725 要求

D. 测量结果精确到 0. 1mm

2) 对硫化橡胶材料击穿电压强度测试试样描述正确的是(　　)。

A. 试样制备应符合 GB/T 9865. 1 规定

B. 可模压硫化，也可以在符合试样厚度尺寸的胶板上用旋转裁刀进行裁切

C. 制样方法虽然不同，但试验结果可比

D. 试样表面应清洁、平滑，无裂纹、气泡和杂质等，试样表面应用蘸有无水乙醇的布条擦洗

3) 对击穿电压强度测试试验介质描述正确的是(　　)。

A. 试验介质为变压器油

B. 可按测试产品标准选用

C. 铜电极试验间距 2. 5mm 时，其击穿电压应不小于 35kV

D. 试验介质为液压油

4) 在利用电压击穿试验仪进行耐电压试验时，描述正确的有(　　)。

A. 迅速将电压升高到由产品标准规定的电压值停留 10min，观察试样是否被击穿

B. 若击穿，则此电压为耐电压值

C. 迅速将电压升高到由产品标准规定的电压值停留 1min，观察试样是否被击穿

D. 若不击穿，则此电压为耐电压值

5）击穿电压强度测试试验报告应包含(　　)。

A. 标准编号、名称　　B. 试样名称、升压方式

C. 试样尺寸、电极材料尺寸　　D. 试样介质、试验结果

(三）判断题

1）击穿电压测试装置过电流继电器的动作电流应使高压试验变压器的次级电流大于其额定值。(　　)

2）击穿电压测试装置调压器应能均匀地调节电压，其容量与试验变压器容量相同。(　　)

3）试样的击穿电压与其长度之比，称为电气强度，以 kV/mm 表示。(　　)

4）击穿电压测试装置管状试样电极尺寸为 $L_1=25$，$L_2=40$。(　　)

5）硫化橡胶材料击穿电压强度测试时要求上下电极应对准中心，电极与试样接触时的压力应按产品标准规定。(　　)

扫一扫获取更多学习资源

第七章　高分子材料仪器分析

第一节　高分子材料红外光谱分析

一、学习目标

① 掌握红外光谱分析的原理及相关名词解释；

② 掌握试样的制备及处理方法；

③ 掌握红外光谱仪的操作及测试方法；

④ 掌握谱图分析相关知识。

能利用红外光谱法对常用塑料包装材质进行快速鉴定。

① 培养学生良好的职业素养；

② 培养学生养成良好的自我学习和信息获取能力以及勇于探究与实践的科学精神。

二、工作任务

红外光谱法又称为红外分光光度法，它是建立在分子吸收红外辐射基础上的一种仪器分析方法。

本次试验工作任务是利用傅立叶红外光谱仪对常见的塑料包装材质进行快速鉴定，具体见表 7-1。

表 7-1　高分子材料红外光谱分析工作任务

编号	任务名称	要　求	实验用品
1	塑料包装材质快速鉴定	1. 能按照开机要求，正确启动傅立叶红外光谱仪及测试软件； 2. 能正确设置扫描次数、分辨率、最终格式、背景采集模式等参数； 3. 能对样品进行测试前准备及处理； 4. 能对采集的光谱进行处理(选择谱图、区间处理、读坐标)； 5. 能根据谱图对试样材质进行鉴定	塑料包装试样、傅立叶红外光谱仪、ATR 附件
2	试验数据记录与整理	1. 将试验结果填写在试验数据表中，给出结论并对结果进行评价； 2. 完成试验报告	试验记录表、试验报告

三、知识准备

（一）测试标准

GB/T 6040—2019《红外光谱分析方法通则》；DB 32/T 4009—2021《塑料包装材质快速鉴定 红外光谱法》；JJF 1319-2011《傅立叶红外光谱仪校准规范》。

（二）相关名词解释

1）透过率：透过样品的辐射能与入射的辐射能之比。

2）吸光度：入射光强度与透射光强度比值的以 10 为底的对数。

3）样品厚度：辐射光束在样品中通过的距离。

4）标准物质：作为标准用的已知组成的物质，其化学结构和分析波长与被测物质一致或非常接近。

5）基线：在吸收光谱上，按一定方式绘制的直线或曲线，用它来表示吸收带不存在时的背景吸收曲线。

6）基频峰：分子吸收光子后从一个能级跃迁到相邻的高一能级产生的吸收。

7）倍频峰：分子吸收比原来能量大一倍的光子之后，跃迁两个以上能级产生的吸收峰。

8）合频峰：在两个基频峰波数之和或差出现的吸收峰。

9）干涉图形：利用迈克尔逊干涉仪得到的信号，横轴为光的光程差，纵轴为光的强度所显示的图形。

10）红外光区：红外光是一种波长介于可见光区和微波区之间的电磁波谱。红外光的波长范围为 0.78～300μm，通常把这个波段分成三个区域，即：近红外区、中红外区和远红外区。

11）近红外光区：近红外区又称泛频区。近红外区波长范围为 0.78～2.5μm，即波数为 12820～4000cm^{-1}。

12）中红外光区：中红外区又称基频区。中红外区波长范围为 2.5～25μm，即波数为 4000～400cm^{-1}。

13）远红外光区：远红外区又称转动区。远红外区波长范围在 25～300μm，即波数在 400～33cm^{-1}。

14）波数：波长(λ)的倒数为波数，单位为 cm^{-1}。

（三）测试原理

由光源发出的红外光经准直镜准直后变为平行红外光束进入干涉仪，经干涉仪调制后得到一束干涉光。干涉光通过样品，获得含有光谱信息的干涉光，到达检测器。由检测器将干涉光信号变成为电信号，并经放大器放大。通过模数转换器进入计算机，由计算机进行傅立叶变换的快速计算，即获得以波数为横坐标的红外光谱图，并通过数模转换器送入绘图仪绘出光谱图。

（四）测试结果

根据待测样品的红外光谱与标准物质或参比物质的红外光谱进行比较，判断塑料包装试样的种类。对未知塑料鉴定时，如不能确切表述为某种材料，应根据红外光谱的官能团的信息提出可能是某种塑料的分析意见。

常见九种包装用塑料参比光谱图和特征吸收表见图 7-1~图 7-9、表 7-2~表 7-10。

1. 聚乙烯(PE)塑料

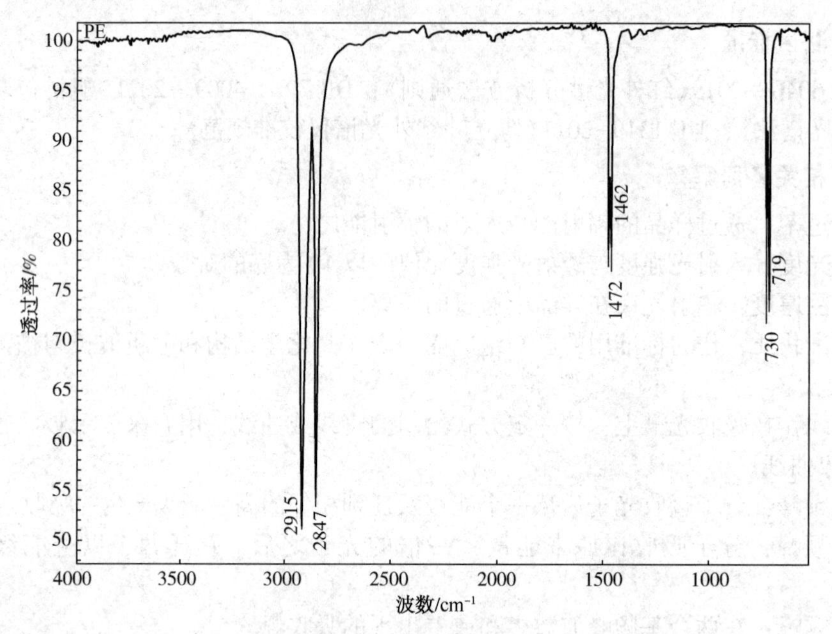

图 7-1 聚乙烯塑料

表 7-2 聚乙烯塑料主要特征吸收峰及有关结构

波数/cm^{-1}	有关结构	波数/cm^{-1}	有关结构
2915	—CH_2—不对称伸缩振动	1472，1462	—CH_2—弯曲振动
2847	—CH_2—对称伸缩振动	730，719	—$(CH_2)_n$—($n\geqslant4$)面内摇摆振动

2. 聚苯乙烯(PS)塑料

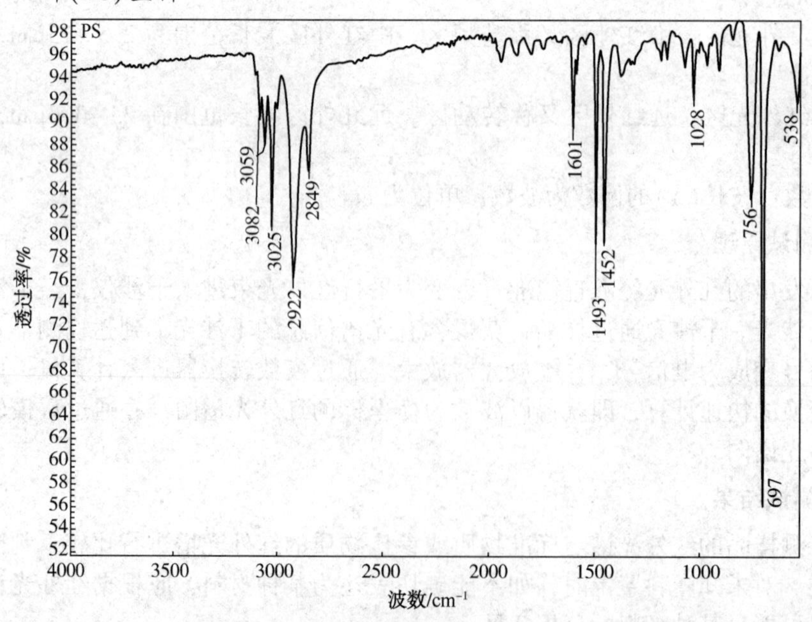

图 7-2 聚苯乙烯塑料

表 7-3　聚苯乙烯塑料主要特征吸收峰及有关结构

波数/cm^{-1}	有关结构	波数/cm^{-1}	有关结构
3082, 3059, 3025	苯环═CH 伸缩振动	1601, 1493, 1452	苯环—C═C—弯曲振动
2922	—CH_2—不对称伸缩振动	1028	单取代苯环═CH 面内变形
2849	—CH_2—对称伸缩振动	756, 697	单取代苯环═CH 面内变形

3. 聚丙烯(PP)塑料

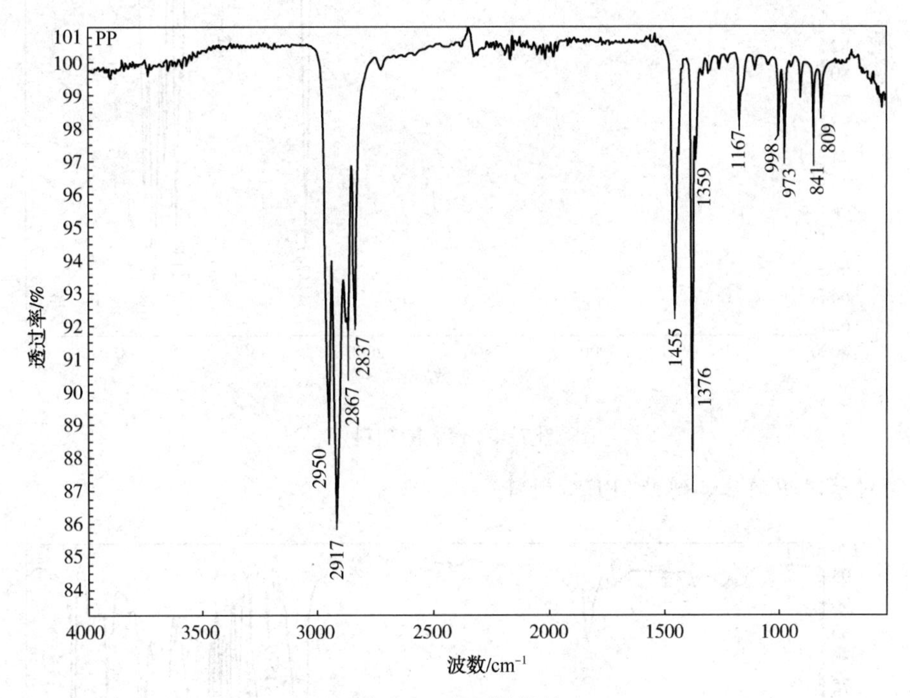

图 7-3　聚丙烯塑料

表 7-4　聚丙烯塑料主要特征吸收峰及有关结构

波数/cm^{-1}	有关结构	波数/cm^{-1}	有关结构
2950	—CH_3不对称伸缩振动	1455	—CH_2—弯曲振动
2917	—CH_2—不对称伸缩振动	1376	—CH_3对称变形振动
2867	—CH_3对称伸缩振动	1167	—CH_3面外摇摆振动
2837	—CH_2—对称伸缩振动	973	—CH_3面内摇摆振动

4. 聚乳酸(PLA)塑料

表 7-5　聚乳酸塑料主要特征吸收峰及有关结构

波数/cm^{-1}	有关结构	波数/cm^{-1}	有关结构
2998	—CH_3伸缩振动	1455	—CH_3弯曲振动
2943	—CH—伸缩振动	1359	—CH—弯曲振动
1747	>C═0 伸缩振动	1180, 1129, 1083, 1042	—C—O—C—伸缩振动

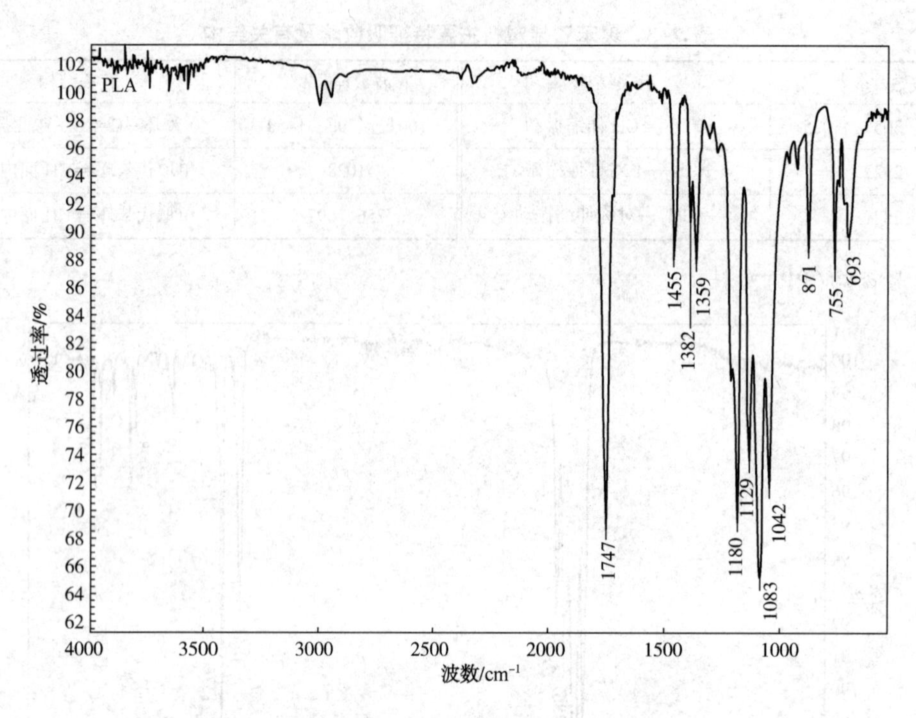

图 7-4 聚乳酸塑料

5. 聚对苯二甲酸乙二醇酯(PET)塑料

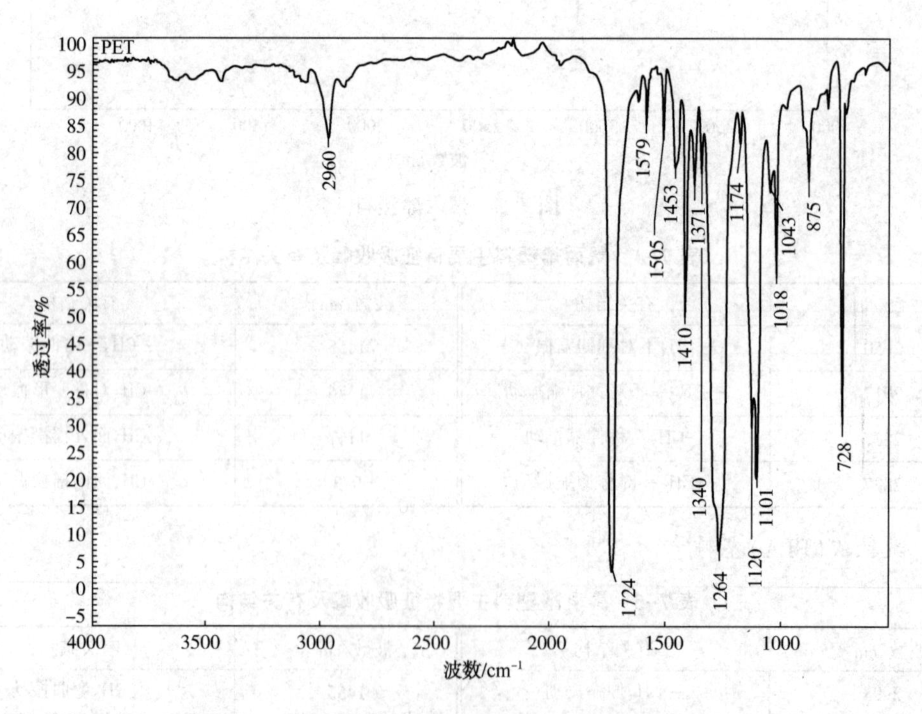

图 7-5 聚对苯二甲酸乙二醇酯塑料

表 7-6　聚对苯二甲酸乙二醇酯塑料主要特征吸收峰及有关结构

波数/cm^{-1}	有关结构	波数/cm^{-1}	有关结构
2960	—CH_2—不对称伸缩振动	1264，1120	—C—O—C—伸缩振动
1724	>C═O 伸缩振动	1018	对位取代苯环═CH 面内变形
1579，1505，1453	苯环—C═C—弯曲振动	875	苯环—CH—面内变形
1410	—CH_2—弯曲振动	728	苯环—CH—面外变形

6. 聚酰胺(PA)塑料

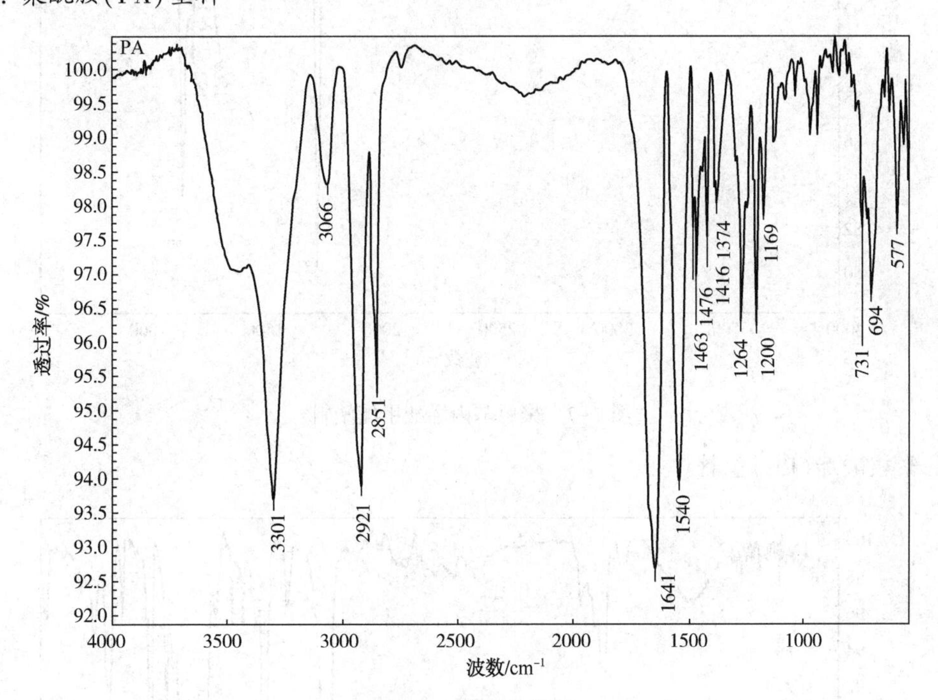

图 7-6　聚酰胺塑料

表 7-7　聚酰胺塑料主要特征吸收峰及有关结构

波数/cm^{-1}	有关结构	波数/cm^{-1}	有关结构
3301	—NH—伸缩振动	1641，1540，1264	—CO—NH—弯曲振动
2921	—CH_2—不对称伸缩振动	1463	—CH_2—弯曲振动
2851	—CH_2—对称伸缩振动		

7. 聚甲基丙烯酸甲酯(PMMA)塑料

表 7-8　聚甲基丙烯酸甲酯塑料主要特征吸收峰及有关结构

波数/cm^{-1}	有关结构	波数/cm^{-1}	有关结构
1728	>C═O 伸缩振动	1192，1148	—C—O—C—对称伸缩振动
1435	—CH_2—弯曲振动	841	—CH_3面内变形
1387	—CH_3对称变形振动	751	—CH_3面外变形
1269，1241	—C—O—C—不对称伸缩振动		

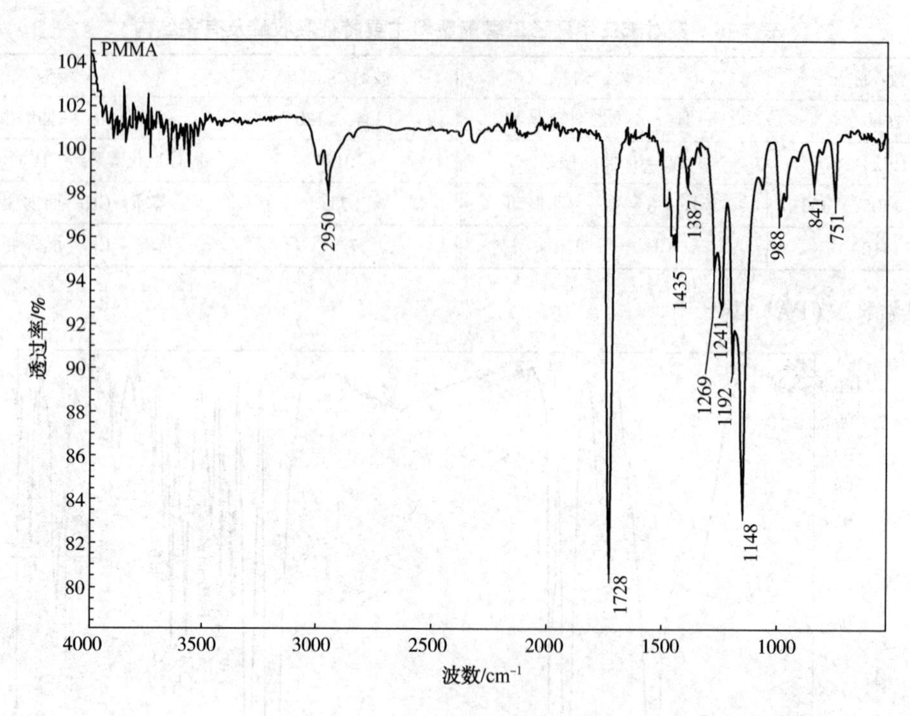

图 7-7 聚甲基丙烯酸甲酯塑料

8. 聚碳酸酯(PC)塑料

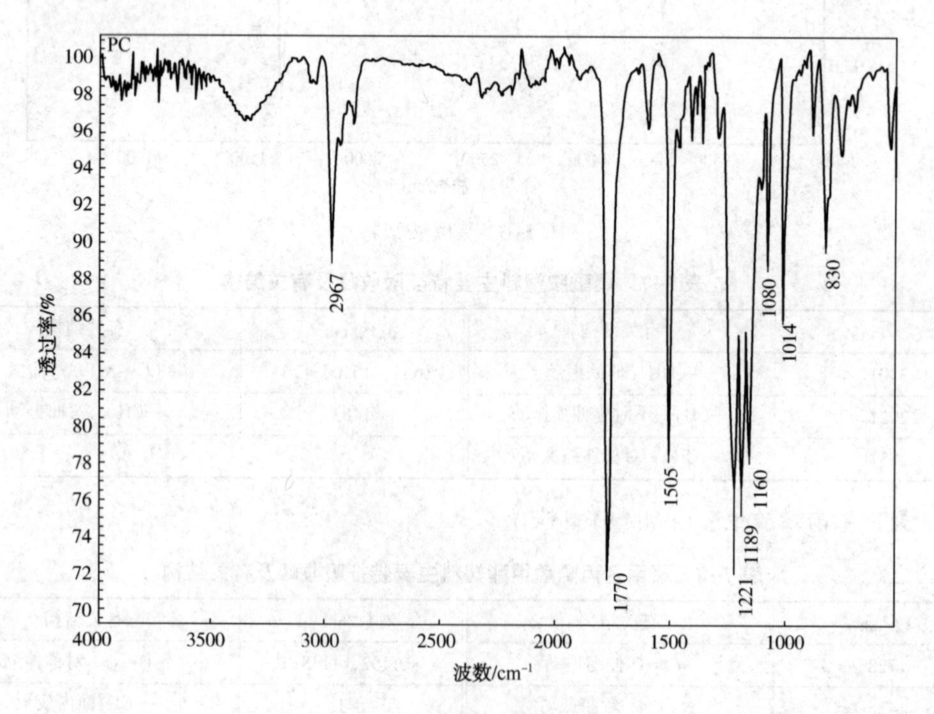

图 7-8 聚碳酸酯塑料

表 7-9　聚碳酸酯塑料主要特征吸收峰及有关结构

波数/cm^{-1}	有关结构	波数/cm^{-1}	有关结构
1770	>C═O 伸缩振动	1080，1014	对位取代苯环═CH 面内变形
1505	苯环—C═C—弯曲振动	830	对位取代苯环═CH 面外变形
1221，1189，1160	—C—O—C—伸缩振动		

9. 聚四氟乙烯(PTFE)塑料

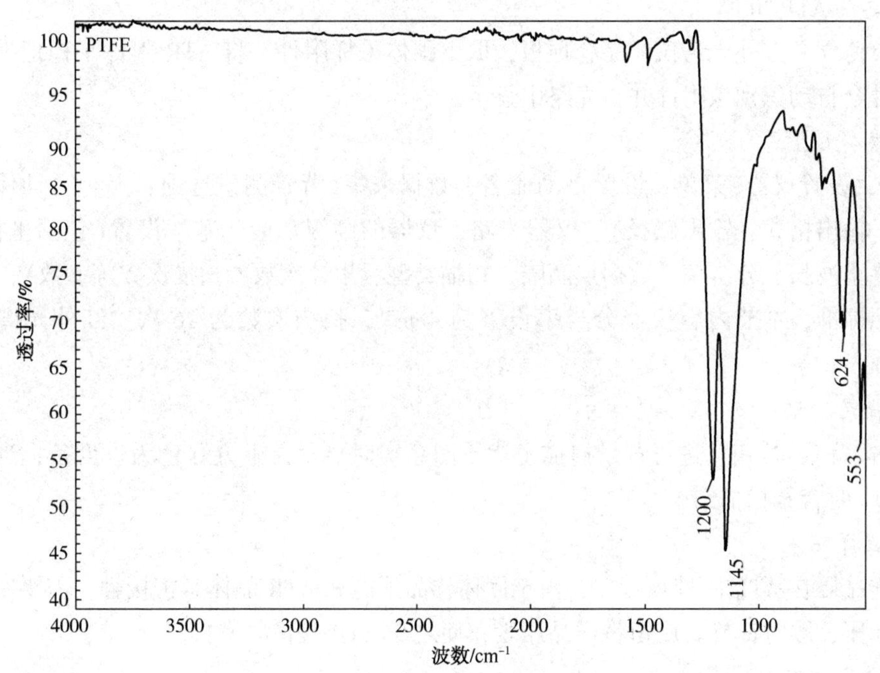

图 7-9　聚四氟乙烯塑料

表 7-10　聚四氟乙烯塑料主要特征吸收峰及有关结构

波数/cm^{-1}	有关结构	波数/cm^{-1}	有关结构
1200	—CF_2—不对称伸缩振动	1145	—CF_2—对称伸缩振动

四、实践操作

1. 开机前的准备

开机前首先要检查实验室内的电源、环境温度和空气湿度等试验环境条件。试验电压稳定，室温和湿度达到仪器要求，才能够开启仪器进行试验。

注：试验的电源电压需要稳定，实验室室内温度控制在 15~20℃，而且实验室内空气湿度小于或等于 60%。

2. 傅立叶红外光谱仪开机步骤

打开仪器主机电源，仪器将进行初始化(大约持续 2min)，点击计算机桌面图标“Perkin Elmer Spectrum”启动软件程序，启动后将显示登录界面，输入用户名和密码，进入软件界面。

3. 仪器状态确认

点击工具栏“状态监控”，监测视图下默认显示能量项目，显示的是红蓝两条棒状图，分别代表当前和最大的能量值，点击“Reset”会重置能量最大值；仪器开机后的能量值没有确切的标准，通常参考仪器安装调试时的能量值作为标准，如果能量值突然发生大的变化(10%以上)或发生连续下跌的情况，请检查仪器的状态是否正常，必要时请与仪器有关技术人员联系。

4. 更换 ATR 附件

卸下傅立叶红外光谱仪样品仓顶板，取出固体采样附件，将 ATR 附件平稳地推进样品仓，软件会自动识别该附件并在光路中显示。

5. 参数设置

进入“设置仪器”菜单，设置自动命名、数据采集(背景测量选项、是否自动保存、保存路径、输出格式、输出路径)、仪器光路、仪器的高级功能、基本设置(包括坐标单位、起始及终止波长、分辨率、数据点间隔、扫描类型、累计次数、扫描次数等参数)；

参照标准，本节内容仪器分辨率设置为 $4cm^{-1}$，扫描次数为 16 次，红外光谱范围为 $4000 \sim 400cm^{-1}$。

6. 背景扫描

点击“背景”按钮，进行背景扫描，背景图会实时显示，下方绿色为进度条，当进度条达到 100%时背景扫描结束。

7. 试样安装

将样品压在 ATR 附件顶板上，由于固体样品不能和 ATR 晶体紧密接触，需要使用压力臂进行加压，顺时针旋动旋钮将样品压紧，使之与 ATR 晶体紧密接触。

8. 样品扫描

设置好样品名称、点击“扫描”按钮，开始扫描样品，在扫描过程中可通过旋钮调节压力，当下方进度条达到 100%时，样品谱图测量完成，扫描完成后，逆时针旋动旋钮，卸去压力，取出样品，清洁 ATR 晶体。

9. 谱图校正

点击“处理”菜单栏下的“ATR 校正”，设置“接触参数”为 0，点击“确定”对 ATR 附件测量的谱图进行 ATR 校正，来消除不同波数红外光因入射样品深度不同而产生的谱图变形。

10. 谱图检索

点击“设置”→“谱库与检索”，在弹出的子菜单中，设置好检索参数(要显示的匹配数、检索光谱范围、不进行检索的空白区域等)，并设置好需要检索的光谱库或光谱文件夹。点击“检索”命令，下方出现检索进度条，当进度条达 100%时，检索完成，软件会按照相关系数大小自动排列，下方会显示样品谱图与数据库谱图的对比，检索成功后，点击“接受为最佳匹配”作为检索结果，从而判定试样为何种材质。

11. 仪器关机

关闭软件、切断电源、关闭电脑，做好整理相关工作。

五、应知应会

（一）试样

1. 对试样的要求

1）试样应是单一组分的纯物质。

2）试样中不应该含有游离水。

3）试样的浓度或测试厚度应合适。

2. 试样的制备

1）液体样品：液膜法、液体池法。

2）固体样品：压片法、薄膜法、调糊法。

3）气体样品。

（二）测试仪器

傅立叶红外光谱仪（见图 7-10）主要由红外光源、分束器、干涉仪、样品池、探测器、计算机数据处理系统、记录系统等组成。

1）红外光源：傅立叶红外光谱仪为测定不同范围的光谱而设置有多个光源。通常用的是钨丝灯或碘钨灯（近红外）、硅碳棒（中红外）、高压汞灯及氧化钍灯（远红外）。

2）分束器：分束器是干涉仪的关键元件。其作用是将入射光束分成反射和透射两部分，然后再使之复合，如果可动镜使两束光造成一定的光程差，则复合光束即可造成相长或相消干涉。

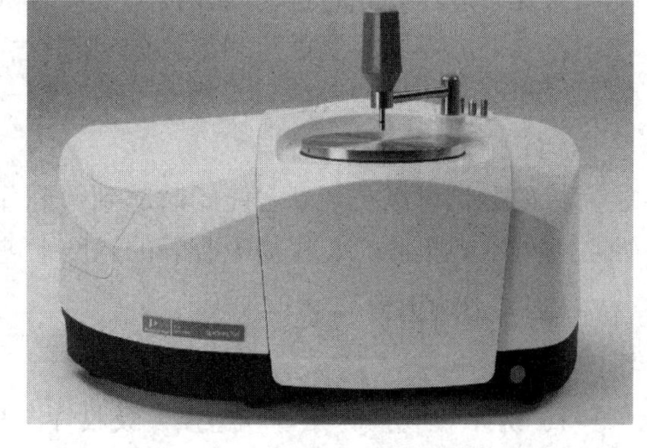

图 7-10　傅立叶红外光谱仪

3）干涉仪：傅立叶红外光谱仪测量部分的主要核心部件，由固定不动的反射镜，可移动的反射镜及分束器组成。它的作用是将复色光变为干涉光。中红外干涉仪中的分束器主要是由溴化钾材料制成的，近红外分束器一般以石英为材料，远红外分束器一般由网格固体材料制成。

4）样品池：红外光谱仪的样品池一般为一个可插入固体薄膜或液体池的样品槽。

5）探测器：目前 FTIR 的探测器通常选用两种，分别为 DTGS 和 MCT 探测器。DTGS 属热释电探测器，响应速度快，噪声影响小，能实现高速扫描；MCT 属光检测器，灵敏度高。

6）数据处理系统：傅立叶红外光谱仪数据处理系统的核心是计算机，功能是控制仪器的操作，收集数据和处理数据。

（三）塑料红外光谱图的分析

1. 红外光谱图表示方法

横坐标为吸收波长（μm），或吸收频率（波数/cm），纵坐标常用百分透过率 T 表示。

2. 谱图信息

通过谱图可得到试验物质吸收峰的具体位置(吸收频率)；物质吸收峰的强度，常用以下符号来表示：vs(very sstrong)，s(strong)，m(medium)，w(weak)，vw(very weak)；吸收峰的形状(尖峰、宽峰、肩峰)常用以下符号来表示：b(broad)，sh(sharp)，v(variable)表示。

3. 谱图分析

红外光谱谱图中会存在多个不同的峰，通过分析峰的位置、峰的强度和峰的形状三者结合就可以得出分析的结果。

(1) 峰的位置

峰的位置是红外定性分析和结构分析的根据，它指出了官能团的吸收频率特点。但要注意，官能团的吸收频率特点会跟着分子中的基团所处的不同状况及分子间的相互作用力而产生相应的变化。

(2) 峰的强度

吸收峰的强度常用来作为红外定量计算的依据，一般物质含量越高则特征吸收峰的强度就越大。此外，吸收峰的强度也可以表示官能团的极性强弱，试验过程中极性较强的官能团，在通过红外光时振动的偶极矩变动较大，因而都有很强的吸收。通过分析不同的官能团，会得出不同的偶极矩和结构的对称性，对称性越强，振动时如果物质的偶极矩变动越小，那么吸收峰就会越弱。

(3) 峰的形状

峰的形状可以在判断官能团时起到一定作用，例如不同的官能团有可能在同一特征吸收频率处出现吸收峰，根据吸收峰的宽度来进行区别。

(四) 影响因素

1. 内在因素

1) 诱导效应：诱导效应越强，吸收峰向高频移动的强度越明显。

2) 共轭效应：双键的伸缩振动频率降低，但吸收强度提高。

3) 空间效应：吸收频率增高，吸收强度降低。

4) 氢键：伸缩振动频率降低，谱带变宽。

5) 偶合作用：分子中相接的两个基团或化学键，如果它们的振动频率相同或相近，就会发生相互作用，出现比原有振动频率相距更大的两个振动频率，此种现象称为振动偶合。偶合程度越强，偶合产生的两个振动频率分得越开。在分析一些基团振动频率出现在非正常位置时，应注意是否有偶合效应存在。

2. 外在因素

试验过程中试样的情况、测定条件的不同及试验溶剂的极性差异，这些都会引发试验频率的位移。试验过程中，通常气态时的 C═O 伸缩振动频率最高，非极性溶剂的稀溶液次之，而液态或固态的振动频率最低。

(五) 傅立叶红外光谱仪的保养

1) 红外吸收光谱仪应放置在安装有空调的实验室内，保持恒温恒湿，且湿度低于60%。

2）仪器应放置在能够防振动的试验台上。

3）仪器应配置稳压电源和良好的接地线，并远离大功率电磁设备和火花发射源。

4）仪器的光学系统应密闭防尘，防止产生机器摩擦。

5）仪器的光源在安装、更换时要十分小心，防止因受力折断，使用时温度不宜过高，以延长使用寿命。

6）仪器的传动部件要定期润滑，以保持运作轻便灵活。

7）仪器放置一定时间后，再次使用前应对其运行性能进行认真检查。

六、试验记录

试 验 报 告

项目：高分子材料红外光谱分析

姓名：　　　　　　　　　　　　　　　　　　　　　　　　　测试日期：

一、试验材料

所选用的材料：

试样处理：

制样方法：

二、试验条件

温度：

湿度：

三、试验数据记录与处理

1. 试样红外光谱图

2. 鉴定结果及分析

七、技能操作评分表

技能操作评分表

项目：高分子材料红外光谱分析

姓名：

项目	考核内容	分值	考核记录		扣分说明	扣分标准	扣分
制样准备（10分）	制样方法	5.0	正确			0	
			不正确			5.0	
	样品放置	5.0	正确、规范			0	
			不正确			5.0	

续表

项目	考核内容	分值	考核记录	扣分说明	扣分标准	扣分
仪器操作（50分）	仪器检查	5.0	有		0	
			没有		5.0	
	仪器开机	5.0	正确、规范		0	
			不正确		5.0	
	ATR附件安装	5.0	正确、规范		0	
			不正确		5.0	
	试验参数设置	10.0	合理		0	
			不合理		10.0	
	谱图的处理与分析	10.0	正确、规范		0	
			不正确		10.0	
	仪器、桌面清理	10.0	正确、规范		0	
			不正确		10.0	
	仪器关机	5.0	正确、规范		0	
			不正确		5.0	
记录与报告（10分）	原始记录	5.0	完整、规范		0	
			欠完整、不规范		5.0	
	报告(完整、明确、清晰)	5.0	规范		0	
			不规范		5.0	
文明操作（10分）	操作时机台及周围环境	2.5	整洁		0	
			脏乱		2.5	
	废样、纸张处理	2.5	按规定处理		0	
			乱扔乱倒		2.5	
	结束时机台及周围环境	2.5	清理干净		0	
			未清理、脏乱		2.5	
	仪器、工具放置	2.5	已归位		0	
			未归位		2.5	
结果评价（20分）	谱图检索比对	15.0	正确		0	
			不正确		15.0	
	结果判定	5.0	符合要求		0	
			不符合要求		5.0	
操作时间（5分）	1. 超过规定时限，教师有权终止试验； 2. 每提前5min加1分，加分上限为5分					
严重错误(否定项)		1. 损坏测试仪器，仪器操作项得分为0分； 2. 引发人身伤害事故且较为严重，总分不得大于50分； 3. 造假数据，记录与报告项、结果评分项得分均为0分				
合计						

评分人签名：

日期：

八、目标检测

(一) 单选题

1) DB 32/T 4009—2021《塑料包装材质快速鉴定红外光谱法》是(　　)。

A. 国家标准　　B. 行业标准　　C. 国际标准　　D. 地方标准

2) DB 32/T 4009—2021 规定了(　　)用红外光谱法鉴定常见的塑料材质的方法，并给出了试样谱图和特征峰解析。

A. 四　　B. 五　　C. 九　　D. 十

3) DB 32/T 4009—2021 所使用的傅立叶红外光谱仪应符合(　　)规定。

A. GB/T 5040　　B. GB/T 6040　　C. GB/T 6050　　D. GB/T 4060

4) 在利用红外光谱法进行塑料包装材质快速鉴定测试操作时，应将测试点的表面固定在(　　)晶体附件上，使其紧贴附件晶体后进行红外扫描。

A. 金刚石　　B. 蓝宝石　　C. 黄铜　　D. 磁石

5) 在利用红外光谱法进行塑料包装材质快速鉴定测试操作时，应对采集的谱图依次进行(　　)、气氛补偿、基线自动校正等操作。

A. 添加背景　　B. 扣除背景　　C. 红外扫描　　D. 参比物处理

(二) 多选题

1) 傅立叶红外光谱仪仪器标志应包括(　　)等部分。

A. 制造厂名称　　B. 仪器型号

C. 仪器名称、商标　　D. 制造日期出厂编号

E. 制造计量器具许可证标志和编号

2) 对于傅立叶红外光谱仪描述正确的是(　　)。

A. 傅立叶红外光谱仪是利用干涉仪干涉调频的工作原理

B. 把光源发出的光经迈克逊衍涉仪变成衍涉光，再让衍涉光照射样品，由计算机系统经傅立叶变换获得光谱图

C. 仪器主要包括光源、干涉仪、样品室、检测器和计算机系统等几部分

D. 把光源发出的光经干涉仪变成干涉光，再让干涉光照射样品，由计算机系统经傅立叶变换获得光谱图

3) 傅立叶红外光谱仪校准的环境条件正确的是(　　)。

A. 环境温度：15～30℃，相对湿度≤70%

B. 电源(220±22)V，频率(50±1)Hz

C. 傅立叶红外光谱仪应放在平稳的工作台上，电源接地良好

D. 傅立叶红外光谱仪室内不得有明显的机械振动，无电磁干扰，无强光直射；不得存放与试验无关的易燃、易爆和强腐蚀性的物质

4) 傅立叶红外光谱仪校准结果表达正确的是(　　)。

A. 根据校准结果，发校准证书，所有校准项目及其结果均应在证书中反映

B. 校准结果应包含标题、实验室名称和地址、送校单位的名称和地址、校准日期

C. 校准结果应包含校准所用测量标准的溯源性及有效性说明

D. 校准结果应包含校准结果及其测量不确定度的说明、校准环境等方面内容

5）对高分子材料红外光谱分析描述正确的有(　　)。

A. 光谱图横坐标为吸收波长或吸收频率，纵坐标常用百分透过率 W 表示。

B. 通过谱图可得到试验物质吸收峰的具体位置(吸收频率)、物质吸收峰的强度、吸收峰的形状

C. 峰的位置是红外定性分析和结构分析的根据，它指出了官能团的吸收频率特点

D. 吸收峰的强度常用来作为红外定量计算的依据，一般物质含量越高则特征吸收峰的强度就越大

E. 峰的形状可以在指证官能团时起到一定作用，例如不同的官能团有可能在同一特征吸收频率处出现吸收峰，根据吸收峰的宽度来进行区别

（三）判断题

1）在利用红外光谱法进行塑料包装材质快速鉴定测试操作时，应将标准物质或参比物质处理成合适面积大小，使样品可以平整地放入检测样品池。(　　)

2）在利用红外光谱法进行塑料包装材质快速鉴定测试操作时，按照 GB/T 6040 的方法，避开油墨、印迹等地方，在标准物质或参比物质的表面选取 5 个平滑的测试点。(　　)

3）在利用红外光谱法进行塑料包装材质快速鉴定测试操作时，根据待测样品的红外光谱与标准物质或参比物质的红外光谱进行比较，判断塑料样品的种类。(　　)

4）DB 32/T 4009—2021 规定的傅立叶红外光谱仪仪器分辨率为 $4cm^{-1}$，扫描次数为 16 次，红外光谱范围为 $4000\sim400cm^{-1}$，配有金刚石晶体的衰减全反射(MTR)附件装置。(　　)

5）DB 32/T 4009—2021 中标准物质或对照品包括聚苯乙烯(红外波长标准物质，中国计量科学研究院)、聚丙烯(中国计量科学研究院)、聚乙烯(中国计量科学研究院)等 8 种。(　　)

第二节　高分子材料热分析(DSC)

一、学习目标

知识目标

① 掌握热分析相关原理及名词解释；

② 掌握试样的制备及处理方法；

③ 掌握 DSC 仪器操作及相关热性能测试方法。

能利用差示扫描量热法(DSC)进行树脂玻璃化转变温度的测定。

① 培养学生良好的职业素养；

② 培养学生养成良好的自我学习和信息获取能力以及勇于探究与实践的科学精神；

④ 构建安全意识、现场 7S 管理；

⑤ 提升学生创新设计能力。

二、工作任务

差示扫描量热法(Differential Scanning Calorimetry，DSC)是一种热分析方法，通过在程序控制温度下，测量输入到试样和参比物的功率差(如以热的形式)与温度的关系来测量比热容、反应热、转变热、玻璃化转变温度等多种热力学和动力学参数。该法使用温度范围宽(-175~725℃)、分辨率高、试样用量少，适用于无机物、有机化合物及药物分析。

本项目的工作任务见表 7-11。

表 7-11　高分子材料热分析(DSC)工作任务

编号	任务名称	要　求	实验用品
1	玻璃化转变温度测定	1. 能根据要求，按顺序进行氮气、冷却循环水的启闭； 2. 能正确建立新试验方案，编辑样品信息； 3. 能够分析典型 DSC 曲线； 4. 能按照测试标准进行试验结果的数据分析	树脂、小刀片、镊子、试样皿、压片机、天平、差示扫描量热仪等
2	试验数据记录与结果分析	1. 记录试验数据； 2. 完成试验报告	试验报告

三、知识准备

(一) 测试标准

GB/T 19466. 1—2004《塑料 差示扫描量热法(DSC) 第 1 部分：通则》；GB/T 19466. 2—2004《塑料 差示扫描量热法(DSC) 第 2 部分：玻璃化转变温度的测定》。

(二) 相关名词解释

1) 差示扫描量热法(DSC)：在程序温度控制下，测定输入到试样和参比样的热流速率(热功率)差对温度和/或时间关系的技术。通常，每次测量记录一条以温度或时间为 X 轴，热流速率差或热功率差为 Y 轴的曲线。

2) 参比样：在一定温度和时间范围内，具有热稳定性的已知样品(通常使用和装试样的样品皿相同的空皿作为参比样)。

3) 标准样品：具有一种或多种足够均匀且确定的热性能材料，该材料能用于 DSC 仪器校准、测量方法的评价及材料的评估。

4) 热流速率(热功率)：单位时间的传热量(dQ/dt)。

5) 焓变 ΔH：在恒定压力下，试样因化学、物理或温度变化而吸收(ΔH 为正)或放出(ΔH 为负)的热量，单位为 J/kg 或 J/g。

6) 恒压比热容(c_p)：在恒定压力及其他参数恒定下，单位质量材料温度升高 1℃ 所需要的热量。

7) 基线：DSC 曲线上位于反应或转变区域以外，但与该区域相邻的部分，在该部分中，热流速率(热功率)差近于恒定。

8) 准基线：假定反应热和/或转变热为零时，通过反应和/或转变区域所拟合出的基线。

9）峰：DSC 曲线上，偏离基线达到最大值然后又返回到基线的那部分曲线。

10）吸热峰：输入到试样的能量大于相应准基线能量的峰。

11）放热峰：输入到试样的能量小于相应准基线能量的峰。

12）峰高：峰最高点与准基线间的距离，用 mW 表示。峰高与试样质量不成比例关系。

13）特征温度：DSC 曲线上的特征温度主要有起始温度(T_i)、外推起始温度(T_{ei})、峰温度(T_p)、外推终止温度(T_{ef})、终止温度(T_f)。

14）玻璃化转变：无定形聚合物或半结晶聚合物中的无定形区域从黏流态或橡胶态到硬的、相对脆的玻璃态的一种可逆变化。

15）玻璃化转变温度：发生玻璃化转变的温度范围的近似中点的温度。

16）玻璃化转变的外推起始温度(T_{eig})：由曲线低温侧的初始基线外推与曲线拐点处切线的交点，见图 7-11。

17）玻璃化转变的外推终止温度(T_{efg})：由曲线高温侧的初始基线外推与曲线拐点处切线的交点，见图 7-11。

18）玻璃化转变的中点温度(T_{mg})：与两条外推基线距离相等的线与曲线的交点，见图 7-11。

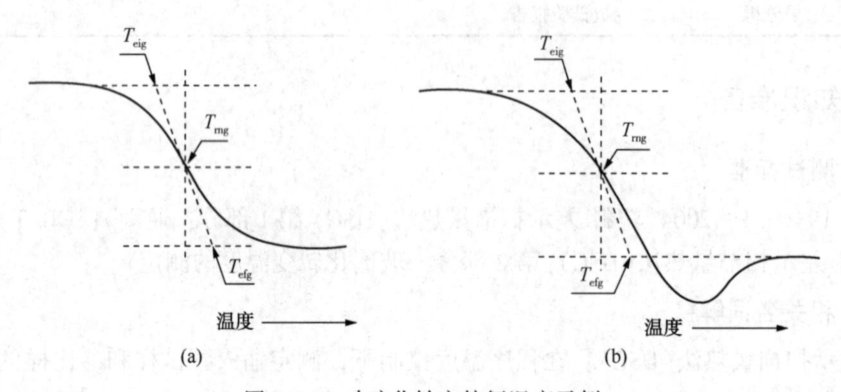

图 7-11 玻璃化转变特征温度示例

（三）测试原理

在规定的气氛及程度温度控制下，测量输入到试样和参比样的热流速率差随温度和/或时间变化的关系。可使用功率补偿型和热流型两种类型的 DSC 仪进行试验，这两种方法所使用的测量仪器设计区分如下：

1）功率补偿型 DSC：保持试样和参比样的温度相同，当试样的温度改变时，测量输入到试样和参比样之间的热流速率差随温度或时间的变化。

2）热流型 DSC：按控制程序改变试样的温度时，测量由试样和参比样之间的温度差而产生的热流速率差随温度或时间的变化。这种测量，试样和参比样之间的温度差与热流速率差成比例。

（四）结果表示

1）玻璃化转变的特征温度T_{eig}、T_{efg}和T_{mg}值，单位为℃，需修约到整数位。

2）尽管玻璃化转变温度T_g，应对应于T_{mg}，但应用最多的是T_{eig}，也是比较有意义的，也常将其作为T_g。必须强调，当说明玻璃化转变温度时，应报告T_{eig}、T_{efg}、T_{mg}值。

四、实践操作

1. 差式扫描量热仪准备

1）开机前，检查实验室的电源、温度、湿度等环境条件，当电压平稳，室温和湿度都达到仪器要求时才能开机。

2）试验前，接通仪器电源至少 1h，使电器元件温度平衡。

3）将具有相同质量的两个空试样皿放置在试样支持器上，调节到实际测量的条件。在要求的温度范围内，DSC 曲线应是一条直线。当得不到一条直线时，在确认重复性后记录 DSC 曲线。

2. 开机步骤

1）启动电脑。

2）打开所需气体阀门，调节气体输出压力表，将气体输出压力调整为 0. 15~0. 2MPa。

3）打开低温冷却液循环泵电源，启动冷却循环水。

4）启动仪器，等待仪器进入就绪状态。

5）打开电脑上的操作软件并进行仪器联机。

3. 试验步骤

（1）试样制备

① 测定前，应按材料相关标准规定或供需双方商定的方法对试样进行状态调节；

② 称量样品：利用天平和试样皿称量 5~20mg 试样，精确到 0. 1mg；

③ 压样：盖上试样皿盖，利用压片机进行压制成型（试样皿一般用铝坩埚，测试液体时必须使用液体试样皿，注意试样皿是否破损，避免样品泄漏污染检测炉）。

（2）样品放置

用镊子小心取出炉盖，再将压制好的试样皿和空的试样皿放进炉体（左边炉放压制好的试样皿，右边炉放空的试样皿）。

（3）试验方案编辑及温度扫描测量

① 点击菜单栏上“File”，选择“New method”，新建试验方案。

② 在样品信息页面分别设置样品名称、操作者姓名、日期、样品质量、保存路径、数据图保存名称、数据图保存路径等参数。

③ 在初始状态页面设置氮气流量条件为 20mL/min，在开始升温操作之前，用氮气预先清洁 5min。

④ 在程序设置页面设置好测试的起始和终止温度、升温速率。

注：测试前最好对该样品有所了解，测试的最高温度不能超过该样品的分解温度，以避免分解挥发物对检测炉的污染造成不可挽回的损失，一般低于分解温度 20~30℃，若有条件最好先测试该样品的分解温度。

⑤ 保存设置好的参数，点击“开始测试”按钮，开始测试。

⑥ 测试完成后，待样品支持器组件冷却到室温后，取出试样皿，检验试样皿是否变形及试样是否溢出。若试样溢出污染样品支持器，则按照制造商说明书进行清洗。

⑦ 称量试样皿，如有任何质量损失，应怀疑发生了化学变化，打开试样皿并检查试样，如果试样已降解，舍弃此试验结果，选择较低的上限温度重新试验。

⑧ 打开软件的“分析窗口”，进行数据分析与处理，利用等距法画线得到试样玻璃化转变特征温度。

4. 仪器关机

关闭软件，关闭冷却循环水，关闭所用气体阀门，关闭电脑及仪器电源，做好5S整理相关工作。

五、应知应会

（一）试样

1）试样可以是固态或液态，固态试样可为粉末、颗粒、细粒或从样品上切下的碎片状。

2）试样应能代表受试样品，并小心制备和处理。

3）从样片上切取试样时应小心，以防止聚合物受热重新取向或其他可能改变其性能的现象发生。

4）应避免研磨等类似操作，以防止受热或重新取向和改变试样的热历史。对粒料或粉料样品，应取两个或更多的试样。

5）取样的方法和试样的制备应在试验报告中说明。

6）测定前，应按材料相关标准规定或供需双方商定的方法对试样进行状态调节。

（二）测试仪器

差示扫描量热仪的结构主要包括加热器、制冷设备、匀热炉膛、气氛控制器、热流传感器、炉温测温传感器、信号放大器等，仪器见图7-12。

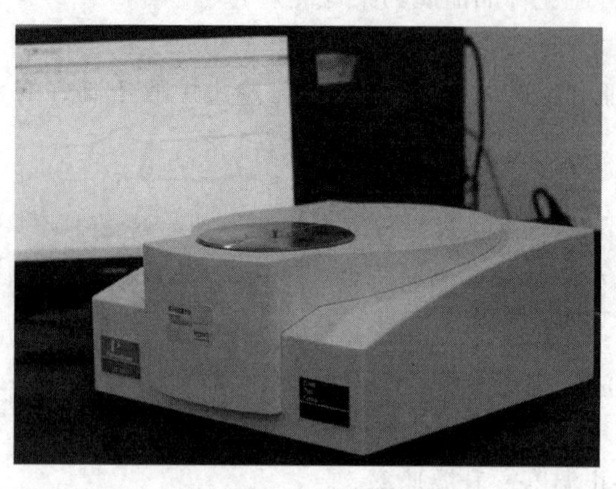

图7-12 差示扫描量热仪

1）加热器：用于给样品和参比端加热，一般采用电阻加热器，形式多样。

2）制冷设备：用于给样品和参比端降温，一般采用外配形式和仪器一起联用。有风冷、机械制冷及液氮制冷三种方式，根据试验的制冷速率及温度范围要求采用对应的制冷方式。

3）匀热炉膛：采用高导热系数的金属作为匀热块，使炉膛内表面温度分布均匀。

4）气氛控制器：由于样品在试验过程中可能会放出腐蚀或有毒气体，同时高温时可能被空气氧化，故需要气氛来保护样品及排出样品生成的气体。气氛控制器用于气氛流量控制及气氛通道的切换。

5）热流传感器：用于快速准确地检测试验中样品与参比之间产生的热流差。

6）炉温测温传感器：用于检测匀热块的温度，并将此信息返回微处理器用于炉温控制。

7）信号放大器：由于样品在一开始反应时，热流信号的变化十分微小，为了及时准确地检测样品的热流信号，需要将热流传感器的信号放大。

(三) 影响因素

1. 仪器因素

1) 样品支持器：由于曲线的形状受到热量从热源间样品传递和反应性试样内部放出或吸收热量的速率的影响，所以试样支持器与参比物支持器需完全对称，它们在炉子中的位置及传热情况都要仔细地考虑。

2) 热电偶位置及其形状：目前微量热分析技术所用的差示热电偶多数是安放在样品皿底部的一种平板式热电偶，比过去的接点球形热电偶的重复性要好，但仍要注意样品皿底部要平。特别是使用多次的铂金试样皿，底部若不平，要用整形器整平后再用。

3) 试样皿：热分析试样皿所用材料对试样、中间产物、最终产物和气氛应是惰性的，既不能有反应活性，也不能有催化活性。

2. 操作条件因素

1) 升温速率：一般来说，曲线的形状，随升温速率的变化而改变。当升温速率增大峰温随之向高温方向移动，峰形变得尖而陡。升温速率不仅影响曲线形状，还影响相邻峰的分辨率。

2) 气氛：在有气体组分释放或吸收的反应中，峰的温度和形状会受到系统气体压力的影响。如环境气氛与所放出或吸收的气体相同，那么变化更加显著。

3) 灵敏度：差热分析或差示扫描量热法的灵敏度是指记录仪的满刻度量程范围。因为差热分析仪具有差示热电偶信号的放大系统，所以改变灵敏度，就是改变放大倍数。相当于放大或缩小 DSC 曲线的纵坐标刻度，使峰形增高或降低。

3. 样品因素

1) 试样量：试样用量越多，试样内传热越慢，形成的温度梯度越大，峰形扩张，因此分辨率下降，峰顶温度移向高温。特别是在静止空气中进行含结晶水试样的脱水反应时，如用量过多，在坩埚上部可形成一层水蒸气，使转变温度大大上升。

2) 试样的粒度、形状、研磨(粒度)：大块、粒状的试样峰形扩张，扁平状试样的峰形尖锐。

3) 其他因素：样品装填方式、试样结晶度、参比物和稀释剂都对测试曲线有不同程度的影响。

六、试验记录

试 验 报 告

项目：高分子材料热分析(DSC)

姓名：　　　　　　　　　　　　　　　　　　测试日期：

一、试验材料

所选用的材料：　　　　　　　　　　　　　取样、制备及状态调节：

试样皿类型：

二、试验条件

使用气体：　　　　　　　　　　　　　　　气体流速：

三、程序温度参数

起始温度：　　　　　　　　　　　　　　　终止温度：

升温速率：　　　　　　　　　　　　降温速率：

四、DSC 曲线

五、试验结果

序号	T_{eig}	T_{efg}	T_{mg}	T_g
1				
2				

七、技能操作评分表

技能操作评分表

项目：高分子材料热分析(DSC)

姓名：

项目	考核内容	分值	考核记录	扣分说明	扣分标准	扣分
原料准备（10 分）	制样方法	5.0	正确		0	
			不正确		5.0	
	样品称量	5.0	正确、规范		0	
			不正确		5.0	
仪器操作（50 分）	仪器检查	5.0	有		0	
			没有		5.0	
	仪器开机	5.0	正确、规范		0	
			不正确		5.0	
	样品放置	5.0	正确、规范		0	
			不正确		5.0	
	试验参数设置	10.0	合理		0	
			不合理		10.0	
	试样皿压制	10.0	正确、规范		0	
			不正确		10.0	
	仪器清理	10.0	正确、规范		0	
			不正确		10.0	
	仪器关机	5.0	正确、规范		0	
			不正确		5.0	
记录与报告（10 分）	原始记录	5.0	完整、规范		0	
			欠完整、不规范		5.0	
	报告(完整、明确、清晰)	5.0	规范		0	
			不规范		5.0	

续表

项目	考核内容	分值	考核记录		扣分说明	扣分标准	扣分
文明操作（10分）	操作时机台及周围环境	2.5	整洁			0	
			脏乱			2.5	
	废样、纸张处理	2.5	按规定处理			0	
			乱扔乱倒			2.5	
	结束时机台及周围环境	2.5	清理干净			0	
			未清理、脏乱			2.5	
	工具处理	2.5	已归位			0	
			未归位			2.5	
结果评价（20分）	DSC 曲线分析	10.0	正确			0	
			不正确			10.0	
	试验结果及数据处理	10.0	正确			0	
			不正确			10.0	
操作时间（5分）	1. 超过规定时限，教师有权终止试验； 2. 每提前 5min 加 1 分，加分上限为 5 分						
严重错误(否定项)		1. 损伤测试仪器，仪器操作项得分为 0 分； 2. 样品位置放置错误操作项得分为 0 分； 3. 引发人身伤害事故且较为严重，总分不得超过 50 分； 4. 伪造数据，记录与报告项、结果评价项得分均为 0 分					
合计							

评分人签名：

日期：

八、目标检测

（一）单选题

1）利用差示扫描量热仪进行塑料热分析测试时，样品放置的要求是(　　)。

A. 左边的炉放置样品，右边的炉放置参比盘

B. 按照自己的喜好来放，没有要求

C. 左边的炉放置参比盘，右边的炉放置样品

D. 两边都放样品，分别标记为 1 和 2

2）利用差示扫描量热仪进行塑料热分析测试时，对制样描述错误的有(　　)。

A. 样品的类型有：粉末状试样、片状试样、纤维状试样、块状试样

B. 所有的试样都应该尽可能细小并薄，比较容易放入坩埚里

C. 样品一般称量 3~6mg，如果信号太弱，可适当加大样品量，但不能超过坩埚的一半

D. 右边炉放样品，左边炉放参比盘

3）下列说法正确的是(　　)。

A. 不用等仪器回到室温后才放置样品

B. 样品放置确认正确后，可采用快捷调温按钮将仪器温度调整到程序的开始温度

C. 在放置坩埚时，直接放入炉内

D. 测试前最好对该样品有所了解，测试的最高温度不能超过该样品的溶解温度

4)（　　）规定了使用差示扫描量热法（DSC）对热塑性塑料和热固性塑料包括模塑材料和复合材料等聚合物进行热分析的方法通则。

A. GB/T 20466—2004　　B. GB/T 19466—2004

C. GB/T 19456—2004　　D. GB/T 20456—2004

5）差示扫描量热法（DSC）是在（　　）下，测定输入试样和参比样的热流速率（热功率）差对温度和/或时间关系的技术。

A. 恒湿　　B. 状态调节　　C. 恒温　　D. 程序温度控制

（二）多选题

1）差示扫描量热仪测量领域包括（　　）。

A. 熔融与结晶过程、玻璃化转变

B. 氧化温度性、多晶性

C. 相容性、反应热、热稳定性

D. 特征温度、结晶度、比热容及材料鉴别

2）对差示扫描量热仪各结构描述正确的有（　　）。

A. 加热器用于给样品和参比端加热，一般都采用电阻加热器，形式多样

B. 匀热炉膛采用低导热系数的金属作为匀热块，使炉膛内表面温度分布均匀

C. 由于样品在一开始反应时，热流信号的变化十分大，为了及时准确地检测样品的热流信号，需要将热流传感器的信号缩小

D. 热流传感器用于快速准确地检测试验中样品与参比之间产生的热流差

3）影响 DSC 的因素有（　　）。

A. 升温速率的影响　　B. 空气流速的影响

C. 试样质量的影响　　D. 试样形状的影响

4）对利用差示扫描量热仪进行塑料热分析描述正确的是（　　）。

A. 参比样是在一定温度和时间范围内，具有热稳定性的已知样品

B. 标准样品是具有一种或多种足够均匀且确定的热性能材料。该材料能用于 DSC 仪器校准、测量方法的评价及材料的评估

C. 热流速率是单位时间的传热量（dQ/dt）

D. 焓变（ΔX）单位为 J/kg 或 J/g

5）对差示扫描量热仪主要性能描述正确的是（　　）。

A. 能以 0.5~20℃/min 的速率，等速升温或降温

B. 能保持试验温度恒定在±0.5℃内至少 60min，能够进行分段程序升温或其他模式的升温

C. 气体流动速率范围在 10~50mL/min，偏差控制在±10%范围内

D. 温度信号分辨能力在 0.1℃内，噪声低于 0.5℃

（三）判断题

1）差示扫描量热仪测量的是与材料内部热转变相关的温度、热流的关系（　　）。

2）DSC是在控制温度变化的情况下，以温度(或时间)为横坐标，以样品与参比物间温度为零所需供给的热量为横坐标所得的扫描曲线。(　　)

3）玻璃化转变是指无定形聚合物或半结晶聚合物中的无定形区域从黏流态或橡胶态到硬的、相对脆的玻璃态的一种可逆变化。(　　)

4）玻璃化转变的特征温度包括外推起始温度T_{efg}、外推终止温度T_{eig}和中点温度T_{mg}(　　)。

5）利用DSC测定玻璃化转变温度过程中称量试样时，应精确到0.1mg，试样量采用5~20mg(除非材料标准另有规定)。(　　)

6）中点温度T_{mg}是两条外推基线距离相等的线与曲线的交点。(　　)

7）利用DSC测定玻璃化转变温度过程中偶尔可用手直接处理试样或样品皿，不得用镊子或戴手套处理试样。(　　)

8）利用DSC测定玻璃化转变温度时，在开始升温操作之前，需用氮气预先清洁5min。(　　)

9）利用DSC测定玻璃化转变温度时，如有任何质量损失，应怀疑发生了化学变化，打开样品皿并检查试样，如果试样已降解，舍弃此试验结果，选择较低的上限温度重新试验。(　　)

10）玻璃化转变的特征温度T_{eig}、T_{efg}和T_{mg}单位为℃，修约到小数点后两位。(　　)

扫一扫获取更多学习资源

参 考 文 献

[1] 中华人民共和国国家质量技术监督局. GB/T 2918—2018 塑料 试样状态调节和试验的标准环境[S]. 北京：中国标准出版社，2018.

[2] 中华人民共和国国家技术监督局. GB/T 17037. 1—2019 塑料 热塑性塑料材料注塑试样的制备 第1部分：一般原理及多用途试样和长条试样的制备[S]. 北京：中国标准出版社，2019.

[3] 中华人民共和国国家质量监督检验检疫总局，中国国家标准化管理委员会. GB/T 21389—2008 游标、带表和数显卡尺[S]. 北京：中国标准出版社，2008.

[4] 中华人民共和国国家质量监督检验检疫总局，中国国家标准化管理委员会. GB/T 26497—2022 电子天平[S]. 北京：中国标准出版社，2011.

[5] 中华人民共和国国家标准局. GB/T 6380—2019 数据的统计处理和解释 Ⅰ型极值分布样本离群值的判断和处理[S]. 北京：中国标准出版社，2019.

[6] 中华人民共和国国家标准局. GB/T 8170—2008 数值修约规则与极限数值的表示和判定[S]. 北京：中国标准出版社，2008.

[7] 中华人民共和国国家质量监督检验检疫总局，中国国家标准化管理委员会. GB/T 1033. 1—2008 塑料 非泡沫塑料密度的测定 第1部分：浸渍法、液体比重瓶法和滴定法[S]. 北京：中国标准出版社，2008.

[8] 中华人民共和国国家质量监督检验检疫总局，中国国家标准化管理委员会. GB/T 21059—2007 塑料 液态或乳液态或分散体系聚合物/树脂 用旋转黏度计在规定剪切速率下黏度的测定[S]. 北京：中国标准出版社，2007.

[9] 中华人民共和国国家质量技术监督局. GB/T 1038. 1—2022 塑料制品 薄膜和薄片 气体透过性试验方法 第1部分：差压法[S]. 北京：中国标准出版社，2022.

[10] 中华人民共和国国家市场监督管理总局，中国国家标准化管理委员会. GB/T 1037—2021 塑料薄膜与薄片水蒸气透过性能测定 杯式增重与减重法[S]. 北京：中国标准出版社，2021.

[11] 中华人民共和国国家质量监督检验检疫总局，中国国家标准化管理委员会. GB/T 3398. 2—2008 塑料 硬度测定 第2部分：洛氏硬度[S]. 北京：中国标准出版社，2008.

[12] 中华人民共和国国家质量监督检验检疫总局，中国国家标准化管理委员会. GB/T 2411—2008 塑料和硬橡胶 使用硬度计测定压痕硬度(邵氏硬度)[S]. 北京：中国标准出版社，2008.

[13] 中华人民共和国国家质量监督检验检疫总局，中国国家标准化管理委员会. GB/T 1040. 1—2018 塑料 拉伸性能的测定 第1部分：总则[S]. 北京：中国标准出版社，2018.

[14] 中华人民共和国国家质量监督检验检疫总局，中国国家标准化管理委员会. GB/T 9341—2008 塑料 弯曲性能的测定[S]. 北京：中国标准出版社，2008.

[15] 中华人民共和国国家质量监督检验检疫总局，中国国家标准化管理委员会. GB/T 1843—2008 塑料 悬臂梁冲击强度的测定[S]. 北京：中国标准出版社，2008.

[16] 中华人民共和国国家质量监督检验检疫总局，中国国家标准化管理委员会. GB/T 21189—2007 塑料简支梁、悬臂梁和拉伸冲击试验用摆锤冲击试验机的检验[S]. 北京：中国标准出版社，2007.

[17] 中华人民共和国国家质量监督检验检疫总局，中国国家标准化管理委员会. GB/T 1043. 1—2008 塑料 简支梁冲击性能的测定 第1部分：非仪器化冲击试验[S]. 北京：中国标准出版社，2008.

[18] 中华人民共和国国家质量监督检验检疫总局. GB/T 6672—2001 塑料薄膜和薄片 厚度测定 机械测量法[S]. 北京：中国标准出版社，2001.

[19] 中华人民共和国国家质量监督检验检疫总局，中国国家标准化管理委员会. GB/T 9639. 1—2008 塑料 薄膜和薄片 抗冲击性能试验方法 自由落镖法 第1部分：梯级法[S]. 北京：中国标准出版社，2008.

[20] 中华人民共和国国家质量监督检验检疫总局，中国国家标准化管理委员会. GB/T 3960—2016 塑料 滑

动摩擦磨损试验方法[S]. 北京：中国标准出版社，2016.

[21] 中华人民共和国国家质量监督检验检疫总局，中国国家标准化管理委员会 . GB/T 1634. 1—2019 塑料 负荷变形温度的测定 第 1 部分：通用试验方法[S]. 北京：中国标准出版社，2019.

[22] 中华人民共和国国家质量技术监督局 . GB/T 1633—2000 热塑性塑料维卡软化温度(VST)的测定[S]. 北京：中国标准出版社，2000.

[23] 中华人民共和国国家质量监督检验检疫总局，中国国家标准化管理委员会 . GB/T 16582—2008 塑料 用毛细管法和偏光显微镜法测定部分结晶聚合物熔融行为(熔融温度或熔融范围)[S]. 北京：中国标准出版社，2008.

[24] 中华人民共和国国家质量监督检验检疫总局，中国国家标准化管理委员会 . GB/T 3682. 1—2018 塑料 热塑性塑料熔体质量流动速率(MFR)和熔体体积流动速率(MVR)的测定 第 1 部分：标准方法[S]. 北京：中国标准出版社，2018.

[25] 中华人民共和国国家质量监督检验检疫总局，中国国家标准化管理委员会 . GB/T 2408—2021 塑料 燃烧性能的测定 水平法和垂直法[S]. 北京：中国标准出版社，2021.

[26] 中华人民共和国国家质量监督检验检疫总局，中国国家标准化管理委员会 . GB/T 2406. 1—2008 塑料 用氧指数法测定燃烧行为 第 1 部分：导则[S]. 北京：中国标准出版社，2008.

[27] 中华人民共和国国家质量监督检验检疫总局，中国国家标准化管理委员会 . GB/T 2406. 2—2009 塑料 用氧指数法测定燃烧行为 第 2 部分：室温试验[S]. 北京：中国标准出版社，2009.

[28] 中华人民共和国国家质量监督检验检疫总局，中国国家标准化管理委员会 . GB/T 7141—2008 塑料热老化试验方法[S]. 北京：中国标准出版社，2008.

[29] 中华人民共和国国家质量监督检验检疫总局，中国国家标准化管理委员会 . GB/T 14522—2008 机械工业产品用塑料、涂料、橡胶材料 人工气候老化试验方法 荧光紫外灯[S]. 北京：中国标准出版社，2008.

[30] 中华人民共和国国家质量监督检验检疫总局，中国国家标准化管理委员会 . GB/T 2410—2008 透明塑料透光率和雾度的测定[S]. 北京：中国标准出版社，2008.

[31] 中华人民共和国国家质量监督检验检疫总局，中国国家标准化管理委员会 . GB/T 1410—2006 固体绝缘材料体积电阻率和表面电阻率试验方法[S]. 北京：中国标准出版社，2006.

[32] 中华人民共和国国家质量监督检验检疫总局，中国国家标准化管理委员会 . GB/T 31838. 6—2021 固体绝缘材料 介电和电阻特性 第 6 部分：介电特性(AC 方法) 相对介电常数和介质损耗因数(频率 0. 1Hz~10MHz)[S]. 北京：中国标准出版社，2021.

[33] 中华人民共和国国家质量监督检验检疫总局，中国国家标准化管理委员会 . GB/T 1408. 1—2016 绝缘材料 电气强度试验方法 第 1 部分：工频下试验[S]. 北京：中国标准出版社，2016.

[34] 中华人民共和国国家质量监督检验检疫总局，中国国家标准化管理委员会 . GB/T 1695—2005 硫化橡胶 工频击穿电压强度和耐电压的测定方法[S]. 北京：中国标准出版社，2005.

[35] 中华人民共和国国家质量监督检验检疫总局，中国国家标准化管理委员会 . GB/T 32198—2015 红外光谱定量分析技术通则[S]. 北京：中国标准出版社，2015.

[36] 中华人民共和国国家质量监督检验检疫总局，中国国家标准化管理委员会 . GB/T 21186—2007 傅立叶变换红外光谱仪[S]. 北京：中国标准出版社，2007.

[37] 中华人民共和国国家质量监督检验检疫总局，中国国家标准化管理委员会 . GB/T 19466. 1—2004 塑料 差示扫描量热法(DSC) 第 1 部分：通则[S]. 北京：中国标准出版社，2004.

[38] 中华人民共和国国家质量监督检验检疫总局，中国国家标准化管理委员会 . GB/T 19466. 1—2004 塑料 差示扫描量热法(DSC) 第 2 部分：玻璃化转变温度的测定[S]. 北京：中国标准出版社，2004.

[39] 陈厚 . 高分子材料分析测试与研究方法[M]. 2 版. 北京：化学工业出版社，2018.

[40] 付丽丽 . 高分子材料分析检测技术[M]. 北京：化学工业出版社，2014.

[41] 高炜斌 . 塑料分析与测试技术[M]. 3 版 . 北京：化学工业出版社，2022.